Edelgard Seggewiße,
Hans-Peter Wymann

Schmetterlinge entdecken, beobachten, bestimmen

Haupt
NATUR

Edelgard Seggewiße | Hans-Peter Wymann

Schmetterlinge

entdecken, beobachten, bestimmen

Die 160 häufigsten tagaktiven Arten Mitteleuropas

Haupt Verlag

Edelgard Seggewiße ist freie Autorin, begeisterte Naturbeobachterin und Hobbyfotografin. Sie interessiert sich seit Jahren für Insekten, insbesondere für Schmetterlinge und Libellen. Sie engagiert sich in der SGL Schutzgemeinschaft Libellen BW e.V. und der GDO Gesellschaft deutschsprachiger Odonatologen e.V. und ist aktives Mitglied beim NABU.

Hans-Peter Wymann ist Lehrer, wissenschaftlicher Zeichner und Illustrator von Schmetterlingen. Er interessiert sich seit seiner Jugend für Schmetterlinge, ist Mitautor verschiedener lepidopterologischer Publikationen und Präsident des Entomologischen Vereins Bern.

MIX
Papier aus verantwortungsvollen Quellen
FSC® C004592

1. Auflage 2015
Bibliografische Information der Deutschen Nationalbibliothek
Die Deutsche Nationalbibliothek verzeichnet diese Publikation in der Deutschen Nationalbibliografie; detaillierte bibliografische Angaben sind im Internet über http://dnb.dnb.de abrufbar.

ISBN: 978-3-258-07891-5

Printed in Germany

www.haupt.ch

Inhaltsverzeichnis

Vorwort

Sehen wir auf der Wiese, am Wegesrand oder in unserem Garten Schmetterlinge flattern, denken wir unwillkürlich an unbeschwerte Leichtigkeit. Beobachten wir diese kleinen Gaukler jedoch etwas intensiver, gewinnen wir eine ganz andere Sicht auf ihr Leben. Das spielerische Umherwirbeln, das „Sich-Hochschrauben" in die Luft hat wenig mit einem Spiel gemein. Das Öffnen der Flügel im Sonnenschein ist kein wohliger Zeitvertreib und das Saugen an Blüten nicht nur lustvoller Genuss. Es geht um Wichtiges, es geht um das Überleben, sowohl des Falters als auch seiner Art.
Der Flug über die Wiese kann die geschäftige Suche nach einem paarungsbereiten Weibchen oder nach einem geeigneten Eiablageplatz sein, vielleicht aber auch nur die Suche nach einem geschützten Ort für die Nacht. Wer stehen bleibt und beobachtet, wird so manches entdecken: eine hitzige Balz, eine aggressive Revierverteidigung, eine höchst kritische Überprüfung einer noch zarten Knospe, die für den Nachwuchs nicht zart genug sein kann. Mit der Zeit erkennen wir unterschiedliche Flugarten, unterschiedlich begehrte Nektarpflanzen sowie verschiedene Verhaltens- und Lebensweisen, die unseren Blick für eine jede Art schärfen. Dieses Buch soll den Interessierten auf den Weg dorthin begleiten.

An dieser Stelle möchte ich mich bei allen bedanken, die halfen, dieses Buch zu verwirklichen: Herrn Thomas Griesohn-Pflieger, der mich darin bestärkte, dieses Buch zu schreiben, Herrn Hans-Peter Wymann, der nicht nur bereits vorhandene Zeichnungen zur Verfügung stellte, sondern weitere für dieses Buch anfertigte und sich bereit erklärte die Texte Korrektur zu lesen, Herrn Stefan Munzinger, Vorsitzender der Internet-Plattform www.naturgucker.de, der bei der Realisierung der Smartphone-App eine zentrale Rolle spielte, Herrn Martin Lind, Lektor des Haupt Verlages für die gelungene Umsetzung des Layouts und die gute Zusammenarbeit, sowie allen anderen, die zur Herausgabe dieses Buches beitrugen. Einen weiteren Dank möchte ich Hans-Martin und Inge Koch, Franz Schmid und Herbert Fuchs für die mir zur Verfügung gestellten Fotos aussprechen und all denen, die mir ihre „geheimen Schmetterlingsplätze" für Fotos und Beobachtungen verrieten, meine Begeisterung für die kleinen Flieger teilten und mich bei diesem Projekt tatkräftig unterstützten.

Im Februar 2015

Edelgard Seggewiße

Wissenswertes zur Anwendung dieses Feldführers

Allgemeines

Um den Rahmen dieses Buches als Feldführer nicht zu sprengen, waren einige Kompromisse notwendig. So wird beispielsweise auf eine ausführliche Schilderung der Entwicklung des Falters und detaillierte Angaben über den Körperbau verzichtet.

Die Auswahl der Falter

Vorgestellt werden die häufigsten Tag- und Nachtfalter. Da es sehr viele heimische Nachtfalter gibt, beschränkt sich die Auswahl, bis auf wenige Ausnahmen, auf tag- und dämmerungsaktive Tiere oder solche, deren auffälligen Raupen wir häufiger begegnen. Daneben werden einige hoch spezialisierte und dadurch leider selten gewordene Falter beschrieben, um auf interessante und unterschiedliche Überlebensstrategien, aber auch auf die Dringlichkeit des Schutzes dieser Insekten aufmerksam zu machen.

Mitarbeit des Lesers

Es gibt noch etliche offene Fragen zu Standorten, Lebensräumen und Nahrungspflanzen einiger Raupen sowie zum Verhalten mancher Schmetterlinge. Erstaunlicherweise betrifft es oft häufigere Falter, denn die selteneren sind meist sehr gut erforscht. Das Icon [!] kennzeichnet solche Wissenslücken und soll ermuntern, entsprechende Beobachtungen zu notieren und diese Daten weiterzugeben (z.B. an www.bund.net.de und www.naturgucker.de). Viele Augen sehen mehr und viele Beobachter können mehr oder bisher nicht erfasste Gebiete entdecken und somit etwaige Lücken schließen.
Meldungen über das Vorkommen und das Verhalten der Falter – auch der häufigen Arten! –, sind wichtige Daten, die dem Schutz dienen. Denn nur wenn wir wissen, welche Gebiete die Falter besiedeln und welche Pflanzen diese bunten Gaukler bevorzugen, können wir sie schützen, indem wir ihre Lebensräume erhalten oder diese durch gezielte Pflegemaßnahmen neu schaffen. Deshalb sind alle aufgerufen, mitzumachen und ihre Beobachtungen weiterzugeben.
In einigen Bundesländern werden vom Land Datenbanken zur Eingabe solcher Daten bereitgestellt. Hier möge jeder die Möglichkeiten in seinem Bundesland und auch in der näheren Region (Naturschutzgruppen/-vereine oder ähnliche Institutionen) prüfen und nutzen. Im Anhang befindet sich eine Liste mit einigen Links von Institutionen, Vereinen und Internet-Plattformen, bei denen der Beobachter mehr erfahren oder seine Daten eingeben kann.
Eine besonders gute Gelegenheit, sich für den Schutz von Schmetterlingen aktiv einzusetzen, bieten die Faltertage des Bunds für Umwelt und Naturschutz (BUND); beachten Sie dazu doch die S. 360 in diesem Buch.

Familien und Unterfamilien

Unmittelbar vor den Artenporträts werden wichtige Merkmale einiger Familien und Unterfamilien zur Unterstützung der Bestimmung dargestellt. Leider liefern nicht alle Familien prägnante Merkmale, die für den Anfänger auf den ersten Blick erkennbar sind, daher sind hier nur jene aufgeführt, die bei der Suche nach einem zu bestimmenden Schmetterling oder einer Raupe hilfreich sein können. Darüber hinaus gibt es interessante Infos, die für alle oder die meisten der aufgeführten Schmetterlinge einer Familie zutreffen, aber aus Platzgründen nicht in jedem Artenporträt erneut beschrieben werden.

Vereinfachte Zeichnung zur Orientierung bei der Bestimmung

Auf der letzten Seite vor den Artenporträts (S. 29) ist eine schematische Zeichnung eines Schmetterlings abgebildet, aus der die für die Bestimmung verwendeten Bezeichnungen hervorgehen.

Artenporträts

In der Regel wird jeder Falterart eine Doppelseite gewidmet, es sei denn, es handle sich um Schwesternarten, deren beide Falter äußerlich nur schwer oder gar nicht zu unterscheiden sind.
Die Natur unterliegt einem steten Wandel, der in den letzten Jahren selbst für uns deutlich sichtbar ist und nicht nur im Verborgenen stattfindet. So verschwinden Arten, andere erscheinen neu oder, wenn sie anpassungsfähig genug sind, ändern ihre Lebensweise. Aus diesem Grund ist der Text über die Verbreitung in den Artenporträts zwar als Unterstützung zur Suche, zum Erkennen oder zur Bestimmung gedacht, aber nur bedingt als verbindlich zu verstehen. Beispiele liefern der Kurzschwänzige Bläuling *(Cupido argiades)*, der in den letzten Jahren immer häufiger wird, oder auch der Karst-Weißling *(Pieris mannii)*, der Deutschland von Süden her immer weiter in Richtung Norden besiedelt.

Der obere Bereich der Doppelseite zeigt die wichtigsten Fakten eines Falters auf einen Blick. Neben der Familienzuordnung in der Kopfzeile erscheint der gültige wissenschaftliche Name, der es ermöglicht, den Falter auch in anderen Werken wiederzufinden. Allerdings kann es vorkommen, dass in älteren Werken der Gattungs- oder Familiename ein anderer ist. Dies ist drauf zurückzuführen, dass neu gewonnene Erkenntnisse, vor allem durch technisch verfeinerte Verfahren (z. B. Genanalysen), eine Neuzuordnung in der Systematik erforderte. In einigen Fällen sind die Diskussionen betreffend eine korrekte Eingliederung noch nicht abgeschlossen und werden es auch nie sein, denn eine Zuordnung zu einer bestimmten Gattung ist oft subjektiv und hängt nicht zuletzt vom jeweiligen Bearbeiter ab. Diese Bemerkung soll uns nur am Rande zur Information dienen, damit die Verwirrung über gelegentliche unterschiedliche Bezeichnungen nicht allzu groß ist. Des Weiteren werden sowohl die häufigsten Trivialnamen eines Falters, welche oft regional variieren, als auch der geläufige englische Name genannt.

Jeder gezeichnete Falter ist in Originalgröße abgebildet. Die detailgetreue Zeichnung der Flügeloberseiten und -unterseiten zeigt den Falter stets mit geöffneten Flügeln, was in der Natur nicht immer der Fall ist, da einige Falter ihre Flügel in der Regel nie weit öffnen (z. B. der Zitronenfalter) oder in der Ruheposition, wie bei bestimmten Nachtfaltern, die Hinterflügel stets von den Vorderflügeln überdeckt werden. Der Vorteil dieser Darstellung ist, dass sie alle wesentlichen Merkmale zeigt, auch die der Hinterflügel, welche auf den ersten Blick nicht unbedingt ersichtlich, aber u. U. für eine eindeutige Bestimmung ausschlaggebend sind. Einige Zeichnungen werden durch Hinweise ergänzt, um auf unterscheidende Merkmale zu ähnlichen Faltern aufmerksam zu machen. Weitere Informationen in diesem Bereich finden Sie über die Flugzeit des Falters und das Stadium der Überwinterung. Ist die Raupe häufig zu sehen und nicht schwierig zu identifizieren, ist ein Foto eingestellt, andernfalls wird in diesem Buch darauf verzichtet. Im unteren Bereich der Doppelseite stehen auf der linken Seite eines jeden Porträts Angaben zum Vorkommen und der Lebensweise sowohl des Falters als auch der Raupe. Rechts daneben befinden sich ergänzende Informationen zur Flugzeit und zum Aussehen einer jeden Art.

Vorkommen
Dieser Abschnitt gibt Hinweise auf die Häufigkeit, regionale Ausbreitung, den Lebensraum sowie auf etwaige Beobachtungsorte und die Gefährdung. Wie bereits oben erwähnt, gibt es immer mal wieder Ausnahmen, sodass der Text als allgemeine Richtlinie steht. Die Tatsache, dass manche erwachsenen Tiere auf Nahrungssuche ihre Fortpflanzungsgebiete verlassen, kommt gelegentlich erschwerend hinzu. Zudem kann es je nach Falterart Abweichungen geben, die durch die Suche nach neuen Lebensräumen, Veränderungen der Vegetation oder des (Mikro-)Klimas verursacht werden.

Falter
Wichtiges über Verhaltensweisen, beliebte Nektarpflanzen, Eiablage- und eventuelles Revierverhalten informieren über die Lebensweise der Schmetterlinge. Oft werden lediglich die beliebtesten Nektarpflanzen genannt, da eine Aufzählung aller Pflanzen den Rahmen sprengen würde. Aus dem eben genannten Grund wird auch auf die Nennung der wissenschaftlichen Namen verzichtet. Fehlen Angaben zu Nahrungspflanzen oder zum Revier, liegt es daran, dass der Falter keine Nahrung zu sich nehmen kann oder kein ausgeprägtes Revierverhalten erkennbar ist.

Raupe
Ähnliches wie bei der Beschreibung unter dem Abschnitt „Falter" gilt für die Raupen. Eine Kurzbeschreibung des Aussehens sowie der Lebensweise und der wichtigsten Nahrungspflanzen soll Hilfestellung geben. Besonders wichtig sind die Nahrungspflanzen, denn sie geben Aufschluss darüber, ob ein Falter in einem bestimmten Lebensraum bodenständig ist. Allerdings muss nicht jede Pflanze, auf der die Raupe sitzt, zur Nahrungspflanze gehören. Manchmal begibt sie sich auf Wanderschaft oder nimmt ein Sonnenbad auf einer Nachbarpflanze.

Flugzeit
Die Flugzeiten sind ebenfalls als Richtlinie anzusehen, da sie sich je nach klimatischen und regionalen Bedingungen verschieben, erweitern oder auch verkürzen können.

Merkmale
Der Text „Merkmale" soll die Zeichnungen des Falters ergänzen. Jeder Falter ist ein Individuum und nur selten ist er mit Artgleichen im Aussehen identisch. Es gibt einerseits ältere Tiere, deren Farbintensität oder auch Zeichnungsmuster gelitten haben, andererseits gibt es nicht selten Farbvarianten und letztlich ist sogar die Witterung während des Puppenstadiums nicht zu unterschätzen, denn auch sie kann das Aussehen des Falters beeinflussen.

Falterübersichten
Es gibt eine Anzahl von Arten, z. B. Bläulinge oder Perlmuttfalter, die besonders für nicht Erfahrene schwieriger zu unterscheiden sind. Zur Erleichterung werden zwischen den entsprechenden Artenporträts Doppelseiten eingefügt, die einen direkten Vergleich dieser Schmetterlinge ermöglichen.

Die Smartphone-App zum Buch

Ein Buch mit ins Feld zu nehmen, kann bei der Schmetterlingsbeobachtung manchmal recht störend und unpraktisch sein: es wird schnell schmutzig oder nass und leidet zuweilen im Rucksack oder in der Tasche. Anders ist dies beim Smartphone, welches die meisten von uns so oder so ständig mit sich tragen. Für die Schmetterlingsbeobachtung lohnt sich daher die Anschaffung der Smartphone-App „Tagaktive Schmetterlinge". Sie umfasst:

- alle im Buch porträtierten Arten, inkl. wissenschaftlicher Zeichnungen und zahlreicher zusätzlicher Fotos.
- umfangreiches Hintergrundwissen zu den einzelnen Arten, Gattungen und Familien.
- einen Bestimmungsschlüssel für alle im Buch porträtierten Arten/Gattungen.
- ein Feldbuch, welches der Protokollierung der eigenen Beobachtungen dient.

Die App ist komplatibel mit Android und iOS

ANDROID APP BEI Google play

Laden im App Store

Wichtige Merkmale einiger Familien und Unterfamilien

Familie Wurzelbohrer *(Hepialidae)*

→ S. 30. Stellvertretend für die noch recht ursprünglichen Wurzelbohrer wird auf S. 30 der Ampfer-Wurzelbohrer, *(Triodia sylvina)* vorgestellt. Die Arten der Wurzelbohrer ähneln sich in ihrem Erscheinungsbild, was das buschige Köpfchen, die Flügelform und die Ruhestellung betrifft. Die Größe, Farbe und die Zeichnungen sind je nach Art unterschiedlich. Alle sind dämmerungs- bis nachtaktiv. Die ♂♂ tragen nur kurze, gekämmte Fühler, während die der ♀♀ fadenförmig sind. Die Mundwerkzeuge sind verkümmert. Die Wurzelbohrer zehren während ihres Falterlebens von den Reserven, die sie sich als Raupe angefressen haben, und leben entsprechend nur kurz. Aufgrund der fehlenden Legeröhre lassen die ♀♀ die Eier einfach fallen. Da die Mortalität der Raupen recht hoch ist, werden vom ♀ viele Eier produziert.

Familie Langhornmotten *(Adelidae)*

→ S. 32ff. Die Arten der Familie der Langhornmotten sind tagaktiv. Die ♂♂ tragen außergewöhnlich lange Fühler, die oft ein Mehrfaches der Flügellänge betragen. Die Fühler der ♀♀ dagegen sind um einiges kürzer und bieten ein gutes Unterscheidungsmerkmal zu den männlichen Faltern. Sie haben nur eine Geschlechtsöffnung, die sowohl zur Paarung als auch zur Eiablage dient.
Die Eier werden mit dem ausstülpbaren Legebohrer meist in Blüten oder Samenkapseln abgelegt. Die Jungraupen minieren zunächst in der Nahrungspflanze, anschließend bauen sie, je nach Art, eine Hülle aus Pflanzen- und/oder Erdmaterial und leben in dieser am Boden bis zur Verwandlung zum Falter. Als Nahrung dient lebendes oder totes Pflanzenmaterial. Manche Arten bilden kleine Schwärme oberhalb von Pflanzen oder Zweigen von Bäumen und Sträuchern, sodass es aussieht, als tanzten sie in der Sonne, was an den Tanz der Eintagsfliegen erinnert und der Partnerfindung dient. Es sind sehr hübsche, kleine Falter, deren Flügel schmal sind und seiden oder metallisch glänzen. Einige zeigen eine einfache Zeichnung.
Hinweis: Bei flüchtiger Betrachtung kann es in manchen Fällen zur Verwechslung mit Langfühler-Köcherfliegen *(Leptoceridae)* insbesondere mit der Gattung *Mystacides* sp. kommen. Die Fühler der hier genannten Arten sind hell-dunkel geringelt. Bei genauem Hinsehen kann man lange behaarte Lippentaster entdecken. Im Gegensatz zu den Köcherfliegen tragen die ♂♂ der Langhornfalter Schuppen statt Härchen, haben einen Saugrüssel und einen buschig behaarten Kopf.

Mystacides niger/azurea. Die beiden Köcherfliegenarten sind nur über eine Genitaluntersuchung näher zu bestimmen.

Familie Holzbohrer *(Cossidae)*

→ S. 38ff. Die Holzbohrerraupen leben im Inneren der Nahrungspflanze, als Jungraupe direkt unter der Rinde, in späteren Entwicklungsstadien tiefer im Holz. Für ihre Entwicklung benötigen sie meist mehrere Jahre. Ist ein Baum von vielen Raupen befallen, kann er zum Absterben gebracht werden. Die Fraßspuren, größere ovale Löcher in der Rinde, oft mit Kot und Holzbrei versehen, verraten die Raupen. Diese Löcher sind auch nach Jahren noch sichtbar.

Stellvertretend für die Holzbohrer wird auf den Seiten 38-39 der häufige Weidenbohrer beschrieben, da die ausgewachsene, recht große und auffällige Raupe sehr häufig bei der Wanderung auf der Suche nach einem Überwinterungs- oder Verpuppungsplatz zu sehen ist.

Familie Widderchen *(Zygaenidae)*

→ S. 42ff. Die Familie der Widderchen umfasst unter anderem die Unterfamilien Grün-Widderchen *(Procridinae)* und die Rot-Widderchen *(Zygaeninae)*, auch „Blutströpfchen" genannt. Die vorgestellten Arten sind mehr oder weniger wärmeliebend, tagaktiv und leben vorwiegend in Offenlandschaften, an krautigen Waldrändern mit angrenzenden blütenreichen Wiesen oder auch auf sonnigen Lichtungen. Im Allgemeinen zählen die Widderchen eher zu den trägeren Fliegern. Ihr Vorkommen ist häufig lokal begrenzt. Durch den Einfluss des Menschen verlieren sie immer mehr an Lebensraum und sind somit rückläufig und gefährdet.

Beilfleck-Widderchen *(Zyganena loti)*

Der wissenschaftliche Familienname *Zygaenidae* weist auf die Giftigkeit der kleinen Falter hin, die bei Gefahr u. a. auch Blausäure freisetzen und dadurch für Feinde ungenießbar sind. Der deutsche Name mag wohl auf die Form der Fühler hindeuten, die bei den Blutströpfchen, also den dunklen Faltern mit den roten (seltener gelben) Flecken oder Streifen, vor der Spitze abgebogen und oft länglich flach verdickt sind.

Sowohl die Grün-Widderchen als auch die Rot-Widderchen bereiten nicht nur dem ungeübten Auge Schwierigkeiten in der rein äußerlichen Bestimmung, da sich die Arten sehr ähnlich sehen. Auch charakteristische Größenunterschiede der Falter im Freiland erlauben nicht immer ein sicheres Bestimmen. So sind die meisten Arten nur über eine Genitaluntersuchung eindeutig zu bestimmen. Immerhin lassen sich bei genauer Beobachtung und unter Berücksichtigung mehrerer Merkmale, wie Lebensraum, Raupen-/Kokonfund oder Eiablage, das Vorhandensein bestimmter Nahrungspflanzen und in einigen Fällen auch die Flugzeit, bestimmte Arten enger eingrenzen oder auch ausschließen.

Unterfamilie Grünwidderchen *(Procridinae)*

→ S. 42ff. Die Grünwidderchen sind grün, grüngolden, grünblau oder blau metallisch glänzend. Die Hinterflügel sind meist braungrau. Die erwachsenen Raupen sind trotz ihrer variablen und manchmal recht bunten Zeichnung nicht so grell und eher unauffällig. Die Grundfärbung ist braun, gräulich oder grünlich mit heller Zeichnung auf dem Rücken, oft mit feinen Längsstreifen. Zu Beginn ihres Lebens minieren die Jungraupen, bis sie, zu groß geworden, zu Schabe- und Lochfraß übergehen. Zur Verpuppung fertigen sie sich ein lockeres Gespinst an, das sich am Boden oder unten in der Nahrungspflanze befindet.

In der Literatur finden wir neben der hier nicht vorgestellten Gattung *Rhagades* zwei weitere Gattungen: *Adscita* und *Jordanita*. (Die Unterscheidung der *Adscita*-Arten in *Adscita* und *Jordanita* ist eine neuere, die sich auf die Fühlerform, das Minierverhalten der Raupen und die Art der Nahrungspflanzen gründen soll). Die Bestimmung der einzelnen Arten ist recht schwierig und kann oft nur über eine Genitaluntersuchung sicher durchgeführt werden. Dennoch können wir uns die Unterscheidung der zwei Gattungen *Adscita* und *Jordanita*, zumindest was die männlichen Falter betrifft, zunutze machen. Die meisten Arten dieser Gattungen sind inzwischen relativ selten geworden.

Gattung *Adscita/Jordanita*
Die metallisch glänzende Farbgebung (meist Grün-/Blautöne) der Flügel ist als Bestimmungsmerkmal ungeeignet, da sie individuell sehr unterschiedlich sein kann. Alle ♂♂ tragen gekämmte Fühler. Es werden u. a. aufgrund der Fühlerform zwei Gruppen unterschieden: Die eine Gruppe, *Adscita*, umfasst die Arten, deren Fühler zum Ende hin stumpf abgerundet sind, während sich die der zweiten Gruppe, *Jordanita*, durch spitz zulaufende Fühlerenden auszeichnen.

[!] Da die Grünwidderchen gerne unauffällig an Halmen/Stängeln ruhen, wäre es interessant, gezielt auf die Suche zu gehen, um zu schauen, ob sich weitere Grünwidderchen-Habitate finden lassen. Beobachtungen dieser Falter sowie Blütenbesuche (Pflanzenart/Blütenfarbe) und Umgebung sollten so gut wie möglich beschrieben, Datum, Uhrzeit und Wetterbedingungen notiert werden. Die fehlende sichere Zuordnung zu einer Art sollte dem nicht im Wege stehen.

Unterfamilie Rotwidderchen
(Zygaeninae)
→ S. 46ff. Die Vorderflügel der Rot-Widderchen haben eine schwarz bis blauschwarz glänzende Grundfarbe mit roten Flecken oder Streifen (selten treten Farbvarianten mit gelben Flecken auf). Die Hinterflügel sind rot mit schwarzem Saum. Ältere Tiere, deren Schuppen bereits abgenutzt sind, wirken von der Grundfarbe her stumpf braun und transparent. Die Zeichnung ist dann nur noch undeutlich oder gar nicht mehr zu erkennen.
Die erwachsenen Raupen tragen eine auffällige Warntracht. Sie präsentieren sich im fast weißen, gelben oder grellgrünen Kleid mit schwarzer Zeichnung. Obwohl sie auf den ersten Blick sehr

Älteres Blutströpfchen *(Zygaena filipendulae)* im Feuchtgebiet

einheitlich aussehen, kann man anhand der Zeichnung oft gut herausfinden, um welche Art es sich jeweils handelt. Die Raupen fressen offen an den Pflanzen. Bei Bedrohung sondern sie, im Gegensatz zu den Grünwidderchen, Sekrettröpfchen (Blausäure) ab, manche lassen sich auch fallen und verharren einige Zeit bewegungslos eingerollt. Einige Arten überwintern unter Umständen zweimal als Raupe. Zur Verpuppung fertigen sie sich einen hellen und – abgesehen von wenigen Ausnahmen – spindelförmigen Kokon an.
Die Bestimmung der einzelnen Arten ist aufgrund der Variabilität der Zeichnung manchmal recht schwierig oder kann nur über eine Genitaluntersuchung sicher durchgeführt werden.

Sechsfleck-Widderchen *(Zygaena filipendulae)* Kokon an Binse, auf einer Waldlichtung mit Tümpel.

Wie fast alle Widderchen bevorzugen sie rosa, violette und blaue Blüten, verschmähen aber auch gelbe Blüten nicht; zudem sind sie alle sehr wärmeliebend. Oft sieht man mehrere Falter an einer

Blüte Nektar saugen. Gegen Abend bilden einige Arten Schlafgesellschaften. Dann hängen an Blüten oder Ähren Trauben von Widderchen. Warum sie dieses Verhalten zeigen, ist noch nicht geklärt. Wie auch die Grünwidderchen, sind die meisten Rowidderchen keine guten Flieger.

Familie Gras-/Rüsselzünsler *(Crambidae)*

→ S. 52ff. Die Gras-/Rüsselzünsler zeichnen sich u. a. durch charakteristisch gebaute Gehörorgane und oft typisch vorgestreckte, stark entwickelte Unterkiefer- und Lippentaster aus. Diese Zünsler sind nicht nur in Form und Farbe sehr variabel, sondern auch in ihrer Lebensweise. Die meisten sind dämmerungs- und nachtaktiv. Die Raupen leben oft sehr versteckt an Wurzeln oder in Gespinsten an Pflanzen. Wenn sie nicht als Schädling in der Forst- und Landwirtschaft, der Imkerei oder der Vorratshaltung unsere Aufmerksamkeit auf sich ziehen, sorgen ihre versteckte Lebensweise und ihre unscheinbare Gestalt – sie sind oft klein und bis auf einige Ausnahmen wenig auffällig gefärbt – dafür, dass wir sie übersehen oder ignorieren. In diesem Buch werden Vertreter der Rüsselzünsler aus vier Unterfamilien vorgestellt, die sehr häufig in Wiesen und Gärten oder an Gewässern fliegen. Um Verwechslungen mit ähnlichen Arten entgegenzuwirken, ist es wichtig, die Zeichnung und Form der Vorderflügel genau zu betrachten. [!] Obwohl diese Zünsler in den Wiesen allgegenwärtig sind, ist recht wenig über ihre Lebensweise im Freiland bekannt.

Weißer Graszünsler *(Crambus perlella)*

Unterfamilie Wasserzünsler *(Acentropinae)*

→ S. 58ff. Die Unterfamilie der Wasserzünsler umfasst Arten, die stark an Gewässer gebunden sind. Diese Falter entwickeln sich im Wasser. Einige von ihnen sind recht selten. Eine Ausnahme bildet der Laichkraut-Zünsler, den eigentlich jeder an stillen Kleingewässern beobachten kann.

Laichkraut-Zünsler *(Elophila nymphaeata)*

Familie Glucken *(Lasiocampidae)*

→ S. 70ff. Die Familie der Glucken ist sehr vielseitig. Die Grasglucke und der Brombeerspinner werden, neben anderen, zu den sogenannten Wollraupenspinnern gezählt, der Familienname bedeutet übersetzt so viel wie: zottige Raupe. Allen fehlt der Saugrüssel, daher können sie keine Nahrung aufnehmen. Die Geschlechter unterscheiden sich entweder in Größe, im Aussehen der Fühler oder in der Färbung. Die meisten Glucken sind nachtaktiv.

Familie Pfauenspinner *(Saturniidae)*

→ S. 74ff. Die Falter der Pfauenspinner sind äußerst imposant, was ihre Gestalt und Farbenpracht betrifft. Die hier vorgestellten beiden Arten – Kleines Nachtpfauenauge *(Saturnia pavonia)* und Nagelfleck *(Aglia tau)* – tragen nur je einen Augenfleck auf Vorder- und Hinterflügeln. Im Gegensatz zu den ♀♀ haben die ♂♂ längere und vor allem auffällig gefiederte Fühler. Die elliptisch spitz zulaufenden Fühler verhelfen mit ihren Sinneszellen dem ♂ über enorm große Distanzen (> 1 km) die vom ♀

abgegebenen Duftstoffe wahrzunehmen und ihnen zielgenau zu folgen. Das ♀ verharrt indes oft in der Nähe seines Schlupfortes und wartet. So ist es auch nicht verwunderlich, dass, wenn wir tagsüber mal ein ♂ in einem hektisch anmutenden Flug zielgerichtet vorbeifliegen sehen, es kaum bestimmen können, da es zu schnell wieder verschwunden ist.
Da die Pfauenspinner über keinen ausgebildeten Saugrüssel verfügen, zehren sie von dem, was sie sich als Raupe angefressen haben. Daraus ergibt sich eine kurze Lebensdauer von nur wenigen Tagen, die wohl nur dem Zweck der Fortpflanzung dient.

Raupe des Kleinen Nachtpfauenauges *(Saturnia pavonia)*

Die vorgestellten Arten sind typische Frühlingsfalter und fliegen nur in einer Generation. Die Raupen haben kräftige Bauchfüße, mit denen sie sich regelrecht festklammern können.
An dieser Stelle noch eine Anmerkung zum Südlichen Kleinen Nachtpfauenauge oder Ligurischen Nachtpfauenauge *(S. pavoniella)*, der Schwesternart des Kleinen Nachtpfauenauges. Seit einigen Jahren gibt es die Vermutung, dass zumindest in Süddeutschland auch diese Art vertreten sein könnte. Da beide Arten sowohl als Falter als auch als Raupe schwer zu unterscheiden sind, wäre es denkbar, dass *S. pavoniella* bisher übersehen wurde.

Familie Schwärmer *(Sphingidae)*

→ S. 78ff. Die Schwärmer sind vielfältige und interessante Falter. Sie werden den Nachtfaltern zugeordnet, doch manche sind durchaus tagaktiv. Unter ihnen gibt es einige mit einer beachtlichen Spannweite, sie zählen zu unseren größten heimischen Faltern. Der stromlinienförmige Körperbau einiger Arten, ihre kräftige Flugmuskulatur sowie die Form ihrer Flügel machen aus ihnen sehr gute und schnelle Flieger, die weite Strecken zurücklegen können. So ist es auch nicht verwunderlich, dass einige Arten zu den Wanderfaltern gehören. Teilweise haben sie sehr lange Rüssel, sodass sie den Nektar von so mancher Blüte erreichen, die anderen Insekten unzugänglich bleiben. Die Schwärmer spielen daher eine wichtige Rolle bei der Bestäubung vieler Blütenpflanzen. Andere wiederum müssen mit einem stark reduzierten Saugrüssel auskommen, sodass sie kaum oder gar keinen Nektar aufnehmen können. Sie gehören zu den schlechteren Fliegern.
Nicht nur die erwachsenen Tiere, auch die Raupen bieten Interessantes. Viele verharren in Ruheposition oder bei Störung, indem sie Kopf und Brust von der Unterlage abheben und so verharren. Die Assoziation mit der Sphinx hat den Namensgeber wohl dazu veranlasst die Schwärmer als Sphingidae zu bezeichnen.

Kiefernschwärmer *(Sphinx pinastri)*, Analhorn

Obwohl die Raupen innerhalb einer Art manchmal sehr variabel aussehen, haben die meisten Schwärmerraupen am hinteren Ende des Hinterleibs (Abschnitt 8) eine für diese Familie typische herausragende Spitze, das sogenannte Analhorn, kurz „Horn“ genannt; bei

einigen Arten (z. B. beim Kleinen Weinschwärmer) ist das Horn als kleine Erhebung nur angedeutet. Einige tragen eine Warntracht, die aus grellen Farben, meist Grün oder Gelb, besteht, oder sie sind mit augenähnlichen Flecken versehen, die zur Abschreckung dienen.
Oft wechseln die Raupen die Farbe kurz vor der Verpuppung in eine dunklere, was sie am Boden auf der Suche nach einem Verpuppungsplatz unauffälliger macht. Die Verpuppung erfolgt unter der Erde oder unter dem Laub an der Erdoberfläche. Die in diesem Buch vorgestellten Arten überwintern alle als Puppe. Manche Arten können noch im selben Jahr schlüpfen, manche überwintern aber auch zweimal.

Eier des Pappelschwärmers *(Laothoe populi)*

Die Eier sind in der Regel grünlich und rund, werden meist an der Nahrungspflanze oder in der Nähe abgelegt.
Der Schwärmer fliegt bei uns entweder als bodenständige Art oder als Gast, das heißt, als Wanderfalter.

Unterfamilie *Sphinginae*

→ S. 78ff. Beide in diesem Buch vorgestellten *Sphinginae*-Arten gelten als Kulturfolger, das heißt, sie machen sich Siedlungsgebiete zunutze und suchen Parks, Anlagen, Gärten usw. auf, sofern sie dort ihre Nahrungs- und Nektarpflanzen finden. Tagsüber ruhen sie häufig statt an Baumstämmen oder Blättern an Hauswänden, Schaufenstern oder Straßenlaternen, denn beide Arten werden, wie auch andere Schwärmer, nachts vom Licht angezogen. Ihre Vorderflügel sind schmal und lang. Sie sind gute Flieger. In der Ruhestellung sind die Flügel flach über oder neben dem Körper zusammengelegt, sodass immer noch ein wenig vom Hinterleib zu sehen ist. Die Grundfärbung sorgt beim Ruhen für eine gute Tarnung.
Um die Falter zu fördern, sollten vor allem die Hecken, insbesondere Liguster, nicht so penibel geschnitten, weniger gemäht und nächtliche Beleuchtungen in den Gärten vermieden werden.

Unterfamilie *Smerinthinae*

→ S. 84ff. Zu dieser Unterfamilie gehören das Abendpfauenauge, der Lindenschwärmer und der Pappelschwärmer, der zu den häufigsten Schwärmern zählt. Auch sie werden zu den Kulturfolgern gezählt, da sie dank ihrer Anpassungsfähigkeit ihre Lebensräume immer mehr in die Siedlungsgebiete verlagern. Infolgedessen finden wir sie auch, je nach Art, an mehr oder weniger feuchten Standorten, z. B. in der Nähe von Gewässern, in Obstgärten, Parks usw. Außerhalb der Ortschaften sind sie in Auen- und Laubmischwäldern sowie an Waldrändern und Uferböschungen zu finden. Da alle drei Arten einen verkümmerten Saugrüssel haben, spielen Nektarpflanzen bei ihnen keine Rolle. Als Ruheplatz dienen Baumstämme oder Halme und Blätter auch in Bodennähe (vor allem nach dem Schlüpfen), alternativ in Städten werden Hauswände, Fensterscheiben und Laternen aufgesucht. Auch sie fliegen zum Licht.

Lindenschwärmer *(Mimas tilias)* die rotbraune Variante ruhend am Waldrand in der Vegetation nahe am Boden.

Ihre Flügelränder sind oft gewellt oder ausgebuchtet. Die Vorderflügel werden in Ruhestellung etwas abgehoben, sodass der Körper gut sichtbar ist. Die Grundfärbung der Tiere ist meist gräulich, bräunlich oder grünlich. Der ruhende Falter sieht aus wie ein vertrocknetes Blatt – die perfekte Tarnung! Die ♂♂ haben etwas kräftigere Fühler. Um diese Falter zu fördern, sollten vor allem Weiden und Pappeln nicht entfernt werden. Nicht nur für Schmetterlinge sind sie wichtig, auch viele andere Insekten profitieren von diesen Gehölzen!

Unterfamilie *Macroglossinae*

→ S. 90ff. In Ruhestellung legen die Vertreter der Unterfamilie *Macroglossinae* die Flügel flach neben den Körper, sodass der Körper gut zu sehen ist. Ihre Raupen haben einen runden Kopf, bei einigen Arten ist das Analhorn auf eine kleine Erhebung reduziert. Manche tragen auffällige Augenflecke auf den Brustabschnitten (z. B. der Kleine Weinschwärmer).

Taubenschwänzchen *(Macroglossum stellatarum)* als regelmäßiger Besucher an einer Zinnienrabatte, deutlich sichtbar die abgestellten Schwanzhärchen, besonders im Schwirrflug zu beobachten.

Familie Dickkopffalter *(Hesperiidae)*

→ S. 106ff. Die Dickkopffalter sind relativ klein und zeichnen sich durch einen breiten Kopf mit kleinen Haarbüscheln über den Augen und eine kräftige Brust aus. Die Fühler sind an den Spitzen kolbenförmig verdickt. Die Duftorgane der hier vorgestellten ♂♂ liegen entweder am Rand der Vorderflügel, wie beim Gelbwürfeligen Dickkopffalter, oder auf der Oberseite der Vorderflügel, wie bei den Braun-Dickkopffaltern. Die ♂♂ einiger Arten zeigen ein ausgeprägtes Revierverhalten. Die Lebensräume der Falter und der Raupen unterscheiden sich besonders dort, wo die Raupen an bestimmte Gräser als Nahrungspflanzen gebunden sind. Alle sind eifrige Blütenbesucher, manche fliegen durchaus etwas weiter, um das umliegende Nektarangebot zu nutzen.

Braunkolbiger Braun-Dickkopffalter *(Thymelicus sylvestris)*

Die Paarungen finden oft ab dem späten Nachmittag statt. Die Pärchen sitzen dann entweder auf Blüten, gerne auch an verdorrten Stängeln, wobei das ♂ meist kopfüber am Halm sitzt. Einige Arten legen die Eier sehr versteckt ab, während andere sie einzeln an ein Grasblatt oder einen Halm kleben. Die Raupen sind häufig einander sehr ähnlich, zeigen aber unterschiedliche Linienmuster auf dem Rücken und dem Kopf. Als Jungraupe haben sie meist einen schwarzen, kugeligen und im Verhältnis zum Körper recht großen Kopf. Viele bauen sich ein röhrenförmiges (aus Gräsern) oder taschenförmiges (aus krautigen Pflanzen) Versteck, das sie zum Fressen zunächst nur teilweise, später ganz verlassen. Das Fraßbild ist oft typisch: häufig gegenüberliegend versetzte Einbuchtungen zur Blattmitte hin oder halbrund, manchmal auch länglich angefressene Blättchen. Hier darf man allerdings Fraßspuren anderer Insekten, wie z. B. der Heuschrecken, nicht außer Acht lassen. Ihre versteckte Lebensweise ist wohl ein Grund dafür, dass Raupenfunde seltener sind. Dies hat zur Folge, dass das Wissen über ihre Verhaltensweise und Bedürfnisse in manchen Fällen noch recht lückenhaft ist.

Paarung: Schwarzkolbige Braun-Dickkopffalter *(Thymelicus lineola)* an einer Böschung.

Rostfarbener Dickkopffalter *(Ochlodes sylvanus)*. Eiablage auf die Unterseite eines Grasblattes am Ufer eines Baches.

Die vorgestellten Arten sind recht häufig. Einige sind nicht ganz einfach voneinander zu unterscheiden, zumal sie zur gleichen Zeit in denselben Gebieten fliegen können, wie z. B. der Braunkolbige und der Schwarzkolbige Braun-Dickkopffalter. Bei der Beobachtung von Dickkopffaltern sind häufig mehrere Merkmale zur Bestimmung nötig. Ein besonderes Augenmerk ist auf die Fühlerspitzen, die Duftschuppenflecken, die nur die ♂♂ besitzen, und, neben den Vorderflügeloberseiten, manchmal auch auf die Unterseiten der Flügel zu richten. Natürlich spielt auch der Lebensraum eine Rolle. Nachfolgend die Unterschiede des Schwarzkolbigen und des Braunkolbigen Braun-Dickkopffalters.

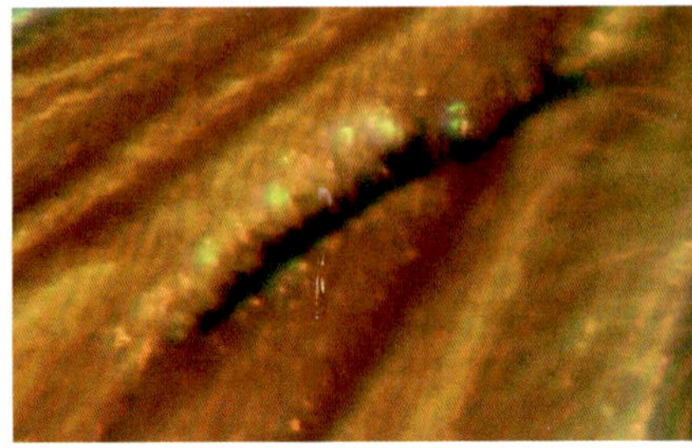

Unterschiede:
Braunkolbiger Braun-Dickkopffalter *(Thymelicus sylvestris)*(oben). Der Duftschuppenstreifen des ♂.

Schwarzkolbiger Braun-Dickkopffalter *(Thymelicus lineola)* (unten). Die beiden Duftschuppenstreifen des ♂.

Rostfarbener Dickkopffalter (*Ochlodes sylvanus*). Die Fühlerenden sind spitz und deutlich abgebogen, was ihn von den Thymelicus-Arten unterscheidet.

Links: Fühlerende des Schwarzkolbigen Braun-Dickkopffalters *(Thymelicus lineola)*.

Rechts: Fühlerende des Braunkolbigen Braun-Dickkopffalters *(Thymelicus sylvestris)*.

Familie Ritterfalter *(Papilionidae)*

→ S. 122ff. Die bei uns vorkommenden Ritterfalter gehören zwei verschiedenen Unterfamilien an. Zum einen der Unterfamilie der Osterluzei- und Apollofalter *(Parnassinae)* und zum anderen der Schwalbenschwänze *(Papilioninae)*. Beides sind mittelgroße bis große, farbenprächtige Tagfalter, welche die meisten bereits in Büchern oder auf Bildern gesehen haben. Der Osterluzeifalter gilt in Deutschland als ausgestorben. Der Rote und der Schwarze Apollofalter kommen bei uns nur noch an wenigen Standorten vor und sind „vom Aussterben bedroht". In diesem Buch werden der Rote und der Schwarze Apollofalter aus der einen Gruppe und der Schwalbenschwanz aus der zweiten Gruppe vorgestellt. Der Letztere steht zwar auch auf der Vorwarnliste, ist aber in allen Bundesländern mehr oder weniger häufig anzutreffen, sodass wir die Gelegenheit haben, zumindest einen Vertreter der Ritterfalter beobachten zu können.

Drei Schwalbenschwänze *(Papilio machaon)* beim Saugen an feuchter Erde.

Die Raupen der Ritterfalter verfügen über eine Nackengabel, die sich zwischen dem Kopf und dem ersten Brustabschnitt befindet und bei Gefahr ausgestülpt wird. Dabei zieht die Raupe den Kopf ein und macht eine Art Buckel, damit das Ganze noch imposanter wirkt, wer dann noch nicht abgeschreckt ist, bekommt einen chemischen Cocktail serviert, der so viel bedeutet wie: „Ich schmecke äußerst widerlich" und die Wirkung zumindest bei Ameisen nicht verfehlen soll.

Familie Weißlinge *(Pieridae)*

→ S. 128ff. Unsere Weißlinge sind bis auf wenige Ausnahmen mittelgroße bis große Tagfalter, die nicht nur, wie der Name sagt, weiß sind. Einige haben eine gelbliche Grundfarbe. Die Weißlinge werden in drei Unterfamilien eingeteilt: die Tintenfleck-Weißlinge oder auch Leguminosen-Weißlinge (*Dismorphinae)* die „eigentlichen" Weißlinge *(Pierinae)*, und die Gelblinge *(Coliadinae)*.

Die Tintenfleck-Weißlinge sind äußerlich nur in den seltensten Fällen zu unterscheiden, der einzige sichere Weg zur Artbestimmung ist die Genitaluntersuchung oder gar die genetische Prüfung. Auch bei den Gelblingen gibt es Arten, die nur über die Genitalien sicher bestimmt werden können.

Zur Unterscheidung der einzelnen Arten und der Geschlechter ist das mehr oder weniger ausgebildete schwarze Zeichnungsmuster auf den Flügeloberseiten zu beachten, aber auch die Unterseiten bieten manchmal entscheidende Hinweise.

Eier des Zitronenfalters *(Gonepteryx rhamni)*

Die Flügeloberseiten der Gelblinge sehen wir nur im Flug oder bei der Balz der Schmetterlinge. Sie ruhen und saugen stets mit geschlossenen Flügeln. Selbst das Sonnenbad wird mit geschlossenen Flügeln genommen. Sie erwärmen sich, indem sie sich schräg zur Sonne setzen, sodass die Strahlen im besten Fall im 90°-Winkel auf die Hinterflügelseite auftreffen.

Die Eier sind weiß, grün, gelb oder rötlich. Sie sehen spindelförmig aus, sind längs gerippt und werden an einem

Ende angeklebt, sodass sie von der Unterlage abstehen. Die meisten Raupen sind, wie so viele, grün mit mehr oder weniger ausgeprägten Zeichnungselementen. Die Überwinterung erfolgt meist im Puppenstadium.
Einige Weißlinge können weite Strecken bewältigen. Besonders in Jahren mit regionalen Massenvorkommen wurden Schwärme von z. B. wandernden Kleinen Kohlweißlingen gesichtet. Einige Arten zählen zur Kategorie der Wanderfalter, andere werden als Binnenwanderer bezeichnet. Der wohl bekannteste Wanderfalter dürfte der Wander-Gelbling sein.

Familie Bläulinge *(Lycaenidae)*

→ S. 148ff. Die bei uns heimischen Bläulinge sind in drei Unterfamilien unterteilt: die Feuerfalter *(Lycaeninae)* die Zipfelfalter *(Theclinae)* und die sogenannten „Echten Bläulinge" *(Polyommatinae)*. Unsere Bläulinge sind meist kleine bis sehr kleine Falter, die durch ihre intensive Färbung das Herz eines jeden Betrachters höher schlagen lassen, wofür meist eine spezielle Art von Schuppen verantwortlich ist.

Gut sichtbar: Die weißumrandeten Augen und schwarz-weiß geringelten Fühler der Bläulinge. Im Bild: Silbergrüner Bläuling *(Polyommatus coridon)*.

Auffällig sind die weiß umrandeten Augen und die schwarz-weiß geringelten Fühler dieser Familie. Ein weiteres Merkmal ist der in der Regel stark ausgeprägte Geschlechtsunterschied bezüglich der Färbung. Während die Flügeloberseiten der meisten ♂♂ in den prächtigsten Farben leuchten, sehen viele ♀♀ mit ihren braun oder braunorange gefärbten Flügeln eher unspektakulär aus.
Die überwiegend grün, manchmal auch bräunlich gefärbten Raupen haben einen gedrungenen Körper, sie werden in der Literatur als asselförmig bezeichnet. Ihre Haut ist etwas dicker und fein kurz behaart. Sie besitzen die Fähigkeit, den Kopf komplett einzuziehen, was ihnen einen gewissen Schutz bietet.
Darüber hinaus besitzen einige Raupen Porendrüsen, eine Honigdrüse und zeigen stark ausgeprägte Fähigkeiten im Umgang mit Ameisen. Dazu gehören nicht nur defensives Verhalten wie das Den-Kopf-Einziehen, sondern auch aktive Maßnahmen, wie das Aussenden von Duftstoffen mithilfe der Porendrüsen, welche die Ameisen „verstehen" oder gar anlocken bis hin zum Einsatz der Honigdrüse, die als Nahrungsquelle für Ameisen höchst willkommen ist.
Diese Merkmale sind für all jene Raupen überlebenswichtig, die sich nur in den Nestern spezieller Ameisenarten entwickeln.
Die Tatsache, dass manche Bläulingsarten hoch spezialisiert sind, sei es, dass sie sich nur in Nestern bestimmter Ameisen entwickeln, oder sei es, dass sie von einer speziellen Nahrungspflanze abhängig sind, hat zur Folge, dass sie

Himmelblaue Bläulinge *(Polyommatus bellargus)* bei der Aufnahme von Mineralien.

häufig nur lokal vorkommen und sehr sensibel auf Veränderungen in ihrer Umwelt reagieren. Verschwindet „ihre“ Ameisenart oder „ihre“ Nahrungspflanze, dann verschwindet auch die jeweilige Bläulingsart. Umso wichtiger ist es, die Lebensräume dieser kleinen Schmetterlinge zu kennen und sie zu erhalten. Viele Bläulinge sind eifrige Blütenbesucher und sonnen sich gern. In Ruhestellung klappen sie die Flügel senkrecht über dem Körper zusammen, sie übernachten oft kopfüber mit geschlossenen Flügeln in der Vegetation an Stängeln oder Halmen. Feuchte Stellen und Exkremente zum Saugen sind für sie äußerst attraktiv.

Während die Flügeloberseiten oft keine verlässliche Bestimmung erlauben, ermöglicht der Blick auf die Flügelunterseite oft eine Unterscheidung aufgrund der Grundfärbung und des Musters aus schwarzen Punkten, weißen Flecken oder Wischen, orangefarbenen Halbmonden oder metallisch glänzenden Fleckchen. Jede Art hat ihr individuelles Zeichnungsmuster, und doch gibt es leider Arten, die sich nicht sicher bestimmen lassen. Weitere Merkmale wie Standort, Lebensraum und Flugzeit, die für eine bestimmte Art charakteristisch sind, können dann sehr hilfreich sein. In einigen Fällen jedoch lässt nur eine Genitaluntersuchung eine sichere Zuordnung zu. Zu berücksichtigen sind auch individuelle Zeichnungsabweichungen, denn nicht jeder Falter einer Art ist genau gleich gezeichnet.

Unterfamilie Feuerfalter *(Lycaeninae)*

→ S. 148ff. Bei den heimischen Feuerfaltern sind die intensiv orangeroten und braunen Töne vorherrschend, manche ♂♂ sind zudem blauviolett übergossen. Die Hinterflügel haben ab und zu ein angedeutetes oder kleines Schwänzchen, die Hinterflügelspitzen sind innen eckig oder laufen in einer kleinen Spitze aus. Die Raupen ernähren sich hauptsächlich von Sauerampferarten.

Unterfamilie Zipfelfalter *(Theclinae)*

→ S. 154ff. Die heimischen Zipfelfalter zeichnen sich durch ein gut ausgebildetes Zipfelchen/Schwänzchen aus (Name!). Bei ihnen sind die Innenwinkel der Hinterflügel eckig oder formen eine kleine Spitze. Die Flügelunterseiten sind gräulich oder (orange)bräunlich mit feinen, weißen, durchgezogenen oder gestrichelten Querlinien. Sie leben oft in den Baumwipfeln und sind eher seltene Blütenbesucher, dafür saugen sie gern an Honigtau, Baumwunden, überreifem Obst und am feuchten Boden. Die Oberseiten der meisten Falter sind nur im Flug oder bei der Balz zu sehen. Die Raupen ernähren sich von Blütenknospen und Blättern bestimmter Strauch- oder Baumarten.

Unterfamilie „Echte“ Bläulinge *(Polyommatinae)*

→ S. 164ff. Bis auf einige Ausnahmen sind die Flügeloberflächen der ♂♂ blau schimmernd, die der ♀♀ dagegen einheitlich braun oder mit wenigen orangefarbenen Flecken versehen, gelegentlich auch blau übergossen. Sie sind eifrige Blütenbesucher. Viele Raupen ernähren sich von Schmetterlingsblütlern, manche leben parasitär in Ameisennestern.

Hauchechel-Bläuling *(Polyommatus icarus)*

Familie Edelfalter *(Nymphalidae)*

→ S. 186ff. Innerhalb der Familie der Edelfalter gibt es verschiedene Artengruppen, die hier als Unterfamilien bezeichnet werden.
Die **Perlmuttfalter** *(Heliconiinae)* bilden die zweitgrößte Gruppe in der Familie

der Edelfalter. Diese Tagfalter zeichnen sich durch silbrige Flecken auf der Unterseite der Hinterflügel aus, die perlmuttartig glänzen. Oberseits sind sie orange- oder gelbbraun mit dunkler Zeichnung. Mit ausgebreiteten Flügeln können sie von Weitem mit einigen Scheckenfaltern verwechselt werden. Zur Bestimmung der Perlmuttfalter ist die Flügelunterseite wichtig.
Die **Fleckenfalter** *(Nymphalinae)* sind nur mit acht Arten vertreten. Die meisten sind allgemein bekannt, wie z. B. das Tagpfauenauge, der Kleine Fuchs oder der Admiral. Wie in der Familie der Weißlinge gibt es auch bei den Fleckenfaltern einige Wanderfalter wie z. B. den Distelfalter oder den Admiral. Zudem gehören alle überwinternden Falter, bis auf den Zitronenfalter, ebenfalls in diese Gruppe.

Admiral *(Vanessa atalanta)*

Das Gleiche gilt für die **Scheckenfalter** *(Melitaeinae)* feine Unterschiede in der Zeichnung sind hier manchmal ausschlaggebend. In dieser Gruppe gibt es Arten, die nur über eine Genitaluntersuchung sicher bestimmt werden können. Die Raupen der Scheckenfalter überwintern halb erwachsen. Einige dieser Falter sind sehr selten geworden.
Die Gruppe der **Augenfalter** *(Satyrinae)* ist in Deutschland die umfangreichste. Viele Falter tragen ein bräunliches Kleid, oft mit nur kleinen Augenflecken. Nicht alle Falter mit Augenflecken gehören zu dieser Unterfamilie, so ist z. B. das Tagpfauenauge ein Fleckenfalter. Allen Augenfaltern gemeinsam ist die Entwicklung der Raupe an Gräsern.
Zwei weitere Gruppen mit nur drei bzw. zwei heimischen Vertretern sind die **Eisvögel** *(Limentidinae)* und die ***Schillerfalter*** *(Apaturinae)*.
Ein wichtiges Merkmal der Edelfalter sind die verkümmerten vorderen Beinpaare, die aufgrund der fehlenden Krallen nur zum Putzen oder bei den ♀♀ zum Betasten der Pflanzen für die Eiablage eingesetzt werden. So sieht man sie denn auch stets auf nur vier Beinchen sitzend. Das vordere Paar ist jeweils angezogen und meist am Körper angelegt.

Familie Spanner *(Geometridae)*

→ S. 258ff. Die Spanner gehören zu den Schmetterlingsfamilien mit den meisten Arten. Der Name „Geometridae" (griech. Feldmesser) bezieht sich auf die Fortbewegungsart der Raupen: Da sie, bis auf einige Ausnahmen, nur ein Paar oder stark reduzierte Bauchfüße besitzen, ziehen sie beim Laufen dieses und das letzte Beinchenpaar, die Nachschieber, bis zu den Brustbeinchen an, heben den Vorderkörper, strecken sich, um wieder den Rest des Körpers nachzuziehen, was aussieht, als würden sie die Strecke genau vermessen.
Die Geometriden haben eine Spannweite von 10–50 mm. Bei den meisten Arten sind die Flügel in Ruhehaltung so weit ausgebreitet, dass ein Teil der Hinterflügel zu sehen ist. Während einige bei einer Annäherung in ihrer Ruhestellung verharren, fliegen andere schnell auf, um sich ein Stück weiter wieder abzusetzen. Das Wissen über die Nahrungspflanzen mancher Spannerarten ist noch recht lückenhaft und könnte durch gezielte Beobachtungen und Meldungen erweitert werden. Das Gleiche betrifft auch manche Lebensräume bzw. Verbreitungsgebiete. Da diese Falter meist dämmerungs- und/oder nachtaktiv sind, fallen sie uns häufig nur auf, wenn sie ans Licht kommen oder wenn wir ruhende Tiere bei einem Spaziergang

aufscheuchen. Die meist gräulichen oder bräunlichen Falter sind zudem Meister der Tarnung, die uns bei der Bestimmung manchmal das Leben schwer machen. Manche Raupen stimmen ihre Färbung mit der Nahrungspflanze ab oder imitieren nicht nur diese, sondern legen ein Verhalten an den Tag, das sie wie ein Zweiglein oder Ästchen aussehen lässt, indem sie steif aufgerichtet von ihrer Unterlage abstehen. Farbe, Warzen und Erhebungen am Körper verstärken diesen Effekt. Andere sind so gefärbt, dass sie, am Blattstiel oder Blatt sitzend, eventuelle verräterische Schatten zu verschlucken scheinen.

Überfamilie Eulenartige Falter *(Noctuoidea)*

→ S. 316ff. Viele eulenartige Falter werden aufgrund ihrer Lebensweise und ihrer unauffälligen Gestalt übersehen oder für Motten gehalten. Sie sind i. d. R. dämmerungs- und/oder nachtaktiv. Ihre Färbung bietet eine hervorragende Tarnung, wenn sie auf Zweigen oder an Baumstämmen ruhen. Einige Falter verbergen unter den Vorderflügeln ihre Schrecktracht, wie z. B. das Rote Ordensband. Viele Raupen sind unscheinbar und nackt, andere überraschen uns dagegen mit einer Farbintensität wie knallgrün, orange oder sind fast bunt in einem dicht behaarten Kleid. Die für Eulenfalter geltende typische Zeichnung besteht aus zwei Hauptquerlinien, welche die Flügel in drei Bereiche teilen – Nieren-, Punkt- und Zapfenfleck.

Unterfamilie Bärenspinner *(Arctiinae)*

→ S. 320ff. Die Familie der Bärenspinner wurde unlängst aufgrund neuer Erkenntnisse der Familie *Erebidae* zugeordnet. Diese oft bunt gefärbten Falter sind überwiegend nachtaktiv. Ihre Raupen sind meist stark behaart und wirken etwas tapsig, was ihnen den Namen „Bären“ einbrachte. Bei Störung zeigen manche Falter eine Schreckstellung, indem sie ihre auffällig gefärbten Hinterflügel zeigen; einige sondern auch eine übel riechende Flüssigkeit ab, während andere sich fallen lassen, um sich tot zu stellen. Ähnlich reagieren einige Raupen: Sie lassen sich fallen, kringeln sich ein und verharren bewegungslos. Im Gegensatz zu den z. B. stark behaarten Raupen der Glucken sind die Härchen der Bärenspinner nicht „gefährlich“ für die Haut. Sie können berührt werden, ohne Allergien oder Entzündungen hervorzurufen. Der Saugrüssel ist je nach Art unterschiedlich entwickelt. Einige Arten sind eifrige Blütenbesucher, andere besitzen dagegen nur einen verkürzten oder verkümmerten Rüssel. Die Flugzeit und die Entwicklung sind oft nicht nur witterungs-, sondern auch standortabhängig.

Abkürzungen / Icons

♂ Männchen

♀ Weibchen

❄ Dieses Icon zeigt an, in welchem Stadium eine Art überwintert (Ei, Raupe, Puppe, Falter)

[!] Dieses Icon zeigt an, wo die wissenschaftlichen Erkenntnisse über die Ökologie der Arten noch lückenhaft ist (z.B. Nahrungspflanzen, Lebensräumen und Überwinterung betreffend).
Wer interessante Beobachtungen dazu macht, ist eingeladen, diese weiterzugeben; z.B. an www.bund.net und www.naturgucker.de.

Die Porträts

Ampfer-Wurzelbohrer

Triodia sylvina

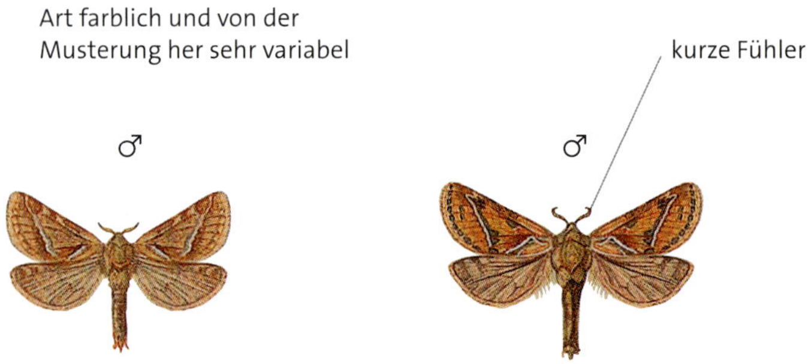

Vorkommen
Der Ampfer-Wurzelbohrer lebt in offenen Gebieten, aber auch an lichten Stellen im Wald sowie in Siedlungen. Der kleine Falter ist sehr häufig und in fast allen Lebensräumen, auch in intensiv bewirtschafteten Gebieten, zu finden. Meist bekommen wir das ♂ zu Gesicht, welches an Hauswänden oder Fensterscheiben ruht oder abends vom Licht angelockt ins Haus fliegt. Das ♀ lebt versteckt im Gras oder Gebüsch.

Falter
Das ♂ sucht nach im Gras sitzenden ♀♀. Bei der Paarung, hält sich das ♀ an einem Stängel oder Blatt fest, während das ♂ frei nach unten hängt.

Englisch: Orange Swift

❄ Raupe

♀

oft auch einfarbig ♀

♀

gelegentlich mit komplexen Zeichnungselementen

Raupe
Die Raupe ist hell gefärbt mit braunem Köpfchen und lebt unterirdisch an Pflanzenwurzeln bohrend (Name!). Sie ähnelt im Aussehen einer Käferlarve. Eine Verwechslung mit dieser können wir ausschließen, indem wir uns die Beinchen genauer ansehen, denn die Larven des Käfers haben keine Bauchfüße.

› **Nahrung:** Die Raupe ist selten zu sehen, es sei denn, wir überprüften die Wurzeln oder den Strunk eines welken Salatkopfes. Neben dem Kopfsalat werden in der Literatur Malvengewächse, Ampfer und Löwenzahn angegeben.

Flugzeit
Der Ampfer-Wurzelbohrer fliegt in einer Generation. Die Hauptflugzeit liegt im August.

	J	F	M	A	M	J	J	A	S	O	N	D
🦋												

Merkmale

› **Flügeloberseite:** Grundfärbung des ♂ ist orangebraun, die des oft etwas größeren ♀ eher graubraun.
› **Ruhehaltung:** Die Flügel werden steil dachförmig zusammengelegt, meist schaut das Ende des Hinterleibs des ♂ unter den Flügeln hervor.

Grüner Langfühler

Adela reaumurella

Vorkommen
Diese Art bevorzugt lichte Laub-, Laubmischwälder oder sonnige Waldränder sowie Parks und Gärten mit Laubbäumen. Obwohl der Grüne Langfühler in Deutschland sehr häufig ist, wird er oft übersehen, denn die ♀♀ verstecken sich vorwiegend im Gebüsch oder in der Vegetation, während sich die ♂♂ gern weiter oben in den Bäumen aufhalten.

Falter

› **Nahrung:** [!] Die Falter sind nur sehr selten an Blüten zu beobachten. Über die Nektarpflanzen ist in der Literatur kaum etwas zu finden. An Traubenkirsche soll dieser Falter schon beobachtet worden sein.
› **Eiablage:** Das ♀ legt die Eier an den Nahrungspflanzen ab.
› **Reviere:** Die ♂♂ fliegen an sonnigen Stellen in kleinen Schwärmen von wenigen bis zu mehr als dreißig Tieren über den Zweigenden von Buchen und Eichen oder benachbarten Sträuchern. Dort „tanzen" sie auf und ab, die Fühler nach oben gestreckt und warten auf einfliegende ♀♀. Zwischendurch setzen sie sich nur kurz ab. Ist die Gruppe sehr klein, suchen die ♂♂ gelegentlich die benachbarten Zweigspitzen nacheinander nach ♀♀ ab, um dann zu ihrem Blatt zurückzukehren.
› **Ruhehaltung:** Wenn das ♂ mal ruhig sitzt, sehen wir, besonders beim jungen ♂, die starke Behaarung im Kopf- und Brustbereich, was es äußerst zottig er-

Englisch: Green Longhorn

❄ Raupe

scheinen lässt. Das ♀ ist nicht behaart. Die Flügel werden dachförmig über den Körper zusammengelegt, nur gelegentlich öffnen sie die Flügel für ein kurzes Sonnenbad.

Raupe
Die Raupe lebt bis zur Verpuppung am Boden in einer Hülle, die sie sich aus totem Pflanzenmaterial baut. Sie frisst welkes und totes Pflanzenmaterial. Sehr gut getarnt, wird sie am Boden im Laub nur selten gefunden.

› **Nahrung:** Bevorzugt werden Buche und Eiche, laut Literatur frisst die Raupe auch an Hasel und Birke.

Flugzeit
Der Falter fliegt in einer Generation. Der Hauptflug liegt im April/Mai. Je nach Witterung sind Ende März oder noch Anfang Juni Falter zu sehen.

	J	F	M	A	M	J	J	A	S	O	N	D
🦋				■	■							

Merkmale

› **Flügeloberseite:** Die Farbe der Vorderflügel ist im Sonnenlicht nicht immer deutlich zu erkennen, je nach Lichteinfall und Entfernung wirken die metallisch grünen oder bronzefarbenen Falter, verstärkt durch die starke schwarze Behaarung des ♂, nahezu schwarz. Die Hinterflügel sind dunkel und schimmern violett.

› **Flügelrand:** Die Flügel haben einen deutlich gefransten Saum.

› **Fühler:** Die langen, an der Basis dunklen Fühler sind ansonsten weiß. Die Fühler des ♂ sind ca. dreimal so lang wie die Vorderflügel. Besonders imposant wirken sie im Flug, da sie weit nach oben ragen. Die Fühler des ♀ sind nur 1,5-mal so lang wie die Vorderflügel.

Degeers Langfühler

Nemophora degeerella

Vorkommen
Diese Art finden wir in Auenwäldern sowie in feuchten, lichten Laub- und Mischwäldern, an krautigen Waldrändern und -wegen oder an breiten Heckenstreifen, oft in der Nähe von Gewässern, wie Gräben, Tümpeln oder Weihern, was darauf hindeutet, dass sie mäßig feuchte Standorte bevorzugt.

Falter
- **Nahrung:** [!] In der Literatur ist über die Nahrung der Falter wenig zu finden. In der Regel sind die ♂♂ und ♀♀ eher auf Blättern und Halmen als auf Blüten anzutreffen. Beobachtungen von Faltern auf Doldenblütlern wie Wiesen-Bärenklau und Giersch sowie auf Margerite und Schlangen-Knöterich legen nahe, dass sie zu den Nektarpflanzen gehören, können aber nicht mit Sicherheit bestätigt werden. Hier wären weitere Beobachtungen nützlich.
- **Reviere:** Die ♂♂ zeigen Schwarmverhalten. In kleinen Gruppen fliegen sie in der Sonne in der Nähe der ♀♀ über dem Boden oder den Zweigen von Büschen auf und nieder, immer wieder zwischendurch auf Blättern oder Halmen absitzend. Bei höheren Temperaturen verstecken sie sich allerdings im Schatten oder suchen direkt am Boden Kühlung.

Raupe
Die Jungraupe miniert in den Blättern der Nahrungspflanze. Danach lebt sie am Boden, sich sowohl von totem als auch lebendem Pflanzenmaterial ernährend. Als Schutz trägt sie eine Hülle aus Laubstückchen und ist daher schwierig zu finden. Sie verpuppt sich im frühen Frühjahr.
- **Nahrung:** Die Raupen fressen an Busch-Windröschen, Blaubeere und Ampferarten.

Englisch: Yellow-Barred Longhorn

❄ Raupe

Flugzeit
Der Falter fliegt in einer Generation. Die ersten Falter erscheinen gegen Ende Mai. Die Hauptflugzeit liegt im Juni. Nur selten sind noch im Juli Falter zu beobachten.

Anmerkung
Die beiden, dem Degeers Langfühler ähnlichen Arten *Adela croesella* und *Nemophora congruella* sind recht selten. Die intensiv violetten bzw. bläulichen Zeichnungselemente auf den Vorderflügeln sind wesentlich stärker ausgeprägt. Die violetten Bereiche, die an die gelbe Binde angrenzen, sind fast genauso breit wie diese.

	J	F	M	A	M	J	J	A	S	O	N	D
🦋												

Merkmale

- **Flügeloberseite:** Die Färbung und Zeichnung der Vorderflügel mit der gelben Binde können variieren. Feine violette Zeichnungselemente, ein Längsstreifen und die schmale Begrenzung der gelben Binde auf den Vorderflügeln sind bei den ♀♀ häufig stärker ausgebildet als bei den ♂♂. Die Hinterflügel sind einheitlich braungrau.
- **Flügelrand:** Die Flügelränder sind gefranst.
- **Fühler:** Die Fühler des ♂ sind ca. viermal so lang wie die Vorderflügel, die des ♀ nur ca.1,5-mal so lang.
- **Ruhehaltung:** Die Flügel sind flach dachförmig bis zur gelben Querbinde über dem Körper zusammengelegt und an den Spitzen abgerundet.

Skabiosen-Langfühler

Skabiosen-Langhornmotte, Metallischer Langfühler, Metallische Langhornmotte

Nemophora metallica

Vorkommen
Diese Art ist auf mäßig genutzten Wiesen oder Magerwiesen zu beobachten, die trocken oder mäßig feucht sein können. Gelegentlich fliegen sie auf sonnigen Lichtungen im Wald oder auf Brachen. Wichtig sind ausreichende Bestände an Nahrungspflanzen der Raupen, die vorrangig als Falternahrung und zur Geschlechterfindung dienen. Ab und zu können wir mehrere Falter auf einer Blüte beobachten. Der Besuch anderer Schmetterlinge auf der Blüte stört den Skabiosen-Langfühler nicht im Geringsten.

Falter
› **Nahrung:** Die Blütenbesuche beschränken sich in der Regel auf Wiesen-Witwenblume, Tauben-Skabiose oder Schwarze Flockenblume.
› **Eiablage:** Das ♀ legt die Eier in die Blüte der Nahrungspflanze der Raupen.
› **Reviere:** Die ♂♂ halten sich in der Nähe der ♀♀ auf, das heißt, meist auf den Nektar- und Nahrungspflanzen.

Englisch: Brassy Longhorn

❄ Raupe

Raupe
Die Jungraupe miniert zunächst in der Blüte, danach lebt sie am Boden in einer Hülle aus Erdmaterial, sich von welkem Pflanzenmaterial ernährend. Sie verpuppt sich am Boden.

- **Nahrung:** Die Raupe frisst an Wiesen-Witwenblume, Tauben-Skabiose und Schwarzer Flockenblume.

Flugzeit
Der Falter fliegt in einer Generation. Je nach Witterung erscheinen die ersten Falter bereits im Mai.

	J	F	M	A	M	J	J	A	S	O	N	D

Merkmale

- **Flügeloberseite:** Die Flügel glänzen nahezu einheitlich messingfarben. Die Hinterflügel sind graubräunlich.
- **Flügelrand:** Die Vorderflügel sind lang, schmal, an den Enden abgerundet, mit fransigem Saum.
- **Fühler:** Die Fühler sind, an der Basis dunkel, ansonsten weiß, sodass sie auffällig zweifarbig erscheinen. Die des ♂ sind ca. dreimal so lang wie die Vorderflügel, die Fühler des ♀ nur ca. 1,5-mal so lang.
- **Ruhehaltung:** Die Flügel werden etwas steil dachförmig über dem Körper zusammengelegt. Der Kopf ist meist fuchsrot, die Augen grünlich.

Weidenbohrer

Cossus cossus

Vorkommen
Der Weidenbohrer hegt keine speziellen Ansprüche an seinen Lebensraum. Wir finden ihn überall dort, wo geeignete Bäume, besonders Weichholzarten, für die Raupen wachsen. Vorzugsweise sind dies Uferbereiche, Auenwälder, Laubmischwälder, aber auch Gebiete mit alten Obstbäumen werden genutzt.

Falter
Die Falter sind nachtaktiv. Sie werden nicht so häufig gesehen wie die Raupe. Tagsüber verbergen sie sich an Stämmen und Zweigen, wo sie hervorragend getarnt sind. Die erwachsenen Tiere haben keinen Saugrüssel und können keine Nahrung aufnehmen, entsprechend kurz ist ihre Lebensdauer.

› **Eiablage:** Das ♀ legt die Eier zu mehreren meist in Rindenritzen alter, oft kranker Bäume ab.

Raupe
Einige erwachsene Raupen verlassen nach mehrjähriger Entwicklungszeit, die von Wärme sowie der Beschaffenheit des Baumes abhängig ist, den Futterplatz, um zu überwintern. Im Frühjahr suchen sie sich einen Verpuppungsplatz. Nach der Überwinterung nehmen sie keine Nahrung mehr auf. Andere machen sich erst nach der Überwinterung im Baum auf den Weg zur Verpuppung. Einige bleiben in „ihrem" Baum. Im Spätsommer/Herbst bzw. im Frühjahr können wir sie auf ihren Wanderungen beobachten. Die Raupe ist in etwa so lang und breit wie ein kleiner Finger, aber etwas abgeflacht. Auf dem Rücken ist sie blutrot, an den Seiten hell fleischfarben mit deutlich sichtbaren Atmungsöffnungen. Vereinzelt stehen Härchen ab, ansonsten ist sie nackt und leicht glänzend.

Englisch: Goat Moth

❄ Raupe

♀

› **Nahrung:** Vorzugsweise Weiden oder Pappeln, aber auch Erlen, Birken oder alte Obstbäume werden angenommen.

Flugzeit
Diese Art fliegt in einer Generation.

	J	F	M	A	M	J	J	A	S	O	N	D
					■	■	■					

Merkmale

› **Flügeloberseite:** Die Flügel sind gräulich braun, fein schwarz liniert. Die Hinterflügel sind etwas dunkler mit nur angedeuteter Zeichnung. Das ♀ ist größer als das ♂.
› **Flügelrand:** Der Flügelsaum ist wenig kontrastreich hell-dunkel gescheckt.
› **Fühler:** Die Fühler des ♂ und ♀ sind gekämmt, die der ♂ etwas kräftiger und länger.
› **Ruhehaltung:** Die Flügel sind dicht am Körper angelegt, sodass er wie ein abgebrochener Zweig aussieht. Diese Tarntracht wird durch die Haltung, das Abheben der Brust von der Unterlage, verstärkt. In dieser Position ist er mit dem etwas kleineren Pappelbohrer (*Lamellocossus terebra*) zu verwechseln. Dieser wirkt einheitlich grau, d. h. nicht geringelter, grauer Hinterleib, grauer Kopf und Kragen, im Gegensatz zum Weidenbohrer, bei dem der Kragen und oft die Stirn heller sind.

Hornissen-Glasflügler

Bienen-Glasflügler, Hornissenschwärmer

Sesia apiformis

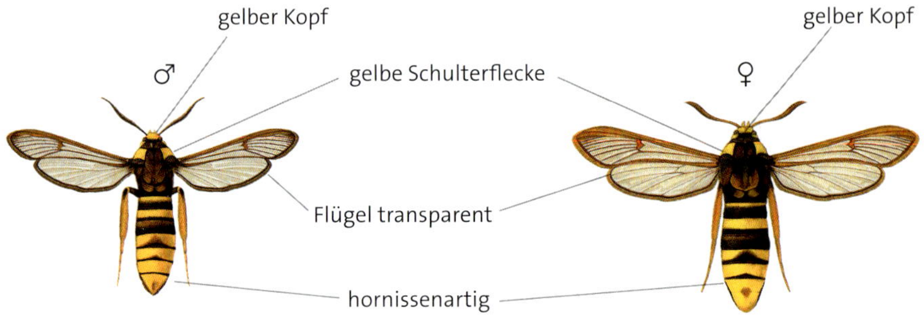

Vorkommen

Dieser Glasflügler lebt in der Nähe von Pappeln. Ob sie im lichten Wald einzeln stehen, in Alleen oder an Gewässern, spielt eine eher untergeordnete Rolle. Weitere Kriterien sind eine gewisse Luftfeuchtigkeit, sonnige, wärmere Standorte und noch nicht gänzlich geklärte Ansprüche an die Pappel selbst. Bevorzugt werden Schwarzpappeln und deren Hybriden mittleren Alters.

Falter

Der Falter ist tagaktiv, allerdings werden selten fliegende Falter beobachtet, vielleicht auch nur, weil sie mit fliegenden Wespen/Hornissen verwechselt werden. Der Saugrüssel ist reduziert, daher nehmen sie keine Nahrung auf.

- **Eiablage:** Es ist noch nicht abschließend geklärt, ob das ♀ die Eier an der Rinde gezielt ablegt oder in der Nähe des Baumes oder am Stamm sitzend fallen lässt.
- **Reviere:** Da die ♀♀ kurz nach dem Schlupf Sexualduftstoffe aussenden und auf anfliegende ♂♂ warten, können wir des Öfteren frische ♀♀ oder gar eine Paarung direkt am Baumstamm oder in unmittelbarer Nähe der Pappel beobachten. Kurz nach der Paarung beginnt das ♀ mit der Eiablage.

Raupe

Da die Raupe in der Pappel entweder unter der Rinde oder in der Wurzel lebt, ist sie entsprechend farblos. Sie bohrt kleine Gänge, wobei sie den Baumsaft als Nahrung aufnimmt. Die Entwicklung der Raupe bis zum Falter dauert ca. 3 Jahre. Kurz vor der Verpuppung bereitet sie alles für den Schlupf vor, indem sie die Rinde von innen her so weit bearbeitet, dass sie zwar stabil, aber später leicht zu durchdringen ist, und fertigt direkt darunter ihren Kokon an. Kurz vor dem Schlüpfen des Falters im späten Frühjahr arbeitet sich die Puppe mühsam aus dem Kokon zu der nur sehr dünnen Rinde vor, sodass dem Schlupf nichts im Wege steht. Kleine Häkchen an der Puppe verhindern, dass sie während des Schlüpfens aus dem

Englisch: Hornet Moth

❄ Raupe

Schlupfloch fällt. Im unteren Bereich des Stammes befinden sich die kleinen, runden Schlupflöcher von knapp 1 cm Durchmesser. Mit ein wenig Glück ragt dort noch das Häutchen der Puppe heraus.

› **Nahrung:** Schwarz-, Silberpappel sowie Schwarzpappel-Hybriden werden bevorzugt.

Flugzeit

Dieser Glasflügler fliegt in einer Generation. Bei günstiger Witterung sind einzelne Falter bereits im Mai zu finden. Mitte Juni bis Mitte Juli ist die Hauptflugzeit.

	J	F	M	A	M	J	J	A	S	O	N	D

Merkmale

› **Flügeloberseite:** Die durchsichtigen Flügel sind an den Rändern und auf den Adern beschuppt. Bei frisch geschlüpften Tieren sehen wir auf den sonst klar durchsichtigen Flügeln noch feine Schüppchen, die spätestens beim ersten Flug abfallen.

› **Ruhehaltung:** Das ♀ ist etwas größer als das ♂. Die gelben Schulterflecke, der schwarze Halskragen und der gelbe Kopf unterscheiden den Hornissen-Glasflügler vom Großen Weiden-Glasflügler (*Sesia bembeciformis*). Nur selten treten ganz dunkle Formen auf, aber selbst diese zeigen die charakteristischen gelben Schulterflecke.

Ampfer-Grünwidderchen

Gemeines Grünwidderchen

Adscita statices

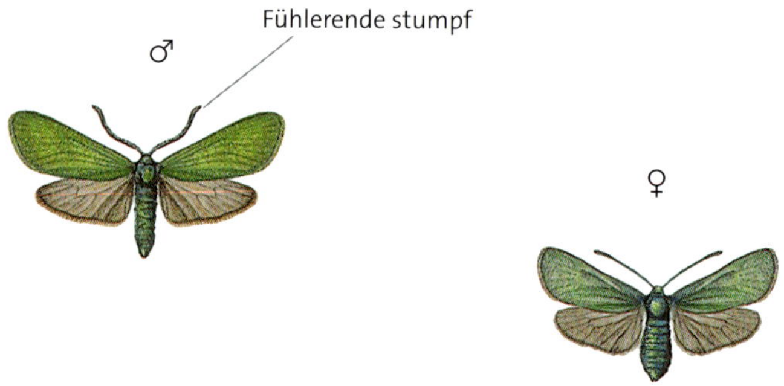

Viele ähnliche Arten. Eine Bestimmung der Art ist ohne Genitalpräparat nicht möglich.

Vorkommen
Das tagaktive Ampfer-Grünwidderchen fliegt sowohl an trockenen als auch an feuchten Standorten. Wichtig sind sonnige und blütenreiche, magere Wiesen. Sie sind recht standorttreu. Bei fehlendem Sonnenschein sind sie eher träge und ruhen auf Blüten, Blättern oder an Halmen. Das Ampfer-Grünwidderchen gilt als die häufigste Art Deutschlands.

Falter
› **Nahrung:** Die Falter bevorzugen rosa/violette/blaue Blüten wie Witwenblumen, Skabiosen, Flockenblumen, Kratzdistelarten, Schlangen-Knöterich, sind aber auch an gelben Blüten zu finden.
› **Eiablage:** Die Eier werden an die Unterseite des Blattes der Nahrungspflanze geheftet.

Englisch: Forester

Raupe

Raupe
Die Raupe miniert in den Blättern ihrer Nahrungspflanze. Sie verpuppt sich im Frühjahr in einem lockeren Gespinst am Boden.

- **Nahrung**: Wiesen-Sauerampfer und Kleiner Sauerampfer.

Flugzeit
A. statices fliegt in einer Generation. Es fliegt in feuchten Gebieten im Mai/Juni, in trockenen Gebieten im Juli/August.

	J	F	M	A	M	J	J	A	S	O	N	D

Merkmale

- **Flügeloberseite:** Der metallisch glänzende, grünblaue Farbton ist variabel und nicht zur Bestimmung geeignet.
- **Fühler:** Die Fühler der *Adscita*-♂♂ sind gekämmt, die Fühlerenden sind stumpf abgerundet, sie schimmern ebenfalls grünbläulich. Die Fühler der ♀♀ sind fadenförmig.
- **Ruhehaltung:** Die Flügel werden dachförmig geschlossen. Die wärmeliebenden Falter ruhen gern auf Blüten oder an Halmen in der Sonne. Es sind träge und nicht sehr ausdauernde Flieger, sodass sie nur kurze Strecken zurücklegen.

Flockenblumen-Grünwidderchen

Sauerampfer-Grünwidderchen

Jordanita globulariae

Viele ähnliche Arten. Eine Bestimmung der Art ist ohne Genitalpräparat nicht möglich.

Vorkommen

Das tagaktive Flockenblumen-Grünwidderchen lebt häufig auf Halbtrockenrasen, seltener in feuchten Habitaten. Diese Art benötigt wärmebegünstigte, sonnige, blütenreiche, offene Magerwiesen meist im Bergland. Das Flockenblumen-Grünwidderchen ist seltener anzutreffen als das Ampfer-Grünwidderchen.

Falter

- **Nahrung:** Die Falter bevorzugen rosa/violette/blaue Blüten wie Witwenblumen, Flockenblumen, Kratzdistelarten sowie den gelben Hufeisen-Klee.
- **Eiablage:** Die Eiablage erfolgt an den Blättern der Nahrungspflanze.

Englisch: Scarce Forester

❄ Raupe

Raupe

Die Raupe miniert in den Blättern ihrer Nahrungspflanze. Im Frühjahr verpuppt sie sich in einem lockeren Gespinst am Boden. Sie kann mit der Raupe des Skabiosen-Grünwidderchens *(Jordanita notata)* verwechselt werden.

- **Nahrung:** Wiesen-Flockenblume und Skabiosen-Flockenblume.

Flugzeit

Jordanita globulariae fliegt in einer Generation. Im August ist es nur noch vereinzelt anzutreffen.

	J	F	M	A	M	J	J	A	S	O	N	D
🦋												

Merkmale

- **Flügeloberseite:** Der metallisch glänzende, grünblaue Farbton ist variabel und nicht zur Bestimmung geeignet.
- **Fühler:** Die Fühler der *Jordanita*-♂♂ sind gekämmt, die Fühlerenden sind spitz zulaufend. Die Fühler der ♀♀ sind fadenförmig.
- **Ruhehaltung:** Die Flügel werden dachförmig geschlossen. Die wärmeliebenden Falter ruhen gern auf Blüten oder an Halmen in der Sonne. Es sind träge und nicht sehr ausdauernde Flieger, sodass sie nur kurze Strecken zurücklegen.

Esparsetten-Widderchen

Krainer Widderchen

Zygaena carniolica

Vorkommen
Das Esparsetten-Widderchen bevorzugt trocken-warme Gebiete wie z. B. Südhanglagen mit blütenreichen Magerwiesen. Ihr Auftreten ist nicht sehr häufig und lokal begrenzt. Es reagiert sehr empfindlich auf Veränderungen in seinem Habitat und ist in Deutschland als gefährdet eingestuft.

Falter
› **Nahrung:** Witwenblumen, Skabiosen und Flockenblumen sind die bevorzugten Nektarblüten. Oft finden wir mehrere Falter gleichzeitig auf einer Blüte.
› **Eiablage:** Das ♀ legt die Eier in der Regel auf die Blattunterseite der Nahrungspflanze.

Englisch: Transparent Burnet

❄ Raupe

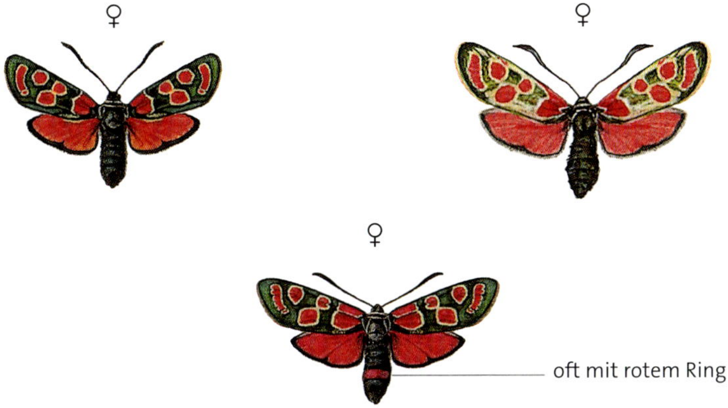

Raupe
Die Grundfarbe der erwachsenen Raupe ist Fahlgrün oder Gelbgrün. Die Brustbeine sind schwarz, die Bauchbeine und Nachschieber gelblich. Sie lässt sich bei Berührung fallen und bleibt meist einige Zeit zusammengerollt am Boden liegen. Bei Bedrohung sondert sie Sekrettröpfchen ab. Der Kokon wird häufig an der Nahrungspflanze nicht weit über dem Erdboden angefertigt. Er ist matt gelblich und bauchig abgerundet.

› **Nahrung:** Esparsette und Gewöhnlicher Hornklee.

Flugzeit
Die Falter fliegen in einer Generation ab Mitte Juni bis August.

	J	F	M	A	M	J	J	A	S	O	N	D
🦋												

Merkmale

› **Flügeloberseite:** Die weißlich umrandeten roten Flecken machen dieses Widderchen unverwechselbar. Allerdings können sie unterschiedlich stark ausgebildet sein. Auf dem Hinterleib ist meist ein roter Ring angedeutet. Beim ungenauen Hinschauen kann eine Verwechslung mit dem Bergkronwicken-Widderchen *(Zygaena fausta)* vorkommen, allerdings hat das Letztere eine rote Halskrause und zwei helle Längsstreifen auf dem Rücken.

› **Ruhehaltung:** Die Flügel werden dachförmig über dem Körper zusammengelegt. Gegen Abend werden auf den Blüten der Nektarpflanzen oder auf den Ähren von Gräsern Schlafgemeinschaften gebildet, die vorwiegend aus ♂ bestehen.

Sechsfleck-Widderchen

Gemeines Blutströpfchen

Zygaena filipendulae

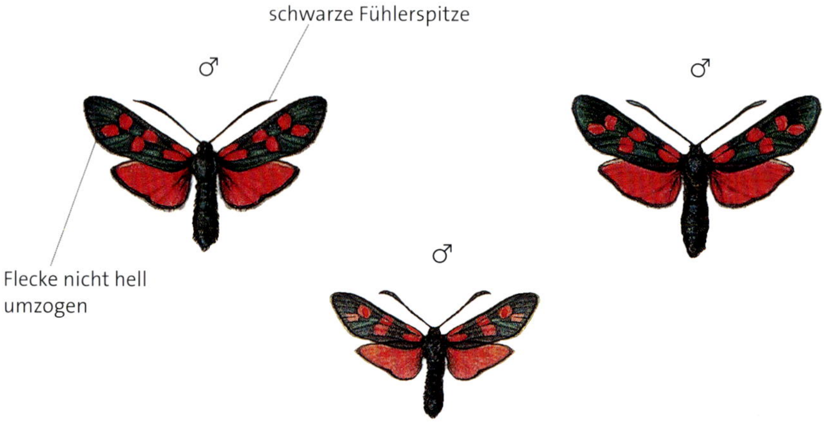

Vorkommen

Das Sechsfleck-Widderchen, zählt in Deutschland zur häufigsten Widderchenart. Es kommt in fast allen extensiv genutzten Lebensräumen vor und fliegt sowohl auf Waldlichtungen und Kahlschlägen, an Waldrändern, als auch auf offenen trockenen oder feuchten Wiesen. Wichtig dagegen sind blütenreiche Standorte.

Falter

› **Nahrung:** Neben den bevorzugten rosa, lila und violett blühenden Pflanzen sucht es, häufiger als andere Widderchen, ebenso gelbe Blüten auf. Nicht selten können wir mehrere Falter gleichzeitig auf einer Blüte beobachten. Beliebte Nektarpflanzen sind Wiesen-Witwenblume, Tauben-Skabiose, Wiesen- und Skabiosen-Flockenblume, Kratzdistel-Arten und Horn- oder Hufeisen-Klee.

› **Eiablage**: Das ♀ legt die gelben Eier in Häufchen an der Blattunterseite, gelegentlich auch auf der Blattoberseite der Pflanze ab.

› **Reviere:** Ein aktives Revierverhalten ist nicht erkennbar. Das ♂ sucht nach frisch geschlüpften ♀♀, sodass des Öfteren eine Paarung direkt neben dem Kokon zu sehen ist.

Englisch: Six Spot Burnet

❄ Raupe

♀

Dieser Fleck ist „kurz“, nie nach oben verlängert

Raupe
An den Seiten ist sie ebenfalls schwarz gefleckt. Die Brustbeine sind schwarz, die Bauchbeine und Nachschieber gelb. Verwechslungsgefahr besteht mit dem Sumpfhornklee-Widderchen *(Z. trifolii)*. Der Kokon wird häufig weiter oben an den Halmen befestigt, sodass er gut zu sehen ist. Vorwiegend ist der obere Teil des Kokons ab der Mitte dunkler als der untere.

- **Nahrung:** Gemeiner Hornklee, Sumpf-Hornklee. Wahrscheinlich werden noch andere Pflanzen angenommen, allerdings fehlen hierzu sichere Belege.

Flugzeit
Dieses Widderchen fliegt in einer Generation. Je nach Lebensraum variieren die Hauptflugzeiten.

	J	F	M	A	M	J	J	A	S	O	N	D

Merkmale

- **Flügeloberseite:** Die jeweils paarweise sechs angeordneten roten Flecke können in Form und Größe variieren oder auch mal zusammenlaufen.
- **Fühler:** Eine Verwechslung mit dem Hufeisenklee-Widderchen *(Z. transalpina)* wäre möglich, allerdings hat diese Art weiße Fühlerspitzen, während die Fühler der *Z. filipendulae* komplett schwarz sind.
- **Ruhehaltung:** Die Flügel werden dachförmig über dem Körper zusammengelegt.

Beilfleck-Widderchen

Honigklee-Widderchen

Zygaena loti

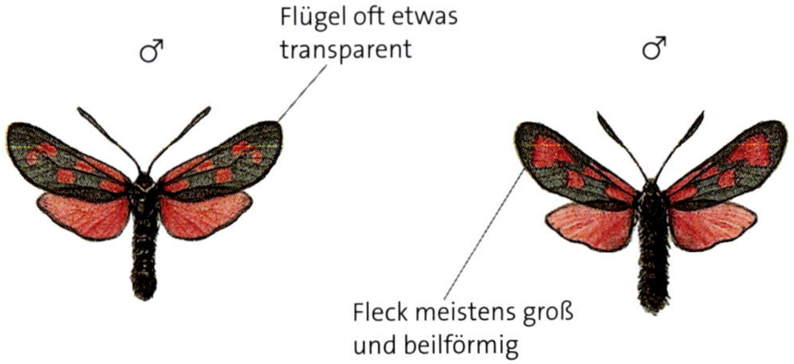

Vorkommen

Das Beilfleck-Widderchen fliegt vorrangig im Bergland. Diese wärmeliebende Art bevorzugt südliche Hanglage mit blütenreichen Magerwiesen. Seltener ist sie in feuchten Gebieten zu finden. Der Falter ist ein recht guter Flieger und bewältigt auch etwas weitere Strecken. Das Beilfleck-Widderchen ist leider vielerorts bereits verschwunden. Das Vorkommen dieses Falters ist häufig lokal begrenzt. Er ist in Deutschland als „gefährdet" eingestuft.

Falter

› **Nahrung:** Es bevorzugt rosa, violett, blau blühende Pflanzen wie Witwenblumen, Skabiosen, Flockenblumen, Kratzdisteln. Horn- und Hufeisen-Klee werden ebenso aufgesucht.
› **Eiablage:** Das ♀ legt die Eier in kleinen Häufchen an den Blättern der Nahrungspflanze ab.

Englisch: Slender Scotch Burnet

❄ Raupe

Raupe
Es gibt zwei Farbvarianten. Die Grundfarbe der erwachsenen Raupe ist entweder Olivgrün oder Bräunlichgelb. Auf dem Rücken trägt sie pro Abschnitt je zwei kleine schwarze Flecke. An den Seiten ist sie heller. Die Brustbeine sind schwarz, die Bauchbeine und Nachschieber sind hellgelb. Der Kokon wird meist weiter oben an den Halmen befestigt, sodass er gut zu sehen ist. In der Regel ist der obere Teil ab der Mitte dunkler als der untere.

- **Nahrung:** Gemeiner Hornklee und Hufeisen-Klee.

Flugzeit: Die Falter fliegen in einer Generation, je nach Lebensraum von Ende Mai bis August.

	J	F	M	A	M	J	J	A	S	O	N	D

Merkmale

- **Flügeloberseite:** Die beiden nahe der Flügelspitze liegenden roten Flecke sind mehr oder weniger beilförmig zu einem Fleck verschmolzen. Die Flecke können stark variieren, mal zusammenlaufen oder auch streifig aussehen.
- **Ruhehaltung:** Die Flügel werden dachförmig über dem Körper zusammengelegt. Weitere bei ruhenden Faltern gut zu sehende Merkmale sind die hell gefärbten Beinchen der deutlich weiße Halskragen bei den ♀♀. Gegen Abend bilden sich oft Schlafgemeinschaften auf Blüten oder Ähren von Gräsern.

Rispengras-Zünsler

Chrysoteuchia culmella

Vorkommen
Der weit verbreitete Rispengras-Zünsler ist sehr häufig in offenen bis halb offenen Graslandschaften, aber auch in Gärten, Parks, an Weg- und Straßenrändern zu finden. Seine Lebensräume können trocken bis feucht sein und reichen vom Tiefland bis in die Höhenlagen.

Falter
Tagsüber sitzt der Falter an aufrechten Stängeln und Halmen sehr häufig kopfüber, an liegenden Halmen oder Blättern versteckt er sich gern unterhalb. Bei der geringsten Störung fliegt er auf und setzt sich ein Stück weiter wieder ab. In günstigen Jahren kann er in großer Anzahl auftreten.

Raupe
Die sehr kleine Raupe lebt versteckt am Boden und unter der Erde. Sie frisst an den Wurzeln oder direkt am Boden an den Stängeln der Gräser. Sie verpuppt sich im Frühjahr.

› **Nahrung:** Die Raupe ernährt sich von unterschiedlichen Süßgräsern

Englisch: Garden Grass Veneer

❄ Raupe im Kokon

Flugzeit
Diese Art fliegt in einer Generation. Die Hauptflugzeit liegt in den Monaten Juni und Juli.

Anmerkung
[!] Obwohl diese Zünsler in den Wiesen allgegenwärtig sind, ist recht wenig über ihre Lebensweise bekannt.

	J	F	M	A	M	J	J	A	S	O	N	D
🦋						■	■					

Merkmale

- **Flügeloberseite:** Das ♂ ist etwas kontrastreicher gezeichnet als das ♀. Dieses kann nahezu fahl einfarbig sein. Daneben gibt es ab und zu ganz helle oder dunkle Varianten. Die feine, halb runde, silbergraue nach innen braun abgegrenzte äußere Binde z. B. unterscheidet diese Art von der ähnlichen *Agriphila stramnella*.
- **Flügelrand:** Die Vorder- und Hinterflügel haben einen deutlichen Fransensaum.
- **Ruhehaltung:** Der Rispengras-Zünsler legt seine Flügel meist wie ein Mäntelchen um seinen Körper. Durch seine helle Färbung und schmale Gestalt ist er besonders an verdorrten Stängeln und Halmen sehr gut getarnt. Unterstützt wird diese Tarnung noch von den beigebraun behaarten, vorgestreckten Lippen- und Unterkiefertastern und den nach hinten gelegten Fühlern.

Wiesenzünsler

Crambus lathoniellus

Vorkommen
Der weit verbreitete und häufige Wiesenzünsler kommt in allen feuchten bis trockenen Graslandschaften vom Tiefland bis in die Höhenlagen vor. Er lebt z. B. auf Heiden, Wiesen, Weiden, an Waldrändern, auf Lichtungen sowie in Gärten und Parks.

Falter
Der Falter ist hauptsächlich dämmerungs- und nachtaktiv. Tagsüber ruht er in der Vegetation, lässt sich aber sehr leicht aufscheuchen. Sein Verhalten gleicht dem des Rispengras-Zünslers, er fliegt nur eine kurze Strecke, um sich dann wieder abzusetzen. Allerdings bleibt er aufmerksam, um gleich wieder zu flüchten, wenn wir uns ihm nähern.

› **Nahrung:** [!] Der Wiesenzünsler saugt an feuchten Blättern und Halmen. An welchen Blüten er Nektar saugt, wäre zu beobachten.

Raupe
Das kleine Räupchen lebt in einer Gespinströhre an der Nahrungspflanze. Es soll an den Wurzeln und bodennah am Stängel der Pflanze fressen. Die Raupe verpuppt sich im folgenden Frühjahr in einem Kokon in der Erde.

› **Nahrung:** In der Literatur werden Süßgräser, insbesondere die Rasen- und Hafer-Schmiele genannt.

Flugzeit
Der Wiesenzünsler fliegt in einer Generation.

Englisch: Hook-streaked Grass Veneer

❄ Raupe

Merkmale

› Der Wiesenzünsler kann leicht mit dem Zünsler *Crambus pratella* verwechselt werden. Für eine genaue Bestimmung sind der Zeichnung und der Form der Vorderflügel besondere Aufmerksamkeit zu schenken. Hier kann oft nur die Seitenansicht wertvolle Hinweise liefern. Da er normalerweise, wie für diese Zünsler typisch, so absitzt, dass die Flügel um den Körper gelegt werden, sind nicht immer alle Zeichnungsdetails zu sehen. Erschwerend kommt hinzu, dass der Wiesenzünsler in der Zeichnung stark variieren kann. Die Zeichnung von *C. pratella* dagegen ist recht zuverlässig.

› **Flügeloberseite:** Wiesenzünsler: Die Zeichnung ist undeutlich und ohne scharfe Abgrenzung. Das dunkle Feld zwischen den beiden langen, fast weißen Streifen, öffnet sich zum äußeren Flügelrand wie ein sehr langes, spitzes Dreieck, in das sich häufig von außen ein helles Feld wie ein zweites Dreieck oder ein Keil hineinschiebt. *C. pratella*: klar und deutlich abgegrenzt. Das dunkle Feld zwischen den beiden langen, fast weißen Streifen, bleibt gleich breit, sodass die drei Streifen parallel zum Flügelrand verlaufen. Ein heller Bereich in dem dunklen Feld fehlt.

› **Flügelrand:** Der äußere Rand der Vorderflügel verläuft gerade. Bei *C. pratella* läuft die Vorderflügelspitze so spitz aus, dass im Außenrand des Flügels ein leichter Knick zu erkennen ist.

› **Ruhehaltung:** Er ruht gerne kopfüber an Halmen und Stängeln oder unter Blättern, dabei legt er die Flügel meist eng um den Körper und richtet die Fühler nach hinten.

	J	F	M	A	M	J	J	A	S	O	N	D
🦋					▒	▒	▒	▒				

Weißer Graszünsler

Silberzünsler

Crambus perlella

♂

Vorkommen
Auch diese Art lebt hauptsächlich in offenen bis halb offenen Graslandschaften vom Tiefland bis ins Bergland. Sie ist überall verbreitet und besonders in warmen Jahren recht häufig. Wir finden sie auf Rasen, Wiesen, Weiden, Heiden, auf Brachen, an Waldrändern, auf Lichtungen und an Feld- und Wegrändern sowie in Gärten und Parks.

Falter
Wie seine Verwandten lässt auch er sich leicht aufscheuchen, fliegt eine kurze Strecke, um sich gleich darauf wieder niederzulassen. Neben den hell gefärbten Tieren gibt es dunkle Varianten, die gar nicht so selten auftreten. Manche zeigen sogar eine recht ausgeprägte braune Zeichnung. Diese Variante wird in der Literatur als *f. warringtonella* bezeichnet.

› **Nahrung:** [!] Vielleicht lassen sich besonders in den Morgenstunden und in der Abenddämmerung Beobachtungen sammeln.

Englisch: Satin Grass Veneer

❄ Raupe

Raupe
Die kleine Raupe lebt ebenfalls sehr versteckt in Gespinströhren an der Nahrungspflanze. Sie verpuppt sich im Frühjahr.

› **Nahrung:** Süßgräser wie Rasen-, Hafer-Schmiele und Schwingel werden genannt.

Flugzeit
Der Weiße Graszünsler fliegt in einer Generation. Die Hauptflugzeit liegt im Juni/Juli. In günstigen Jahren kann er schon Ende Mai erscheinen.

	J	F	M	A	M	J	J	A	S	O	N	D

Merkmale

› **Flügeloberseite:** Dieser Graszünsler ist fast einheitlich hell und schimmert seiden, was ihm auch den Namen „Perle" einbrachte. Seine Hinterflügel sind meist einen Hauch dunkler, besonders im Bereich der Flügelspitzen.

› **Flügelrand:** Die Flügel haben einen hellen Fransensaum.

› **Ruhehaltung:** Dieser Zünsler ruht ebenfalls gern an Stängeln, Halmen und Blättern, allerdings sucht er häufig Plätze an Ähren und Blüten auf, als würde er etwas erhöhte Warten bevorzugen. Im Gegensatz zu seinen Verwandten sitzt er meist mit dem Kopf nach oben ab. Die äußeren Flügelränder stoßen oft aufeinander, sodass sie ziemlich rechteckig aussehen.

Laichkraut-Zünsler

Seerosen-Zünsler

Elophila nymphaeata

Hinweis: Es gibt einige sehr ähnliche Arten.

Vorkommen

Besonders häufig ist der Laichkraut-Zünsler an kleinen Stillgewässern mit Laichkrautarten und bewachsenen Ufern zu finden. Dies können kleine Tümpel, Weiher, Teiche oder auch gut bewachsene Uferbereiche von Seen sein, vereinzelt lebt er auch an langsam fließenden Gewässern und Gräben. Als Mikroklima ist Wärme und eine hohe Luftfeuchtigkeit für die Falter optimal.

Falter

Er ist hauptsächlich dämmerungsaktiv, nachts fliegt er nur bei milden Temperaturen. Tagsüber ruht er in der Ufervegetation und lässt sich leicht aufscheuchen. Bei hoher Luftfeuchtigkeit fliegt der Falter auch am Nachmittag.

- **Nahrung:** Die Falter nutzen das Nahrungsangebot am Ufer, wie Wasserminze, Wasserdost, Distel und andere.
- **Eiablage:** Das ♀ legt die Eier an der Unterseite der Schwimmblätter der Wasserpflanze ab. Die langen Beinchen sorgen für guten Halt auf den Blättern.

Raupe

Die kleinen Raupen minieren zunächst im Blatt. Danach nagen sie kleine Stückchen von Pflanzen ab und spinnen sie zu einer kleinen Behausung zusammen, in der sie geschützt sind. Falls sich ein kleines Blattstückchen an der Wasseroberfläche etwas schneller bewegt, kann es sein, dass die Raupe auf der Suche nach Nahrung an der Wasseroberfläche herumschwimmt oder ihren Luftvorrat

Englisch: Brown China Mark

❄ Raupe

aufbessert, manchmal sind sogar der Kopf und die Brust zu sehen. Als Jungraupe nimmt sie den Sauerstoff aus dem Wasser auf, später atmet sie die Luft aus einer Lufthülle, die sie an der Wasseroberfläche immer wieder erneuert. Im Winter verkriecht sie sich am Grund im Stängel ihrer Nahrungspflanze. Im Frühjahr verlässt sie ihr Versteck und baut sich ein neues Haus. Zur Verpuppung verdichtet sie die Hülle und befestigt sie am Stängel der Pflanze dicht unter der Wasseroberfläche.

› **Nahrung:** In der Literatur werden neben dem Laichkraut, Teich-/Seerose und Froschabiss genannt.

Flugzeit

Der Laichkraut-Zünsler fliegt in zwei Generationen.

	J	F	M	A	M	J	J	A	S	O	N	D
🦋												

Merkmale

› **Flügeloberseite:** Der sehr zart wirkende Falter mir cremeweißer Grundfarbe kann sehr schwach gezeichnet sein. Daneben gibt es sehr kontrastreich gezeichnete Tiere. Bei flüchtiger Betrachtung kann es zu Verwechslungen mit der selteneren, auch aquatisch lebenden Art *Nymphula nitidulata* oder mit dem nicht aquatisch lebenden Holunder-Zünsler *(Anania coronata)* kommen. Beim Letzteren ist die Grundfarbe Braun, und die Zeichnungselemente sind hell, zudem breitet er die Flügel beim Absitzen flach aus.

› **Flügelrand:** Der Saum ist leicht scheckig gefranst.

› **Ruhehaltung:** Der Falter ruht gern unter Blättern oder kopfüber an Halmen und Stängeln. Seine Flügel sind oft flach bis steil dachförmig angelegt. Er hat sehr lange Beine.

Olivenbrauner Zünsler

Pyrausta despicata

♂

Grundfarbe braun, keine auffallende helle Flecke (wie bei *P. aurata* und *P. purpuralis*)

Vorkommen

Der Olivenbraune Zünsler fliegt in trockenen bis feuchten, halb offenen bis offenen, naturnahen Landschaften wie Halbtrockenrasen, Magerrasen, auf nicht intensiv genutzten Wiesen und Weiden, an Wald- und Wegrändern. Er ist sowohl im Tiefland als auch im Bergland zu finden. Wichtig sind ausgedehnte Grasflächen oder -säume.

Falter

Er ist dämmerungs- und nachtaktiv, fliegt aber auch tagsüber bei Sonnenschein und besucht gern Blüten. Wird er bei seiner Ruhe in der Vegetation gestört, fliegt er leicht auf. Nachts kommt er ans Licht. Er ist weit verbreitet und tritt je nach Region vereinzelt bis sehr häufig auf.

- **Nahrung:** Er besucht unterschiedliche Korb- und Doldenblütler wie Greiskraut, Margerite, Rainfarn, Habichtskraut, Löwenzahn, Wilde Möhre, Schafgarbe, aber auch Weiß-Klee und Labkraut. Ab und zu saugt er an feuchten Stellen im Moos oder am feuchten Boden.
- **Eiablage:** Das ♀ legt die Eier an den Blättern der Nahrungspflanze ab.

Englisch: Straw-barred Pearl

❄ Raupe

Raupe
Die junge Raupe schabt zunächst an der Blattunterseite. Später werden Löcher in die Blätter gefressen oder die Blattränder angenagt. Die Raupe ist bräunlich mit dunklen Wärzchen mit oft einer etwas dunkleren Rückenlinie. An einer Nahrungspflanze können mehrere Raupen gefunden werden, da sie recht gesellig ist. Sie verpuppt sich im Frühjahr in einem Kokon.

› **Nahrung:** Spitz-, Mittel- und Breit-Wegerich.

Flugzeit
Der Olivenbraune Zünsler fliegt in zwei Generationen.

	J	F	M	A	M	J	J	A	S	O	N	D

Merkmale

› **Flügeloberseite:** Die Färbung und die Zeichnung der Vorderflügel können stark variieren. Die deutlichere Zeichnung zeigen die ♀♀. Die äußere, meist wellig verlaufende, helle Binde ist nur in wenigen Fällen gut ausgebildet, allerdings ist sie oft an den Flügelaußenrändern als heller Fleck oder Streifen angedeutet. Ein weiteres Kennzeichen sind die braunen und beigefarbenen Binden auf den Hinterflügeln.

› **Flügelrand:** Die Flügel sind fransig gesäumt, wobei der Fransensaum nicht immer gleichmäßig einfarbig sein muss, sondern von hell nach dunkel wechseln kann.

› **Ruhehaltung:** Die Flügel werden flach dachförmig zusammengelegt, dabei sind die Hinterflügel zwar oft, aber nicht immer verdeckt.

Goldzünsler

Purpurzünsler, Minzenmotte

Pyrausta aurata

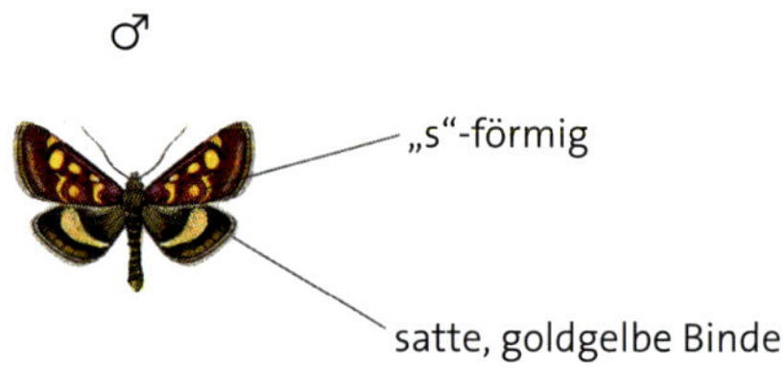

Vorkommen

Der Goldzünsler fliegt in trockenen bis feuchten, halb offen bis offenen Landschaften sowohl im Tief- als auch im Bergland. Oft ist er in den Uferregionen von Gewässern, wie Bächen, Tümpeln und Weihern zu finden. Ab und zu wird er in Gärten von Kräutern wie Minze, Thymian, Salbei, Melisse und Dost angelockt.

Falter

› **Nahrung:** Besucht werden je nach Region und Saison vorhandene Blütenpflanzen wie Margerite, Klee, Hahnenfuß, Schafgarbe, Wiesen-Schaumkraut, Goldrute, Greiskraut u. a.

Englisch: Small Common Purple and Gold

❄ Raupe

Raupe
Die Grundfarbe der Raupen ist sehr variabel. Sie leben in einem lockeren Gespinst zwischen den Blättern und fressen frische Blättchen sowie Blüten. Die Raupen verpuppen sich im Frühjahr am Boden.

› **Nahrung:** Minze-Arten, Thymian, Dost, Salbei und Bohnenkraut.

Flugzeit
Der Goldzünsler fliegt in zwei Generationen. In günstigen Jahren ist er schon im April oder noch im September zu sehen.

	J	F	M	A	M	J	J	A	S	O	N	D

Merkmale

› **Flügeloberseite:** Die Art kann in der Grundfärbung von Purpur bis fast Schwarz variieren. Die Hinterflügel haben eine dunkle Grundfärbung.

› Der Goldzünsler trägt eine eher satt goldgelbe Hinterflügelbinde. Auf den Vorderflügeln am Außenrand ist ein fast runder gelber Fleck, zum hinteren Rand hin wird die gelbe Zeichnung diffuser und spärlicher oder fehlt ganz.

Purpurroter Zünsler

Purpurzünsler

Pyrausta purpuralis

Vorkommen

Der Purpurrote Zünsler lebt in trockenen bis mäßig feuchten, halb offenen bis offenen Landschaften. Wie sein Verwandter fliegt er auf extensiv genutzten Wiesen, an strukturierten Waldrändern und kommt in naturnahen Gärten vor.

Falter

› **Nahrung:** Besucht werden je nach Gebiet und Saison vorhandene Blütenpflanzen wie Klee, Teufelsabbiss, Schafgarbe, Margerite, Distel, Wegwarte, Greiskraut, Roter Zahntrost u. a.

Englisch: Common Purple and Gold

Raupe

Raupe
Die jenen des Goldzünslers ähnlichen Raupen leben ebenfalls in einem lockeren Gespinst an der Pflanze. Auch sie verpuppen sich im Frühjahr.

- **Nahrung:** Minze-Arten, Dost, Thymian. In der Literatur werden noch Salbei, Wegerich und Braunelle erwähnt.

Flugzeit
Der Purpurrote Zünsler fliegt in zwei Generationen. In günstigen Jahren ist er schon im April oder noch im September zu sehen.

	J	F	M	A	M	J	J	A	S	O	N	D

Merkmale

- **Flügeloberseite:** Die Art kann in der Grundfärbung von Purpur bis fast Schwarz variieren. Die Hinterflügel haben eine dunkle Grundfärbung.
- Der Purpurrote Zünsler trägt eine eher matt gelbe bis weißliche Hinterflügelbinde. Die drei gelben Flecke auf den Vorderflügeln können als unterbrochene Binde angesehen werden. Die beiden äußeren Flecke sind kleiner und durch einen schrägen Steg voneinander getrennt, der innere Fleck beschreibt meist einen Bogen zur Flügelbasis hin.

Brennnessel-Zünsler

Anania hortulata

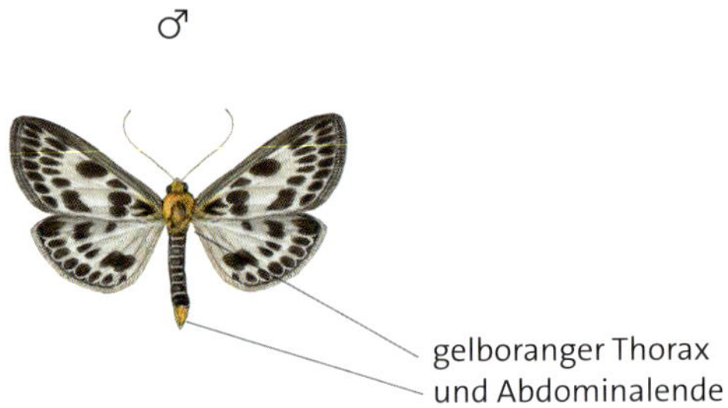

Art unverwechselbar

Vorkommen
Der dämmerungs-/nachtaktive Brennnessel-Zünsler stellt keine sehr großen Ansprüche an seinen Lebensraum und ist dementsprechend häufig vertreten. Wir können ihn im Freiland und im Siedlungsbereich überall dort antreffen, wo größere Bestände der Großen Brennnessel wachsen.

Falter
Obwohl er sich tagsüber in der Vegetation vor allem unter Blättern versteckt, lässt er sich sehr leicht aufscheuchen, um sich kurz darauf wieder an einer Blattunterseite abzusetzen. Er fliegt zum Licht und sitzt dann auch mal an Fensterscheiben oder Hauswänden.

› **Nahrung:** Unterschiedliche Dolden- und Korbblütler wurden bisher als Nektarpflanze beobachtet. In den Gärten nascht er auch gern an Buddleja.

Englisch: Small Magpie

❄ Raupe

Raupe
Die unauffälligen Raupen bleiben meist unseren Blicken verborgen, da sie sich in den Blättern der Nahrungspflanze einspinnen und in ihrem Versteck fressen. An den Blättern sehen wir den Loch- oder Randfraß. Im Frühjahr verpuppen sie sich in ihrem Überwinterungskokon.

- **Nahrung:** Neben der Großen Brennnessel werden in der Literatur weitere Pflanzen wie Minze, Ziest-Arten, Winden, Stachel- und Johannisbeere angegeben.

Flugzeit
Der Brennnessel-Zünsler fliegt in einer lang gestreckten Generation, manchmal bis Mitte September.

	J	F	M	A	M	J	J	A	S	O	N	D

Merkmale

- **Flügeloberseite:** Der sehr hübsch gezeichnete Falter ist durch seine Färbung und Zeichnung nahezu unverwechselbar. Bei sehr flüchtiger Betrachtung kann er unter Umständen mit dem Stachelbeer-Spanner verwechselt werden.
- **Flügelrand:** Im Randbereich befinden sich längliche, rechteckige Flecke, die oft von einer feinen, hellen Linie zum Fransensaum hin abgegrenzt sind. Im Gegensatz dazu zeigt der Stachelbeer-Spanner entlang der Flügelränder dunkle, eher punktförmige Flecke in unterschiedlicher Ausprägung, die bis in den nur sehr schmalen Fransensaum hineinreichen.
- **Ruhehaltung:** Da er sich gern an der Blattunterseite versteckt, sehen wir die ausgebreiteten Flügel häufig nur teilweise und dies von der Unterseite. In dieser Situation ist die Verwechslungsgefahr mit dem Stachelbeer-Spanner etwas größer. Der Letztere ruht jedoch eher auf der Blattoberseite.

Nesselzünsler

Pleuroptya ruralis

Vorkommen

Der recht verbreitete und häufige Nesselzünsler kommt vom Tiefland bis ins Bergland vor. Er ist sowohl in lichten Wäldern, in Auenwäldern als auch in offenen bis halb offenen, meist frischen bis feuchten Standorten zu finden. Häufig treffen wir ihn auch in Gärten und Parks mit Hecken, Gebüschen und Brennnesselbeständen.

Falter

Dieser zerbrechlich wirkende Falter ist einer der größten unserer heimischen Zünsler. Tagsüber ruht der dämmerungs- und nachtaktive Falter in der krautigen Vegetation. Er hängt an der Unterseite von Blättern, sitzt an Halmen oder etwas unterhalb von Blüten. Er ist leicht aufzuscheuchen. Ab und zu ruht er an Fensterscheiben und Hauswänden.

› **Nahrung:** Der Nesselzünsler nutzt in der Dämmerung und nachts die unterschiedlichsten Blütenpflanzen seiner Umgebung. In den Gärten sind Buddleja, Lavendel und blühende Kräuter attraktiv.

Raupe

Die etwas glänzende, grüne Raupe baut sich z. B. aus einem Brennnesselblatt, welches sie längs einrollt und zusammenspinnt ein röhrenförmiges Heim, in dem sie lebt. Zuerst ist es ein Fenster-, danach ein Loch- und Randfraß an den Blättern. Zur Überwinterung klettert sie abwärts und baut sich ein neues Quartier an der Pflanze nah über dem Boden. Mit steigenden Temperaturen verlässt sie im Frühjahr den Überwinterungsplatz, um wieder zu fressen, bis sie sich im späten Frühjahr auch wieder in einem eingerollten, zugesponnenen Blatt verpuppt.

› **Nahrung:** Die begehrteste Pflanze ist die Große Brennnessel. Gelegentlich ist die Raupe auch an Brombeere zu finden. In der Literatur werden weitere Nahrungspflanzen wie Hopfen, Melde, Gänsefuß, Echtes Mädesüß und Johannisbeere genannt.

Englisch: Mother of Pearl

Raupe

Flugzeit

Der Nesselzünsler fliegt in zwei Generationen. Die Hauptflugzeiten liegen in den Monaten Mai/Juni und Juli bis September.

	J	F	M	A	M	J	J	A	S	O	N	D

Merkmale

- **Flügeloberseite:** Die Grundfärbung ist entweder weiß oder cremefarben. Die Flügel wirken transparent. Je nach Lichteinfall der Sonne oder auch des Blitzes einer Kamera erhält der Falter einen perlmuttartigen Glanz, der unterschiedliche Farbnuancen wie Bläulich, Grünlich oder Rötlich erkennen lässt. Es gibt zwar ähnlich blass gefärbte und gezeichnete Zünsler, allerdings sind sie alle kleiner.
- **Flügelrand:** Der Fransensaum ist entweder einfarbig in der Grundfarbe der Flügel oder hell-dunkel gescheckt.
- **Ruhehaltung:** Der ruhende Falter spreizt, fast gleich den Spannern, die Flügel etwas von sich.

Brombeerspinner

Macrothylacia rubi

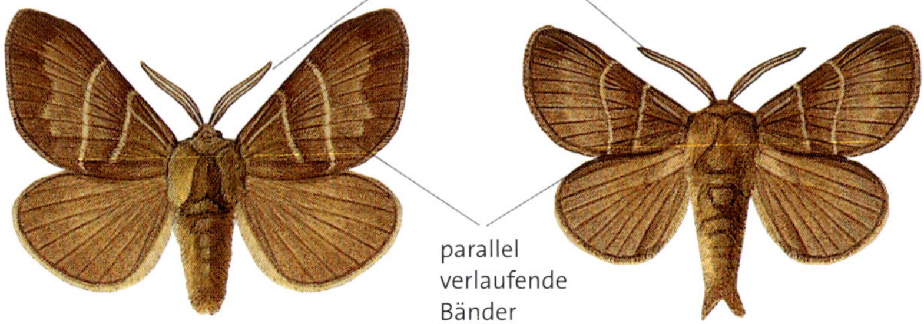

Vorkommen

Der Brombeerspinner ist überall verbreitet. Als Art des offenen Geländes meidet er dichte Wälder, aber auch intensiv bewirtschaftete Agrarflächen. Ansonsten ist er sowohl auf Mager-, Fett- und Feuchtwiesen, als auch auf Waldlichtungen zu finden und weiß naturnahe Kleinflächen wie Böschungen, Wegränder u. Ä. zu nutzen, sofern genügend krautige Pflanzen wachsen, in denen sich die ♀♀ tagsüber verstecken können und die Raupen ausreichend Nahrung finden.

Falter

Die ♂♂ sind sowohl tag- als auch nachtaktiv. Gelegentlich suchen sie bei Sonnenschein hektisch die Wiesen oder Waldränder nach ♀♀ ab.

› **Eiablage:** Das nachtaktive ♀ legt die relativ großen, weißlich grauen Eier zu mehreren an Pflanzen ab, die nicht unbedingt zu den Nahrungspflanzen gehören müssen. Allerdings sind auch Eiablagen an Hauswänden o. Ä. beobachtet worden, was zum Verhungern der frisch geschlüpften Raupen führen dürfte. Eine mögliche Ursache könnte künstliches Licht sein, das meist nur von ♀♀ angeflogen wird.

Raupe

Die Raupe ist erst schwarz, später schwarz mit gelben Ringen zwischen den Abschnitten. Ausgewachsen, erreicht sie etwa 8 cm, ist schwarz mit rostbraunem Rücken und langen schwarzen Haaren, die kurz nach der letzten Häutung zunächst weißlich aussehen. Sie frisst hauptsächlich an krautigen Pflanzen. Welche allerdings bevorzugt werden, ist nicht gänzlich geklärt. Nicht jede Pflanze, auf der die Raupe ruht, gehört zur Nahrung. Eindeutig ist es nur, wenn sie beim Fressen beobachtet wird und auch Kotbällchen zu sehen sind. Von Ende September bis Ende November sind sie häufig zu sehen, oft auf der Suche nach einem Winterquartier. Bei Störung kringelt sie sich komplett ein. Zu ihrem Schutz besitzt sie Nesselhaare, aus diesem Grund sollte man die Raupen nicht

Englisch: Fox Moth

❄ Raupe

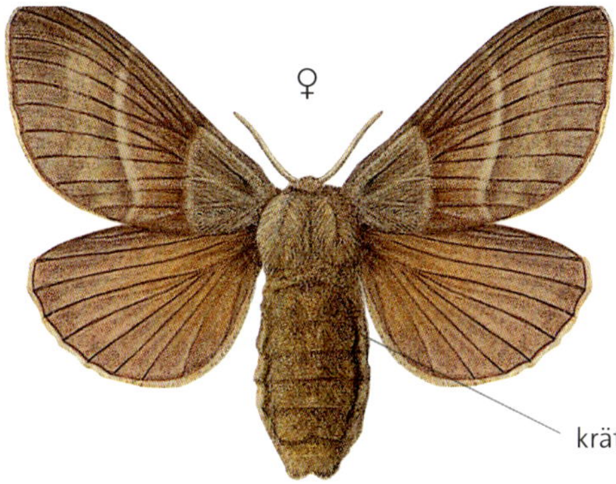

direkt berühren, da Reizungen und Entzündungen auftreten können. Im milden Frühjahr kommen sie wieder heraus, um sich einen Verpuppungsplatz zu suchen. Nahrung nehmen sie dann keine mehr zu sich. An der Erde oder zwischen Pflanzen spinnen sie einen lockeren, graubraunen Kokon, wobei sie auch Nesselhaare verwenden.

- **Nahrung:** [!] Fingerkraut, Heidekraut, Spitzwegerich, Wiesen-Platterbse, Wicken, Wiesenknopf, Kratz-/Brombeere, Schlehe, Moorbeere u. a.

Flugzeit

Diese Art fliegt in einer Generation.

	J	F	M	A	M	J	J	A	S	O	N	D
🦋					■	■	■					

Merkmale

- **Flügeloberseite:** Die Grundfarbe des ♂ ist Rotbraun, die des ♀ Graubraun. Die Zeichnung beider Geschlechter ist gleich. Die Hinterflügel zeigen keine Zeichnung.
- **Flügelrand:** Die Flügelränder haben einen ganz feinen, weißen Saum.
- **Fühler:** Die Fühler des ♂ sind braun, gekämmt, etwa ab der Mitte abgeknickt und länger als die weißen Fühler des ♀.
- **Ruhehaltung:** Die Flügel werden dachförmig über dem Körper zusammengelegt. Die ♀♀ sind größer als die ♂♂.

Grasglucke

Trinkerin

Euthrix potatoria

♂ kann auch gelb sein

Vorkommen
Die nachtaktive Grasglucke zählt zur häufigsten großen Gluckenart. Sie lebt in feuchten, lichten Wäldern, auf Feuchtwiesen, Verlandungsflächen, in Uferregionen von Gewässern mit Schilfgürteln. In solchen grasreichen Gebieten ist sie recht häufig. Durch Trockenlegung, häufige Mahd oder Mulchen und künstliche Düngung ist diese sonst anspruchslose Art in manchen Gebieten bereits seltener geworden.

Falter
Die Falter ruhen tagsüber versteckt in der Vegetation oder an Stämmen und Zweigen. Sowohl die ♂♂ als auch die ♀♀ fliegen zum Licht.

› **Eiablage:** Das ♀ legt die weißgrünen Eier einzeln oder zu mehreren an Schilfblättern/-halmen, an Gräsern oder anderen Pflanzen ab.

Raupe
Die Raupe ist nachtaktiv, allerdings können wir sie tagsüber häufiger beobachten als die Falter, da sie offen an irgendwelchen Pflanzen, die nicht die Nahrungspflanzen sein müssen, ruht. Die Grundfärbung ist dunkelgraublau. Sie hat gelbe, unterbrochene Nebenrückenlinien und weiße Haarbüschel an den Seiten. Rostbraune lange Härchen sowie das rostrote Haarbüschel auf dem 3. Abschnitt und die schwarzen Härchen auf dem vorletzten Abschnitt, die wie ein Pinsel in die Luft ragen, machen sie unverwechselbar. Ebenfalls offen an Pflanzenstängeln oder Blättern, aber auch auf Bäumen sitzend überwintert sie. Im Frühjahr frisst sie weiter, bis sie sich in einem weißlich gelben Kokon an der Erde oder an Pflanzenteilen verpuppt. Diese bunte Raupe fällt nicht nur durch ihr Aussehen und ihre offene Überwinterung auf, sie trinkt auch an Tautröpfchen, was ihr den Namen Trinkerin eingebracht hat. Da sie Nesselhaare besitzt, sollte sie nicht ohne Schutz berührt werden.

Englisch: Drinker Moth

❄ Raupe

› **Nahrung:** Hauptsächlich ernährt sie sich von Süßgräsern, wie Rohrglanz-Gras, Wiesen-Knäuelgras, Glatthafer, Schilfrohr u. a., aber auch Seggenarten und Hainsimse werden angenommen.

Flugzeit
Diese Art fliegt in einer Generation. Je nach Witterung können Falter schon im Juni oder noch im September angetroffen werden.

	J	F	M	A	M	J	J	A	S	O	N	D

Merkmale

› **Flügeloberseite:** Die Grundfarbe variiert von Hellbraun bis Dunkelrotbraun. Das ♂ ist oft etwas dunkler als das ♀. Die Zeichnung ist meist gleich, die weißen Flecke können fehlen oder nur angedeutet sein. Bei der ähnlichen Pflaumenglucke *(Odonestis pruni)* endet die dunkle Linie am vorderen Flügelrand und nicht in der Flügelspitze, die äußeren Flügelränder sind gezackt, zudem breitet sie die Flügel flacher aus.
› **Fühler:** Die Fühler des ♂ sind länger und gekämmt.
› **Ruhehaltung:** Die Flügel werden etwas steil dachförmig angelegt, sodass der Falter einem vertrockneten Blatt ähnelt. Die längeren Palpen, Lippen-/Unterkiefertaster, erinnern an eine kleine Nase. Der Leib wirkt pelzig und gedrungen.

Nagelfleck

Aglia tau

♂

♂

Vorkommen
Der Nagelfleck lebt in Auenwäldern und Laubmischwäldern mit Rotbuchenbeständen. Er gilt als weit verbreitet und sehr häufig.

Falter
Das ♂ ist ständig auf der Suche nach ♀♀ und begegnet uns am Waldrand, auf Waldwegen oder zwischen Bäumen im Zickzackflug dahinflatternd, als sei es volltrunken. Seine Flüge sind etwas ausgedehnter, sodass wir es ab und zu auch in Ortschaften sehen. Seine orangebraune Färbung mit den dunklen, im Innern weiß gekernten Augenflecken, macht es jedoch unverwechselbar. Im Gegensatz zum ♂ ist das ♀ dämmerungs- und nachtaktiv.

› **Eiablage:** Das ♀ legt bei Dämmerung die ovalen, rotbraunen Eier einzeln oder zu mehreren an der Nahrungspflanze, meist an den Zweigen oder am Stamm, ab.

Raupe
Die zunächst hellgrüne Raupe mit einem seitlich hellen Längsstreifen trägt insgesamt fünf auffallend lange, am Ende gegabelte Fortsätze, die rot und in der Mitte weiß gefärbt sind. Auf dem Rücken befinden sich ebenfalls hellgrüne kleine Fortsätze, was die Raupe ausgefranst erscheinen lässt. Mit zunehmendem Alter werden diese Fortsätze kleiner, bis sie bei der erwachsenen Raupe ganz verschwunden sind. Die Erhebungen auf dem Rücken wirken wie kleine Höcker, entlang der Seiten zieht sich ein heller Streifen, der die hellgrüne Rückenpartie von der grünbläulichen unteren Hälfte der Seitenpartien trennt. Die Atmungsöffnungen sind orange. Die Haut der Raupe ist weiß gekörnt. Sie spinnt zur Verpuppung einen lockeren Kokon im oder am Boden.

Englisch: Tau Emperor

❄ Puppe

› **Nahrung:** [!] Hauptsächlich Buche. In der Literatur werden auch Beobachtungen zu anderen Nahrungspflanzen, wie Birke oder Weide erwähnt.

Flugzeit

Der Nagelfleck fliegt in einer Generation. Der Flug beginnt kurz nach dem ersten Laubaustrieb.

	J	F	M	A	M	J	J	A	S	O	N	D
🦋				■	■							

Merkmale

› **Flügeloberseite:** Die Zeichnung ist bei beiden Geschlechtern gleich. Die Grundfarbe aller Flügel der ♂♂ ist Orangebraun, die der ♀♀ Gelbbraun, was sie etwas fahler erscheinen lässt.

› **Fühler:** Die Fühler des ♂ sind stark gefiedert.

› **Ruhehaltung:** Die Farbe des Körpers entspricht der Grundfärbung der Flügel. Die Vorderflügel sind leicht gespreizt, sodass die Augenflecke der Hinterflügel meist zu sehen sind. Das ♀ sitzt oft, einem Tagfalter gleich, mit nach oben zusammengeklappten Flügeln nicht weit über dem Boden an Zweigen oder Stämmen.

Kleines Nachtpfauenauge

Saturnia pavonia

♂

Art unverwechselbar

Vorkommen
Das Kleine Nachtpfauenauge ist in den verschiedensten nicht intensiv genutzten Offenlandschaften zu finden. Es fliegt in gebüschreichen Heiden, Hoch- und Niedermooren, Trocken- und Feuchtwiesen, Streuobstwiesen, an Böschungen und Dämmen, in lichten Laubmischwäldern oder an Waldrändern mit Brom-, Kratz-, Him- und Heidelbeere. Diese Art gilt als sehr anpassungsfähig und anspruchslos, zumal die Raupen an sehr vielen Nahrungspflanzen unterschiedlichster Familien leben. Nektarpflanzen werden nicht benötigt, und trotz allem sind die Bestände mancherorts rückständig oder gar erloschen.

Falter
Während die ♀♀ nur nachts fliegen, sind die ♂♂ auch tagaktiv, meist auf der Suche nach ♀♀, deren Duftstoffe sie über weite Strecken wahrnehmen.

› **Eiablage:** Das ♀ legt die Eier spiralförmig um Zweige und Halme nahe über dem Boden an die Nahrungspflanze.

Raupe
Die Jungraupe ist zunächst schwarz und behaart. Erwachsen, ist die Raupe kräftig grün mit schwarzgelben Zeichnungselementen. In den ersten Stadien leben die Räupchen gemeinsam an einer Nahrungspflanze. Erst später gehen sie je eigene Wege. Bei kühlem Wetter oder Dämmerungseinbruch hält sie beim Fressen inne, um dann, wenn es wieder wärmer ist, oder bei Tagesanbruch dort weiterzufressen, wo sie aufgehört hat. Kurz vor der Verpuppung wandert sie auf der Suche nach einem geeigneten Platz umher, dabei kann sie recht schnell sein. Sie baut einen festen, birnenförmigen, braunen Kokon zwischen Pflanzenteilen meist nahe am Boden, in dem sie ein bis mehrere Jahre überwintert.

› **Nahrung:** In der Literatur finden wir lange Listen mit den unterschiedlichsten Nahrungspflanzen von Heidekraut über Schlangenknöterich, Wiesenknopf und Beerensträuchern bis hin zu Gehölzen wie Apfelbaum und Weide. Je nach Standort und Pflanzenangebot wechseln die Vorlieben.

Englisch: Emperor

❄ Puppe

♀

Flugzeit

Das Kleine Nachtpfauenauge fliegt in einer Generation. Je nach Witterung können schon im März die ersten Falter erscheinen.

	J	F	M	A	M	J	J	A	S	O	N	D
🦋												

Merkmale

- **Flügeloberseite:** Die Zeichnung der Vorderflügel ist bei beiden Geschlechtern gleich, die Zeichnung der Hinterflügel unterscheidet sich. Die Grundfarbe der Vorderflügel der ♂♂ ist eher Rotbraun, kann aber im Ton variieren, während die Hinterflügel orangebraun sind, bei den ♀♀ sind beide Flügelpaare im Grundton Grauweiß.
- **Fühler:** Das ♀ hat kurze, gelbliche, beidseitig gezähnte Fühler. Das ♂ trägt längere, hellbraune, beidseitig gefiederte Fühler.
- **Ruhehaltung:** Der Körper ist kräftig und behaart. Die Vorderflügel werden meist so weit abgespreizt, dass ein Teil der Hinterflügel sichtbar ist.

Windenschwärmer

Agrius convolvuli

Vorkommen

Die Lebensräume der Falter und der Raupen unterscheiden sich. Der Falter ist außer im dichteren Wald überall zu finden, wo er geeignete Nektarpflanzen findet, das kann in offenen Landschaften, an Böschungen, aber auch in Parks und Gärten sein. Tagsüber ruht er an Baumstämmen, Pfählen, Zäunen, Schuppen, Hauswänden oder auch am Boden. In der Regel ist er an seinem Ruheplatz bestens getarnt.

Falter

Der nachtaktive Windenschwärmer kommt bei uns nur als Wanderfalter vor. Die Puppen der Nachkommen könnten nur einen sehr milden Winter in begünstigten Lagen überstehen. Er ist einer der schnellsten Falter und legt weite Strecken zurück.

› **Nahrung:** Er macht sich in der Dämmerung auf Nektarsuche und saugt im Schwirrflug. Aufgrund seines enorm langen Saugrüssels, er überragt seine Körperlänge um einiges, bevorzugt er tiefe Blütenkelche und nachts duftende Blüten. Im Offenland sind dies z. B. Seifenkraut, Wald-Geißblatt, in den Gärten Garten-Geißblatt (Jelängerjelieber), Phlox, Petunie, Buddleja, Wunderblume, aber auch Tabakpflanzen.
› **Eiablage:** Im Verhältnis zu diesem großen Falter sind die Eier sehr klein. Das ♀ sucht Standorte auf, in denen genügend Nahrungspflanzen, die Acker-Winden, vorkommen. Häufig ist das in Kartoffel- und Gerstenfeldern der Fall, aber auch an Wegen und in Gärten. Dort legt es die Eier meist einzeln auf die Oberseite der Blätter der Pflanze ab.

Raupe

Die ausgewachsene Raupe ist eine der größten Raupen bei uns. Es gibt sie in mehreren Farbvarianten: grün, gelblich, bräunlich bis hin zu schwarz. Das für Schwärmerraupen charakteristische Horn ist entweder schwarz oder trägt eine schwarze Spitze. Die junge Raupe

Englisch: Convolvulus Hawkmoth

❄ Puppe

♀

frisst nur nachts, tagsüber versteckt sie sich, später frisst sie auch am Tag. Da sie die Blätter der Ackerwinde komplett auffrisst, gibt es keine verräterischen Fraßspuren. Vor der Verpuppung sucht sie nach einem geeigneten Platz. Das ist die Zeit, in der wir die Raupe am ehesten sehen. Sie verpuppt sich in der Erde. Das Vernichten des Kartoffelkrauts und die Erntemaschinen dürften einen Großteil der Raupen und Puppen vernichten.

› **Nahrung:** Hauptnahrung ist die Acker-Winde. Weitere Windenarten sind nicht ausgeschlossen.

Flugzeit

Die Falter wandern ab Mai ein, deren Nachfolger, die 2. Generation, fliegen von August bist Oktober, manchmal bis in den November hinein. Jene, die nicht frühzeitig zurückfliegen, überstehen in der Regel unsere Winter nicht.

	J	F	M	A	M	J	J	A	S	O	N	D
🦋					■	■	■	■	■	■		

Merkmale

› **Flügeloberseite:** Beim etwas kleineren ♂ ist das Muster etwas deutlicher als beim ♀: Auf den Vorderflügeln gibt es zwei feine kurze Längslinien, zwischen denen meist ein dunkler Fleck ist. Es kommen aber auch fast einfarbige oder recht dunkle Tiere vor.

› **Fühler:** Die Fühler der ♂♂ sind etwas länger und dicker als die der ♀♀.

› **Ruhehaltung:** Die Flügel sind dachförmig über dem Körper zusammengelegt. Die graubraune feine Musterung bietet eine hervorragende Tarnung. Berühren wir den Schwärmer, öffnet er etwas die Flügel und zeigt seine Schrecktracht. Die Seiten des Hinterleibes zeigen weiß-rosa Querstreifen, die Seitenstreifen des etwas ähnlich aussehenden Liguster-Schwärmers *(Sphinx ligustri)* sind nur rosa.

Kiefernschwärmer

Sphinx pinastri

Vorkommen

Der Kiefernschwärmer zählt zu den häufigsten Schwärmern. Randgebiete von Nadel- und Mischwäldern sowie Parks und Gärten, hauptsächlich mit Kiefern- und Fichtenbeständen sowie reiches Blütenangebot in der Nähe werden von ihm aufgesucht.

Falter

- **Nahrung:** Als Nektarlieferanten werden ab der Dämmerung hauptsächlich Geißblatt, Seifenkraut, Taubenkropf-Leimkraut und Rote Lichtnelke, in den Gärten Phlox und Pfingstnelke angeflogen.
- **Eiablage:** Das ♀ legt die nicht ganz runden, hellgrünen Eier einzeln oder in kleinen Häufchen an den Nadeln ab. Häufig werden einzeln stehende Bäume bevorzugt.

Englisch: Hawkmoth

❄ Puppe

seltene, melanistische Form

Raupe
Zunächst ist die Raupe grün mit weißlichen Linien. Später bildet sich eine braune Rückenlinie, und die weißen Seitenstreifen werden zu kleinen Strichen. Mit dem Alter nimmt die bräunliche Färbung zu, sodass die Raupe unauffälliger wird. Jedoch egal, in welchem Stadium sie sich befindet, sie ist zwischen den Nadeln ihrer Nahrungspflanze bestens getarnt.

- **Nahrung:** Hauptsächlich Kiefernarten (auch nicht heimische) und Fichten.

Flugzeit
Die Flugzeit reicht von Mai bis August. In wärmeren Regionen ist er schon Ende April oder auch noch im September gesehen worden, was auf zwei Generationen schließen lässt.

	J	F	M	A	M	J	J	A	S	O	N	D
Falter					■	■	■	■				

Merkmale

- **Flügeloberseite:** Die Färbung ist unauffällig graubraun mit dunklen kurzen, aber kräftigen Strichen. Die Grundfärbung kann variieren.
- **Flügelrand:** Die Flügel sind außen schwarz-weiß gesäumt.
- **Ruhehaltung:** Die obere Seite der Brust zeigt außen jeweils einen schwarzen Streifen. Auf dem Hinterleib verläuft eine dunkle Längslinie.

Ligusterschwärmer

Sphinx ligustri

Vorkommen [!]

Im Grunde kann sich dieser Schwärmer überall dort aufhalten, wo Gehölze gesäumt von krautigen Pflanzen wachsen, z. B. auf sonnigen Waldlichtungen, an strukturierten Waldrändern, in Gärten mit vielen Sträuchern und Hecken, Parks o. Ä. Wichtig ist das Vorhandensein der Nahrungspflanzen und geeigneter Nektarblüten. Meldungen zum Vorkommen könnten weitere Aufschlüsse zum Lebensraum geben.

Falter

- **Nahrung:** Sobald die Dämmerung einsetzt, geben die Falter ihren Ruheplatz auf und machen sich auf die Suche nach Nektar. Einige Pflanzen, wie z. B. Geißblatt, Liguster oder Seifenkraut, sind bisher bekannt. Meldungen über weitere Nektarpflanzen wären hilfreich.
- **Eiablage:** Das ♀ benötigt mehrere Tage zur Eiablage. Die Eier legt es an der Blattunterseite oder an den Stängeln der Nahrungspflanze ab.

Raupe

Die Jungraupe ist gelb und noch ohne auffällige Zeichnung, allerdings mit vielen kleinen Erhebungen, die wie Wärzchen aussehen. Das schwarze Analhorn ist noch recht lang. Die erwachsene Raupe dagegen ist ziemlich auffällig gezeichnet. Sie ist kräftig grün, vom Rücken laufen schräg nach unten weiß-violette Streifen. Der Kopf hat einen dunklen Rand. Sie trägt ein schwarzes, nun etwas kürzeres Horn und zeigt bei Ruhestellung oder Störung die Sphinxstellung. Vorrangig ist sie in Ligusterhecken zu finden.

- **Nahrung:** Als Nahrungspflanze dienen Liguster, Flieder, Forsythie, Spierstrauch, Holunder und andere.

Englisch: Privet Hawkmoth

❄ Puppe

Flugzeit
Der Ligusterschwärmer fliegt in einer Generation, je nach Region und Wetterverhältnissen schon mal bis in den September hinein.

	J	F	M	A	M	J	J	A	S	O	N	D
🦋					■	■	■	■				

Merkmale

› **Flügeloberseite:** Die Vorderflügel weisen meist kräftige helle und dunkle Partien auf, zudem sind sie mit feinen schwarzen Längslinien versehen.
› **Ruhehaltung:** Die rosaroten Querbinden des Körpers sind bei etwas abgespreizten Vorderflügeln gut zu sehen, und sie sind ein Unterscheidungsmerkmal zum Windenschwärmer, dessen Querstreifen weiß-rosa sind, außerdem ist der Ligusterschwärmer oben auf den Brustabschnitten fast schwarz und wirkt kontrastreicher.

Lindenschwärmer

Mimas tiliae

♂

Vorkommen

Der Lindenschwärmer lebt in lichten Laubmischwäldern, an Waldrändern oft in der Nähe von Gewässern sowie in Siedlungsgebieten mit entsprechendem Vorkommen an Nahrungspflanzen. Mehr Klarheit zur Tendenz des Falters, seinen Lebensraum in Siedlungsgebiete zu verlagern, könnten Meldungen über Funde verschaffen. Der Lindenschwärmer ist überall verbreitet und nicht selten.

Falter

- **Eiablage:** Das ♀ legt die Eier einzeln, paarweise oder in Häufchen an der Blattunterseite der Nahrungspflanze ab. Sowohl der untere Bereich des Baumes als auch die Krone des Baumes werden dazu genutzt. Das ♀ sucht häufig einzeln stehende Bäume auf.

Raupe

Die unauffällige Jungraupe ist hellgrün, hat ein langes Analhorn und wirkt sehr schlank. Die erwachsene Raupe ist grün, manchmal blau schimmernd und gekörnt. Vom Rücken erstrecken sich gelbe Streifen mit roten Flecken schräg entlang der Seiten. Der Kopf wirkt dreieckig, der Brustbereich ist schlanker als der Hinterleib. Kurz vor der Verpuppung schrumpft der Körper, die Farbe verändert sich zu einem Graubraun. Das Horn ist blau. Der Verpuppungsplatz liegt knapp unter der Erdoberfläche.

- **Nahrung:** [!] Linde und Vogel-/Süßkirsche werden bevorzugt. Weitere Beobachtungen berichten von Ulmen,

Englisch: Lime Hawkmoth

❄ Puppe

Birken und weiteren Baumarten. Hier könnten dokumentierte Meldungen über Nahrungspflanzen eine gute Anpassungsfähigkeit des Falters bestätigen.

Flugzeit
Der Lindenschwärmer fliegt in einer Generation.

	J	F	M	A	M	J	J	A	S	O	N	D

Merkmale

- **Flügeloberseite:** Die grünliche Grundfärbung ist die häufigere, daneben gibt es noch die rotbräunliche Variante. Die zwei größeren Flecken im mittleren Bereich der Vorderflügel können manchmal zu einer Binde verschmelzen.
- **Flügelrand:** Die Vorderflügel sind am Außenrand grob ausgebuchtet. Die Hinterflügel weisen je eine flache Ausbuchtung zum hinteren Flügelrand auf.
- **Ruhehaltung:** Die Vorderflügel werden etwas vom Körper abgehoben, die Hinterflügel dagegen flach neben den Körper gelegt, sodass der Hinterleib in Ruheposition gut zu sehen ist.

Abendpfauenauge

Smerinthus ocellata

♂

Art unverwechselbar

Vorkommen

Das Abendpfauenauge lebt in Auenwäldern, an Uferböschungen. Wichtig sind Weiden, die vorwiegend als Nahrungspflanzen genutzt werden. Aber auch trockenere Gebiete innerhalb von Siedlungen werden besetzt. Hier spielen nicht nur Weiden eine wichtige Rolle, sondern auch Obstbäume, in erster Linie Apfelbäume. Der Falter ist überall verbreitet und nicht selten.

Falter

› **Eiablage:** Das ♀ legt die Eier in der Dämmerung einzeln oder paarweise an der Unterseite der Blätter ab. Meist geschieht dies im Bereich von etwa zwei Metern über dem Boden, oft auch an einzeln stehenden und jungen Bäumchen oder Büschen.

Raupe

Die Raupe ist häufiger zu sehen als der Falter. Sehen wir kahl gefressene Zweige, so sollten wir den Verursacher versuchen aufzuspüren und schauen, ob es sich um das Abendpfauenauge handelt. Die Jungraupe ist noch weißlich grün. Die erwachsene Raupe kann in der Färbung variieren, meist ist sie blaugrün. Helle Streifen, verlaufen schräg vom Rücken aus nach unten. Der Kopf ist blaugrün. Die zahlreichen kleinen Erhebungen, lassen sie weiß gepunktet aussehen. Das Horn ist hellblau und als Unterscheidungsmerkmal zur Raupe des Pappelschwärmers geeignet. Die Puppe überwintert in der Erde oder unterm Laub

Englisch: Eyed Hawkmoth

❄ Puppe

auf dem Boden. Manchmal schlüpft der Falter noch im selben Jahr.

› **Nahrung:** Hauptsächlich Weidenarten und junge Apfelbäume, aber auch Pappel oder Birke.

Flugzeit

Das Abendpfauenauge fliegt in der Regel in einer Generation.

	J	F	M	A	M	J	J	A	S	O	N	D

Merkmale

› **Flügeloberseite:** Die Grundfärbung ist rotbraun. Die dunklen Flecken wirken wie Schatten. Auf den Hinterflügeln befindet sich je ein großer Augenfleck, der zur Abschreckung des Feindes dient.

› **Flügelrand:** Der innere Flügelrand des Vorderflügels ist etwas eingebuchtet, der Hinterrand wirkt leicht wellenförmig.

› **Ruhehaltung:** In der Ruhehaltung sind die Augenflecke der Hinterflügel verdeckt. Berührt man den Falter, schiebt er ruckartig die Vorderflügel vor und zeigt die Hinterflügel, was scheinbar bei Vögeln eine gute Wirkung erzielt. Ältere oder weniger kontrastreiche Falter, können mit dem Pappeschwärmer verwechselt werden. Der Letztere hat jedoch keine Augenflecke. Der fast schwarze, sich in der Mitte befindliche breite Streifen oben auf der Brust ist ein weiteres Unterscheidungsmerkmal zum Pappelschwärmer *(Laothoe populi)*, dessen Brust einheitlich grau ist.

Pappelschwärmer

Laothoe populi

Vorkommen
Dieser Schwärmer lebt in Auenwäldern, Laubmischwäldern und anderen feuchten bis trockenen Orten, vorrangig mit Pappel- oder Weidengehölzen. In Siedlungen ist er in Parks, Anlagen und Gärten zu finden. Gelegentlich sehen wir ihn an Schaufensterscheiben, Hauswänden oder Straßenlaternen ruhen. Er ist recht häufig.

Falter
Der Pappelschwärmer fliegt häufig nächtliche Lichtquellen an. Tagsüber ruht er in der Vegetation, in der er, wie ein vertrocknetes Blatt aussehend, hervorragend getarnt ist.

› **Eiablage:** Meist legt das ♀ die blassgrünen Eier auf der Unterseite von Pappel- oder Weidenblättern in kleinen Häufchen ab. Gelegentlich kommt es zu Eiablagen an Grashalmen nahe dem Boden unweit der Nahrungspflanze. Die Eiablage kann mehrere Tage bzw. Nächte dauern (siehe S. 20).

Raupe
Die Jungraupe ist blassgrün, trägt kleine gelbe Wärzchen und hat ein beigefarbenes Analhorn. Die ausgewachsene Raupe zeigt sich in unterschiedlichen Farbvarianten von Grüngelb, Blaugrün oder auch Gräulich. Das Horn ist grün mit gelben Streifen an den Seiten und gilt als Unterscheidungsmerkmal zur Raupe des Abendpfauenauges. Der Falter überwintert als Puppe in der Erde in einem Kokon.

Englisch: Poplar Hawkmoth

❄ Puppe

♀

Er kann bei warmer Witterung aber auch im selben Jahr schlüpfen.

› **Nahrung:** Die Nahrung besteht hauptsächlich aus Pappeln und Weiden. Bevorzugt werden Stockausschläge und Jungtriebe der Gehölze. In der Literatur werden außerdem Esche und Erle genannt.

Flugzeit

Der Pappelschwärmer fliegt in einer Generation. Ab und zu ist er noch im September zu sehen, was auf eine unvollständige 2. Generation hindeutet.

	J	F	M	A	M	J	J	A	S	O	N	D

Merkmale

› **Flügeloberseite:** Die Grundfarbe ist meist Grau oder Braun mit hellen, schwarzen oder auch grünlichen Farbschattierungen. Die Adern sind heller und daher gut sichtbar. Am unteren Rand des Mittelfeldes der Vorderflügel ist ein kleiner, weißer Strich, der mehr oder weniger schwach ausgebildet ist. Die Hinterflügel weisen einen großen, rotbraunen Fleck auf, der, wie beim Abendpfauenauge, bei einer Störung zur Abschreckung von Feinden dient.

› **Flügelrand:** Die Ränder beider Flügel sind gezackt und/oder gewellt.

› **Ruhehaltung:** In der Ruhehaltung sind die Hinterflügel teilweise von den Vorderflügeln verdeckt. Der Körper wirkt sehr massig. Die einheitlich gefärbte Brust und der weiße Strich bzw. Fleck auf dem Vorderflügel unterscheiden ihn deutlich von blass gefärbten, älteren Abendpfauenaugen *(Smerinthus ocellata).*

Skabiosenschwärmer

Hemaris tityus

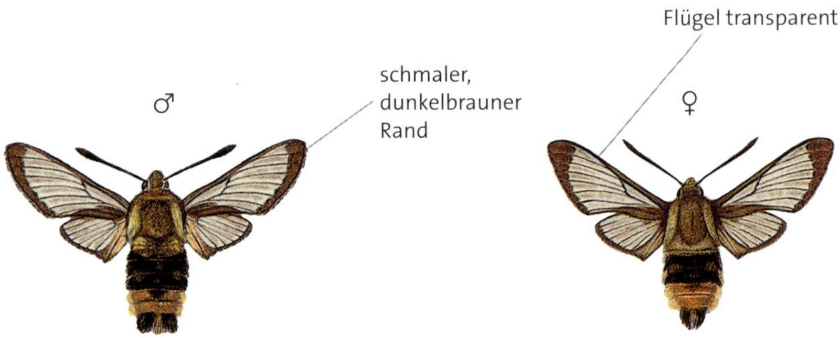

Vorkommen
Sonnige, warme, trockene und blütenreiche Wiesen sind besonders beliebt. Ferner werden Wald- und Wegränder, sowie Lichtungen aufgesucht, soweit das Nektarangebot stimmt.

Falter
Der Falter fliegt vorwiegend zur Mittagszeit und nur bei Sonnenschein. Er ist sehr schnell unterwegs, nur wenn die Sonne hinter den Wolken verschwindet, stellt er die Nektarsuche ein und ist mit ein wenig Glück in Ruheposition zu betrachten. Oberflächlich betrachtet, sieht er aus wie eine Hummel. Vielleicht wird er auch deshalb des Öfteren übersehen?

- **Nahrung:** Als flinker Flieger verbraucht er Energie und benötigt entsprechend viel Nektar. Im Schwirrflug werden violette, blaue und rosarote Blüten hauptsächlich von Schmetterlings-, Lippenblütlern und Borretschgewächsen angeflogen.
- **Eiablage:** Das ♀ sucht sonnige Standorte der Nahrungspflanze auf und legt die Eier einzeln an der Blattunterseite ab.

Raupe
Die Raupe ist hellgrün, oben mit je seitlich einer hellen Linie, die zum Analhorn ausläuft. Das Horn ist rosa oder dunkel

Englisch: Narrow-bordered Bee Hawkmoth

❄ Puppe

gefärbt und fast gerade. Eine Reihe roter Punkte zieht sich entlang der Seiten. Es gibt Raupen, die eine zweite rote Fleckenreihe aufweisen. Die Raupe frisst nachts. Sie verpuppt sich unter Blättern am Boden in einem Gespinst.

- **Nahrung:** [!] Zur Hauptnahrung gehören Acker-Witwenblume und Tauben-Skabiose. In der Literatur gibt es unterschiedliche Angaben zu weiteren Nahrungspflanzen. Welche genau angenommen werden, bliebe zu prüfen.

Flugzeit

Der Skabiosenschwärmer fliegt in einer Generation. Die Hauptflugzeit liegt in den Monaten Mai/Juni. Unter günstigen Bedingungen erscheint er bereits Ende April und kann eine unvollständige 2. Generation im Juli/August hervorbringen.

	J	F	M	A	M	J	J	A	S	O	N	D

Merkmale

- **Flügeloberseite:** Nur die Ränder der Flügel sind beschuppt. Die übrigen Schuppen verliert das frisch geschlüpfte Tier sehr schnell, sodass die Flügel dann durchsichtig aussehen. Der beschuppte Rand ist eher dunkelbraun, anders als beim Hummelschwärmer *(Hemaris fuciformis)* dessen Rand etwas breiter und rotbraun beschuppt ist.
- **Ruhehaltung:** Eine dunkelbraune Binde ziert den Hinterleib, die letzten Abschnitte sind in der Mitte gelborange oder beige, an den Seiten befinden sich helle Haarbüschel. Die beiden schwarzen Haarbüschel am Hinterleibsende werden beim Flug zur Steuerung eingesetzt.

Hummelschwärmer

Hemaris fuciformis

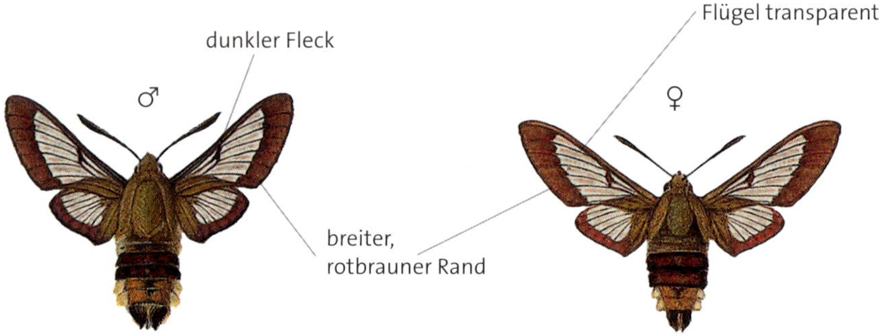

Vorkommen
Der Hummelschwärmer bevorzugt sonnige, warme, trockene bis mäßig feuchte Waldränder und Lichtungen. Im Gegensatz zum Skabiosenschwärmer, der hauptsächlich offene Blumenwiesen besucht, scheint er die Nähe zum Wald oder zumindest zu Hecken und Gebüsch zu suchen. Ab und zu fliegt er auf Nektarsuche auch in Gärten oder Parks.

Falter
Der Hummelschwärmer wird bei sonnig warmem Wetter vormittags aktiv und fliegt bis zum späten Nachmittag.

- **Nahrung:** Violette, blaue und rosarote Blüten werden besonders gern angeflogen. Günsel, Witwenblumen, Wiesensalbei, violett blühende Wickenarten und Karthäuser Nelke bieten Nektar im Freiland. In den Gärten sind es Phlox, Sommerflieder und Lavendel.
- **Eiablage:** Das ♀ legt die Eier einzeln an der Blattunterseite ab, vorzugsweise an halbschattigen Standorten der Nahrungspflanzen.

Englisch: Broard-bordered Bee Hawkmoth

❄ Puppe

Raupe
Die Raupe zeigt an den Seiten je eine weiße Linie. Die Atmungsöffnungen an den Seiten des Köpers sind rotbraun. Das Analhorn ist leicht gebogen und bräunlich. Der Bauch ist in der Regel braun abgesetzt, kann aber auch, wie der restliche Körper, grün sein. Sie verpuppt sich unter Blättern am Boden in einem Gespinst. Ein Teil der Falter schlüpft noch im selben Jahr.

- **Nahrung:** Als Nahrung dienen Rote Heckenkirsche, Gemeine Schneebeere sowie das Wald-Geißblatt.

Flugzeit
Der Hummelschwärmer fliegt je nach Region in 1–2 Generationen.

	J	F	M	A	M	J	J	A	S	O	N	D

Merkmale

- **Flügeloberseite:** Die Flügel sind durchsichtig, nur die Flügelränder und ein kleiner Fleck im Vorderflügel sind rotbraun beschuppt. Die breitere, rotbraune Beschuppung der Flügelränder und der Fleck unterscheiden ihn vom Skabiosenschwärmer.
- **Ruhehaltung:** Auf dem Hinterleib befindet sich eine rotbraune Binde, an den Seiten sind helle, manchmal weiße Haarbüschel. Die beiden schwarzen Haarbüschel am Hinterleibsende werden beim Flug zur Steuerung eingesetzt. Auch er ist seltener in Ruhestellung zu finden, da er stets auf der Suche nach Nektar ist.

Taubenschwänzchen

Macroglossum stellatarum

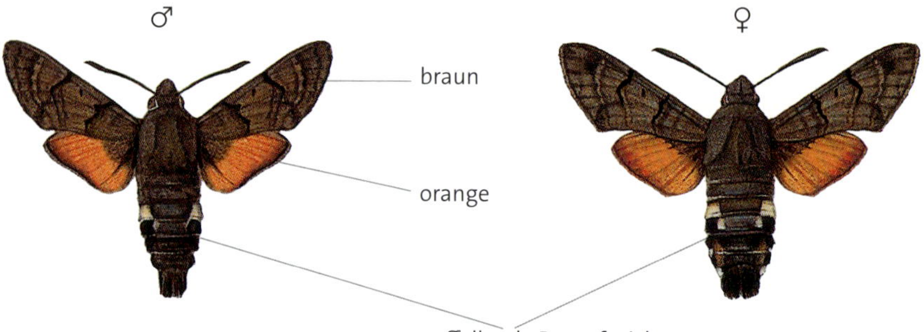

Vorkommen
Dem Taubenschwänzchen ist kein besonderer Lebensraum zuzuordnen. Es ist überall dort zu finden, wo es ausreichend Blüten gibt.

Falter
Als Wanderfalter nimmt er jede Gelegenheit zum Nektarsaugen wahr. Im Gegensatz zum Skabiosenschwärmer und Hummelschwärmer fliegt er auch bei Bewölkung, leichtem Regen und deutlich niedrigeren Temperaturen. Mit ein wenig Glück kann man ihn beim Aufwärmen beobachten, die flach angelegten Flügel zittern dann leicht hin und her. Gelegentlich nutzt er am Boden die in Steinen oder im Kies gespeicherte Wärme. Sein Energiebedarf scheint deutlich höher zu liegen als bei den anderen Schwärmern. Seine Flugaktivitäten reichen von morgens bis in die Dämmerung hinein.

› **Nahrung:** Es soll blaue und rotviolette Blütenkelche bevorzugen, allerdings ist es ein Opportunist und holt sich überall dort Nektar, wo er reichlich vorhanden ist. Im Offenland saugt es z. B. an Kohldisteln, Klappertopf oder Vogelwicken, in Gärten an Lavendel, Zinnien, auf Balkonen sind es Geranien oder Petunien. Etliche Pflanzenarten stehen auf seinem Speiseplan. Oft kommt es zu bestimmten Uhrzeiten immer wieder zu seiner Nektarquelle zurück.
› **Eiablage:** Das ♀ legt die Eier meist einzeln im Schwirrflug an der Blattunterseite der Nahrungspflanze ab, immer wieder zwischendurch Nektar saugend, um Energie aufzutanken.

Englisch: Hummingbird Hawkmoth

❄ Falter

Raupe
Die Raupe ist entweder braungrün oder grün, weiß gekörnt und weist an den Seiten helle Längsstreifen auf. Die Atmungsöffnungen sind schwarz. Das Analhorn ist blauschwarz mit gelber Spitze. Sie verpuppt sich zwischen Pflanzenblättern am Boden im einen Gespinst.

- **Nahrung:** Das ♀ bevorzugt für die Eiablage insbesondere die Blüten des Echten Labkrauts und des Wiesen-Labkrauts an warmen und sonnigen Standorten. Weitere Labkrautarten sind möglich.

Flugzeit
Der Falter wurde auch schon in milden Wintermonaten beobachtet.

	J	F	M	A	M	J	J	A	S	O	N	D

Merkmale

- **Flügeloberseite:** Die Vorderflügel sind grauschwarz, manchmal bräunlich wirkend. Die Hinterflügel sieht man nur im Flug. Sie leuchten im Gegensatz zu dem sonst recht düsteren Grau orangerot, an der Basis sind sie oft noch gelblich.
- **Ruhehaltung:** [!] Der Hinterleib ist mit dichten grauen Härchen besetzt, an den Seiten sind je drei weiße Haarbüschel, sodass das Hinterleibsende schachbrettartig wirkt. Die beiden schwarzen Haarbüschel am Hinterleibsende werden beim Flug zur Steuerung eingesetzt. Dieser Schwärmer ist seltener in Ruhestellung zu finden, da er stets auf der Suche nach Nektar ist, es sei denn, er habe sich zur Nacht niedergelassen oder die Temperaturen seien zum Fliegen zu niedrig. Interessant wären weitere Beobachtungen zu Schlafplätzen, welche sie des Öfteren zu mehreren aufsuchen und diese auch zur Partnerfindung nutzen sollen, zum Beispiel an der Wand einer Scheune oder Hütte.

Nachtkerzenschwärmer

Proserpinus proserpina

♂

♂

Art unverwechselbar

Vorkommen
Feuchte, aber sonnige Standorte wie Wiesengräben, Bach- und Flussläufe oder feuchte Waldränder, reich an Weidenröschenbeständen sind bevorzugte Nahrungs- und Larvalhabitate. Allerdings ist der Falter auch in Ortschaften anzutreffen, wo ihn Parks und Gärten mit reichlichem Nektarangebot locken. Der Falter ist nicht allzu häufig. Verstreut kommt er in ganz Deutschland vor. In manchen Regionen ist er seltener geworden, aber es gibt auch Gebiete, in denen er, nachdem er verschwunden war, wieder vereinzelt beobachtet wurde. Er reagiert sehr empfindlich auf klimatisch ungünstige Verhältnisse.

Falter
› **Nahrung:** Lippenblütler, Schmetterlingsblütler und Nelkengewächse wie z. B. Wicken, Wiesen-Salbei, Leimkräuter, Taubenkropf, aber auch Natternkopf werden in der Dämmerung aufgesucht.
› **Eiablage:** Das ♀ legt die Eier einzeln oder paarweise im Schwirrflug an der Blattunterseite der Nahrungspflanze an warmen und sonnigen, jedoch feuchten Standorten ab.

Raupe
Die erwachsene Raupe gibt es in zwei Farbvarianten, in Grün und in Graubraun, mit dunklen Zeichnungselementen an den helleren Seiten. Auffällig ist der leicht erhöhte Augenfleck anstelle des sonst für Schwärmer typischen Analhorns. Sie ist nachtaktiv, tagsüber versteckt sie sich am Boden. Sie verpuppt sich zwischen Pflanzenblättern am Boden in einem Gespinst. Auf der Suche nach diesem Platz legt die Raupe oft längere Strecken zurück,

Englisch: Willowherb Hawkmoth

❄ Puppe

sodass sie eher zu sehen ist als der Falter. Die Entwicklung der Raupe ist eng mit Witterungseinflüssen verknüpft.

› **Nahrung:** Nahrungspflanzen sind Weidenröschenarten, insbesondere das Zottige Weidenröschen und das Bach-Weidenröschen sowie Nachtkerzengewächse.

Flugzeit

Der Nachtkerzenschwärmer fliegt in einer Generation. Bei günstiger Witterung erscheint er schon Ende April.

	J	F	M	A	M	J	J	A	S	O	N	D
🦋					■	■						

Merkmale

› **Flügeloberseite:** Die Vorderflügel sind grün oder grünbraun, mit hellen Schattierungen und einer dunkelgrünen Binde in der Mitte. Von dem halbmondartigen dunklen Fleck, der oft einen hellen Rand aufweist, verläuft eine feine weiße, manchmal leicht unterbrochene Längslinie zum hinteren Flügelrand. Die Hinterflügel sind gelborange, schließen mit einer schwarzen Binde und einem feinen weißen Saum am Außenrand.

› **Ruhehaltung:** Der Kopf, die vordere Brust und die Seiten der Brust sind dunkler grün als der Rest des Körpers, der eher graugrün erscheint. Wie seine näheren Verwandten, trägt er Haarbüschel am Hinterleibsende, allerdings sind diese durchweg grün. Von der Größe und Statur her gleicht er dem Taubenschwänzchen *(Macroglossum stellatarum)*, von der Farbe und Zeichnung eher dem Lindenschwärmer *(Mimas tiliae)*. Am Tag ruht er versteckt bodennah in der Vegetation.

Wolfsmilchschwärmer

Hyles euphorbiae

Art unverwechselbar

Vorkommen
Mit dem Verschwinden seiner Lebensräume in den letzen Jahrzehnten ist auch dieser Falter stark zurückgegangen und mancherorts verschwunden. Er bevorzugt sonnige, warme Magerwiesen oder Halbtrockenrasen, vorzugsweise in Südhanglage mit großen Zypressen-Wolfsmilchbeständen. Viele Offenlandschaften, die ihm verbleiben, sind entweder klimatisch ungünstig gelegen, zu klein, intensiv bewirtschaftet und entsprechend mit Herbiziden/Insektiziden behandelt oder stark gedüngt. So ist er heute nur noch vereinzelt zu beobachten. Hinzu kommt, dass er als Binnenwanderer mal hier mal dort auftaucht und auch wieder verschwindet. Um auf seine Gefährdung aufmerksam zu machen, wurde er 2014 zum Falter des Jahres gewählt.

Falter [!]
Alle Beobachtungen diesen Schwärmer betreffend, können für den Schutz zweckdienlich sein!

- **Nahrung:** Seine Nektarsuche beginnt, außer an sehr heißen Tagen, an denen er auch tagsüber gesehen werden kann, in der Dämmerung. Da er bei uns nicht so häufig ist und abends selten beim Blütenbesuch beobachtet wird, sind nur wenige der genutzten Nektarpflanzen bekannt, obwohl er durchaus in Gärten und Parks fliegt, um dort fündig zu werden. Beobachtet wurden bisher: Phlox, Pfingstnelke, Seifenkraut, Natternkopf und Geißblatt-Arten.
- **Eiablage:** Das ♀ legt die Eier einzeln oder in Häufchen an der Knospe der Nahrungspflanze ab.

Raupe
Die Jungraupe ist gelb-schwarz, im erwachsenen Stadium ist sie besonders auffällig. Die Warnfarben Schwarz, Rot, Gelb sind alle vertreten und verkünden: „Ich bin giftig“, sodass sie vor Fressfein-

Englisch: Spurge Hawkmoth

❄ Puppe

den einigermaßen sicher ist. Das Analhorn ist ebenfalls rot mit schwarzer Spitze. Halbwüchsig erscheint sie im gelben Kleid mit schwarz-weißer Zeichnung. Diese Warntracht ist notwendig, da sie auf ihrer Nahrungspflanze kaum Deckung findet. Meist frisst sie nachts, aber bei sehr warmem Wetter auch tagsüber. Sie verpuppt sich in einem leichten Gespinst am Boden. Die Falter können noch im selben Jahr schlüpfen oder mehrmals überwintern.

› **Nahrung:** Zypressen-Wolfsmilch.

Flugzeit

Unter klimatisch günstigen Bedingungen erscheint er bereits im Mai, dann kann sich eine 2. Generation (August–Oktober) bilden. Fliegt er erst im Juni/Juli, bleibt es bei einer Generation.

	J	F	M	A	M	J	J	A	S	O	N	D
🦋					■	■	■	■	■	½		

Merkmale

› **Flügeloberseite:** Die Grundfarbe ist Beige-Hellbraun oder Beige-Rosa. Eine dunkelbraune oder olivgrüne Querbinde verläuft vom inneren Flügelrand, immer schmaler werdend, zur Flügelspitze. Entlang des vorderen Flügelrandes sind Flecke in der Farbe der Binde angeordnet. Die Hinterflügel sind mittig rosarot, schwarz begrenzt, am Flügelansatz mit weißem Fleck und einem hellen Saum, der in etwa der Grundfarbe der Vorderflügel entspricht.

› **Fühler:** Die Fühler sind weiß.

› **Ruhehaltung:** Die Farbe des Körpers entspricht in etwa dem Farbton seiner Querbinde, also Braun oder Olivgrün mit weißen Hinterleibsflecken, die in der Regel verdeckt sind. Von oben betrachtet, erscheinen der Kopf und die Brust von beiden Seiten weiß eingefasst. Der Schwärmer zeigt seine Schrecktracht, wenn er gestört wird.

Labkrautschwärmer

Hyles gallii

Vorkommen

Der bei uns recht selten gewordene Binnenwanderer tritt nur sporadisch auf. Die Vorkommen können jahrweise schwanken. Er vagabundiert gern. Sonnige Hänge im Bergland, lichte Waldränder, Trockenrasen und Brachen mit großen Beständen an Weidenröschen werden besucht. Eine eindeutige Zuordnung zu einem Lebensraum erscheint schwierig, da es nur spärliche beweiskräftige Daten über Ei-, Raupen- und Puppenfunde sowie Beobachtungen der Falter im Freiland gibt.

Falter

- **Nahrung:** Der Schwärmer besucht auf seinem Nahrungsflug, der vorrangig während der Dämmerung stattfindet, auch Gärten und Parks, sofern sie reichlich Nektar bieten. Zu den Nektarpflanzen gehören Phlox, Nelkengewächse wie Seifenkraut und Pfingstnelke sowie Geißblatt-Arten.
- **Eiablage:** Das ♀ legt die Eier einzeln oder paarweise an Blättern oder Blüten der Nahrungspflanze ab.

Raupe

Die anfänglich grüne Raupe mit hellen Längsstreifen ist ausgewachsen grüngelb oder erscheint in verschiedenen Brauntönen bis hin zu Schwarz mit gelber oder roter Zeichnung, einer hellen Rückenlinie und rötlichem Kopf und Analhorn sowie rötlichen Beinchen. Die Farbgebung kann variieren. Sie frisst hauptsächlich nachts und versteckt sich tagsüber am Boden. Kurz vor der Verpuppung wird sie recht träge. Sie verpuppt sich in einem leichten Gespinst am Boden und kann bei guter

Englisch: Bedstraw Hawkmoth

❄ Puppe

Witterung noch im selben Jahr schlüpfen.

- **Nahrung:** [!] Als Nahrungspflanzen sind das Wald-Weidenröschen und das Echte Labkraut bekannt. Weitere Hinweise wären nützlich.

Flugzeit

Im Mai fliegt der Falter nur bei günstigen Wetterbedingungen. In diesem Fall kann es zu einer zweiten Generation kommen, deren Falter dann im August/September zu sehen sind.

	J	F	M	A	M	J	J	A	S	O	N	D

Merkmale

- **Flügeloberseite:** Die Grundfarbe ist Olivgrün, manchmal etwas Bräunlich. Die helle Mittelbinde ist zum äußeren Flügelrand scharf abgesetzt. Im Gegensatz zum Wolfsmilchschwärmer *(Hyles euphorbiae)* wirkt er kontrastreicher und geometrischer gezeichnet. Die Hinterflügel sind im mittleren Bereich weiß, rosarot und dunkel eingefasst.
- **Fühler:** Die Fühler haben weiße Spitzen.
- **Ruhehaltung:** Brust und Kopf sind weiß eingefasst, der Hinterleib weist seitlich kurze, weiße Streifen auf. Die Grundfarbe ist ebenfalls Olivgrün, manchmal bräunlich wirkend.

Mittlerer Weinschwärmer

Deilephila elpenor

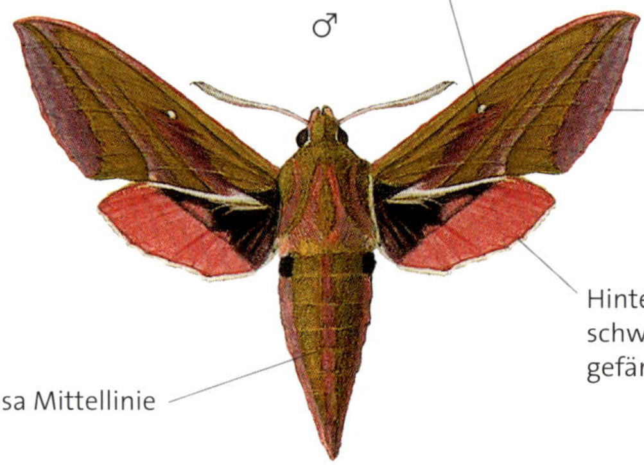

Vorkommen
Er fliegt im offenen Gelände, in feuchten, lichten Wäldern, an Waldrändern und Böschungen sowie in Siedlungen mit reichlich Nektarangebot, insbesondere dort, wo er größere Weidenröschen- und Springkrautbestände vorfindet, meist in der Nähe von Gewässern. Er gilt in Deutschland als überall verbreitet und recht häufig vertreten.

Falter
Seine Anpassungsfähigkeit macht ihn zum Kulturfolger, denn Parks, Friedhöfe, Gärten und Balkone mit Fuchsien als Nahrungspflanze für seine Raupen bieten ihm auch innerorts die Möglichkeit zur Eiablage.

› **Nahrung:** In der Dämmerung besucht er Phlox, Buddleja, Garten-Geißblatt, Natternkopf, Seifenkraut, Taubenkropf-Leimkraut, u. a.
› **Eiablage:** Das ♀ legt die Eier einzeln oder in kleinen Gruppen meist an die Blattunterseite der Nahrungspflanze ab.

Raupe
Die Raupe ähnelt der des Kleinen Weinschwärmers. Beide erinnern mit ihrem Kopf und der verschmälerten Brust an eine Schweineschnauze, was sich in den wissenschaftlichen Namen beider Arten niederschlägt: *elpenor* = Gefährte des Odysseus, der vorübergehend von Circe in ein Schwein verwandelt wurde, und *porcellus* = Schweinchen. Die Fähigkeit, den Kopf einzuziehen und die Brust aufzublähen, damit die Augenflecke als Schrecktracht ihre volle Größe erreichen, ist beiden gemein. In dieser Stellung sehen sie wie kleine Schlangen aus.
Die braune oder grüne Raupe hat ein sehr reduziertes Analhorn, das eher an einen kleinen Dorn erinnert. Bei der Raupe des Kleinen Weinschwärmers fehlt es. Die Augenflecke sind nierenförmig. Insgesamt ist sie etwas kontrastreicher gezeichnet. Bevorzugt frisst sie an Blüten und Knospen. Auf der Suche nach einem Verpuppungsplatz wandert sie umher. Sie verpuppt sich in einem leichten Gespinst am Erdboden.

Englisch: Elephant Hawkmoth

❄ Puppe

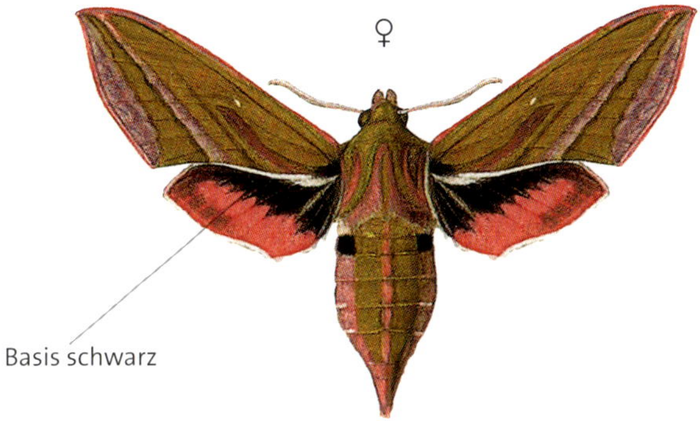

› **Nahrung:** Als Nahrung dienen Springkraut-Arten, auch das nicht heimische Indische Springkraut, Weidenröschenarten und die Fuchsie.

Flugzeit
Diese Art fliegt normalerweise in einer Generation. In sehr warmen Jahren kann es zu einer unvollständigen 2. Generation kommen, dann ist der Falter noch im September zu sehen.

	J	F	M	A	M	J	J	A	S	O	N	D
🦋												

Merkmale

› **Flügeloberseite:** Die Grundfarbe ist Olivgrün mit rosaroter bis weinroter Zeichnung. Anders als beim Kleinen Weinschwärmer, der an den Rändern mehr oder weniger unregelmäßig rosarot überlaufen wirkt, sind die Querbinden beim Mittleren Weinschwärmer linearer und schärfer abgegrenzt. Zudem trägt er in der Mitte des Flügels einen kleinen weißen Punkt. Die Hinterflügel sind am Flügelansatz schwarz, ansonsten rosarot mit einem feinen weißen Saum.
› **Fühler:** Die weißen Fühler sind am Ansatz rosarot.
› **Ruhehaltung:** Der Mittlere Weinschwärmer ist größer als der Kleine Weinschwärmer. Sein Körper ist olivgrün mit rosaroten Zeichnungselementen. Die rosarote, gestrichelte Rückenlinie, die zum Ende hin in einer ebenfalls rosaroten Spitze endet, fehlt beim Kleinen Weinschwärmer.

Kleiner Weinschwärmer

Deilephila porcellus

Vorkommen
Der dämmerungsaktive Falter bevorzugt naturnahe, d. h. nicht gedüngte und häufig gemähte, mäßig trockene Gebiete, wie Südhanglagen, Steinbrüche, Kiesgruben, Trockenrasen, aber auch Waldränder, Grabenränder und Dämme mit reichlich Labkrautbeständen. Wie der Mittlere Weinschwärmer gilt auch er als verbreitet und häufig.

Falter
› **Nahrung:** In den Gärten saugt er, wie andere Schwärmer, gern an Phlox, Buddleja, Garten-Geißblatt u. a. Im Freiland an Wiesen-Salbei, Natternkopf, Nelkengewächsen, einigen Klee- und Wicken-Arten. Die Liste der Nektarpflanzen ist recht lang.
› **Eiablage:** Das ♀ legt die Eier einzeln oder in Gruppen an die Knospen der Nahrungspflanze ab.

Raupe
Die Jungraupe ist hellgrün, das Analhorn fehlt. Im Erwachsenenstadium ist sie braun schwärzlich, manchmal grün, mit nur schwacher Zeichnung, aber mit Augenflecken auf den Brustabschnitten. Sie ähnelt stark der Raupe des Mittleren Weinschwärmers. (s. S. 102–103). Vor der Verpuppung läuft sie nach einem Platz suchend umher, hat sie eine geeignete Stelle gefunden, verpuppt sie sich versteckt am Boden in einem leichten Gespinst.
› **Nahrung:** Die Raupe frisst vorzugsweise die Blüten des Echten Labkrauts und des Wiesen-Labkrauts.

Flugzeit
In der Regel bildet er nur eine Generation aus. Die Hauptflugzeit liegt im Monat Juni. Bei sehr warmer Witterung kann es zu einer unvollständigen 2. Generation kommen, dann ist er noch im September zu sehen.

Englisch: Small Elephant Hawkmoth

❄ Puppe

	J	F	M	A	M	J	J	A	S	O	N	D

Merkmale

- **Flügeloberseite:** Grundfarbe Grüngelblich mit etwas dunklerer Binde in der Mitte. An den Seitenrändern erscheint er unterschiedlich rosarot überlaufen. Der äußere Flügelrand trägt eine unregelmäßig verlaufende, rosarote Binde. Die Hinterflügel sind ebenfalls grüngelblich, schließen mit einer rötlichen Binde ab und sind fein weiß-rot gesäumt
- **Fühler:** Die Fühler sind weiß.
- **Ruhehaltung:** Der Hinterleib ist gelbgrün und je nach Individuum unterschiedlich stark rosarot überlaufen. An den Seiten sind manchmal weiße Fleckchen zu sehen. Er ist kleiner als der Mittlere Weinschwärmer *(Deilephila elpenor)* und zeigt keine gestrichelte Mittellinie auf dem Hinterleib.

Verwechslungsarten Dickkopffalter

Braunkolbiger Braun-Dickkopffalter
(Thymelicus sylvestris)

Schwarzkolbiger Braun-Dickkopffalter
(Thymelicus lineola)

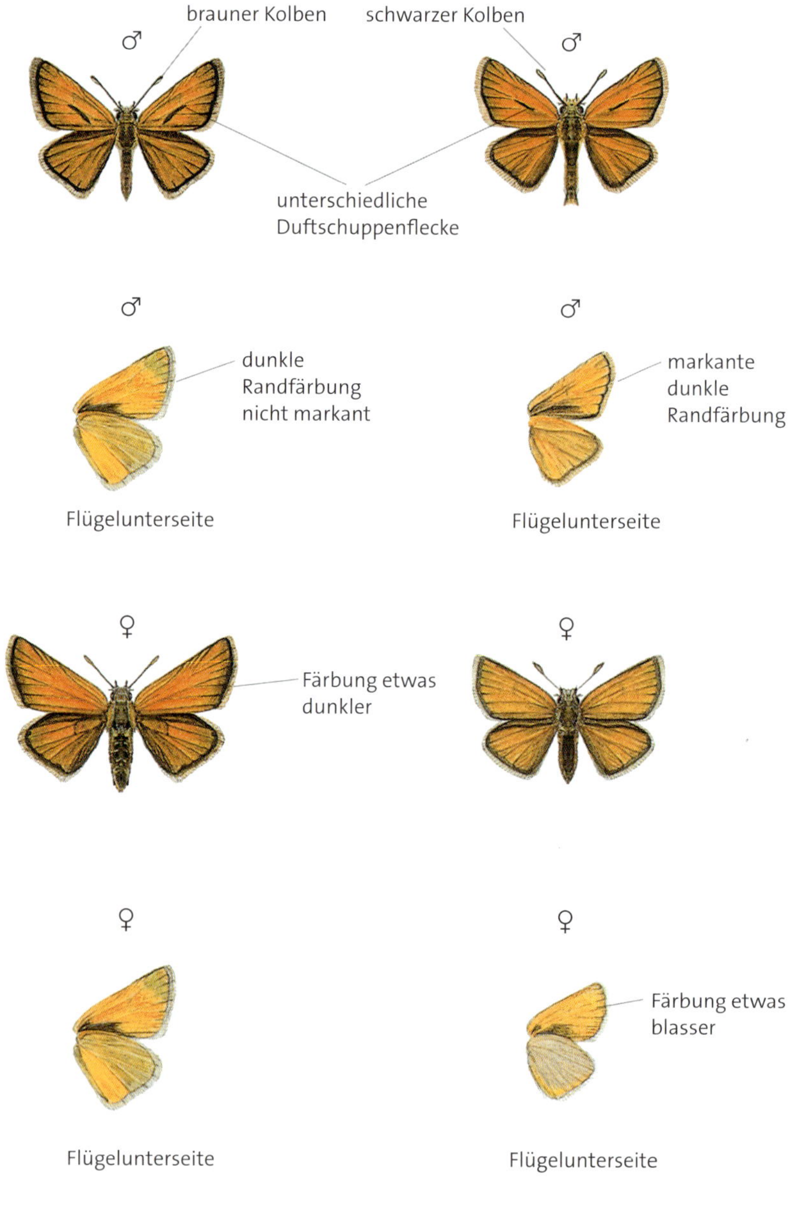

Komma-Dickkopffalter
(Hesperia comma)

♂

Komma-Strich

♂

silbrige weiße Flecke

Flügelunterseite

♀

helle Flecke

markante Musterung

♀

markante Musterung, weiße Flecke

Flügelunterseite

Rostfarbener Dickkopffalter
(Ochlodes sylvanus)

♂

helles Abdominalende

♂

keine silbrige weiße Flecke

Flügelunterseite

♀

keine markante Musterung

♀

keine weiße Flecke

Flügelunterseite

Kronwicken-Dickkopffalter

Dunkler Dickkopffalter, Leguminosen-Dickkopffalter

Erynnis tages

Vorkommen

Dieser Dickkopffalter lebt sehr bodennah und bevorzugt magere, nur leicht bebuschte Flächen, mit niedriger Vegetation und freien oder nur karg bewachsenen Stellen, wo er gerne mit weit ausgebreiteten Flügeln ein Sonnenbad nimmt oder Mineralien aufsaugen kann. In seinem braunen Kleid ist er dort hervorragend getarnt. Diese mäßig feuchten bis sehr trockenen und besonnten Gebiete liegen oft im Hügel- und Bergland. Besonders geeignet sind extensiv beweidete oder nur einmal im Jahr gemähte Magerwiesen, nicht zu stark bewachsene Brachen, Dämme, Böschungen, Wald- und Wegränder, immer vorausgesetzt, dass die Nahrungspflanzen der Raupen dort wachsen und das Nektarangebot stimmt.

Falter

› **Nahrung:** Als recht früh fliegender Falter, muss er das vorhandene Nektarangebot nutzen. Vorrangig werden Blüten von kleinwüchsigen Pflanzen besucht wie Kriechendem Günsel, Frühlings-Fingerkraut, Hornklee, Hufeisen-Klee, Thymian und Rot-Klee. Sicherlich gibt es noch weitere Pflanzen, die als Nektarquellen genutzt werden.

› **Eiablage:** Das ♀ legt ein einzelnes Ei auf die Blattoberseite der Nektarpflanze ab. Es ist halbkugelförmig, längs gerippt und weist feine Querrippen auf. Frisch gelegt, ist es hell, später wird es rötlich und ist somit gut zu sehen.

› **Reviere:** Das ♂ ist kein ausgesprochener Revierverteidiger. Auf dem Boden oder etwas erhöht auf Blütenköpfchen niedriger Pflanzen sitzend, hält es Ausschau nach ♀♀ und verscheucht schon mal andere Falter.

Raupe

Wie für Dickkopffalter typisch, lebt sie nach dem Schlupf in einem Versteck aus

Englisch: Dingy Skipper

❄ Raupe

♀

♀

zwei zusammengesponnenen Blättchen. Größer geworden, baut sie sich ein neues aus mehreren Blättern. Ausgewachsen ist sie hellgrün mit schwach dunklerer Rückenlinie. Das dunkle Köpfchen zeigt helle Flecke. Sie überwintert bodennah zwischen Blättchen in einem wasserdichten Gespinst, in dem sie sich im folgenden Frühjahr, ohne zuvor zu fressen, verpuppt.

- **Nahrung:** Bei den Dickkopffaltern eher selten ist die Bindung der Raupe an Schmetterlingsblütler, wie in diesem Fall an Hornklee, Hufeisenklee und Bunter Kronwicke.

Flugzeit

An wärmebegünstigten Standorten oder in warmen Jahren kommt es zu zwei Generationen, deren Falter bis in den August hinein fliegen.

	J	F	M	A	M	J	J	A	S	O	N	D

Merkmale

- **Flügeloberseite:** Auf der braunen Grundfärbung befindet sich zur Flügelspitze hin ein hell marmorierter Bereich, der unterschiedlich ausgeprägt sein kann. Die Unterseiten sind recht einheitlich hellbraun mit nur wenig angedeuteten Flecken.
- **Flügelrand:** Am Flügelrand verläuft eine fein weiß gepunktete Linie, die auf den Hinterflügeln fehlen kann. Der Saum entspricht der Grundfärbung oder ist geringfügig heller.
- **Ruhehaltung:** Beim Sonnenbad sind die Flügel weit geöffnet. Ruht der Falter bei schlechtem Wetter oder in der Nacht, legt er die Flügel beidseitig am Körper an, so wie wir es von vielen Nachtfaltern her kennen. Häufig sucht er sich dazu verdorrte Blütenköpfchen aus, sodass auch hier die Tarnung perfekt ist. Ansonsten klappt er die Flügel auch senkrecht über dem Körper zusammen.

Kleiner Würfel-Dickkopffalter

Pyrgus malvae

♂

weiße Flecken klar und deutlich sichtbar

Flügelunterseite

♀

Flügelunterseite

Art im Feld schwierig zu bestimmen
Etliche ähnliche Arten

Vorkommen

Der recht häufige Kleine Würfel-Dickkopffalter nutzt viele naturnahe Standorte. Nicht zu dicht bewachsene Flächen mit kleinen kiesigen, freien oder nur karg bewachsenen Flächen und eher niedrigem Pflanzenwuchs werden bevorzugt. Diese findet er sowohl in lichten Wäldern, an Waldrändern, in Brachen oder an Bächen und Flüssen, auf Böschungen oder Dämmen. Die Gebiete können feucht oder trocken sein, wichtig sind besonnte Flächen und das Vorkommen der Nahrungspflanzen für die Raupen. Magere und/oder nicht zu stark beweidete Wiesen mit lückenhaften Stellen gehören ebenfalls zu seinen Lebensräumen.

Falter

Der Kleine Würfel-Dickkopffalter fliegt sehr bodennah und sonnt sich gern am Boden.

› **Nahrung:** Für die früh fliegenden Falter ist das Spektrum des Nektarangebotes nicht allzu umfangreich, was sich im späten Frühjahr ändert. Sie besuchen Veilchen, Günsel, Löwenzahn, Hahnenfuß, Wald-Erdbeere, Habichtskraut, Hornklee u. a. Gerne saugen sie an feuchten Stellen oder an Exkrementen.
› **Eiablage:** Das ♀ legt die kugelförmigen, hellgrünen Eier einzeln auf der Blattunterseite der Nahrungspflanze ab.
› **Reviere:** Das ♂ setzt sich auf Blüten oder Knospen von kleineren Pflanzen und hält nach ♀♀ Ausschau, dabei verjagt er auch andere Falter.

Raupe

Die Jungraupe baut sich ein Versteck, indem sie den Blattrand wie eine Tasche umbiegt und zusammenspinnt. Ist sie erwachsen, verwendet sie für ihr Versteck das gesamte Blatt. Sie ist hellgrün mit einer bräunlichen Rückenlinie und schwarzem Kopf. Sie verpuppt sich bodennah an der Pflanze in einem Kokon aus Spinnfäden und Pflanzenteilen.

› **Nahrung:** Neben einigen anderen Pflanzen spielen das Frühlings- und Gänse-Fingerkraut, die Wald-Erdbeere sowie der Odermennig eine wichtige Rolle.

Englisch: Grizzled Skipper

❄ Puppe

Hinweis
Die Kombination aller Bestimmungsmerkmale grenzt ihn von allen anderen ähnlich aussehenden Würfel-Faltern ab. Nur ein Verwandter, der Westliche Würfel-Dickkopffalter *(Pyrgus malvoides)* ist nicht äußerlich von ihm zu unterscheiden, sondern nur durch eine Genitaluntersuchung zu bestimmen. Allerdings ist diese ähnliche Art bisher nur an sehr wenigen Standorten in Südbayern nachgewiesen und bietet somit in anderen Regionen Deutschlands keine Verwechslungsgefahr.

Flugzeit
Dieser Falter fliegt in einer Generation. In warmen Jahren oder wärmebegünstigten Regionen kann er schon Ende April erscheinen und dann eine zweite Generation ausbilden.

	J	F	M	A	M	J	J	A	S	O	N	D
🦋												

Merkmale

- **Flügeloberseite:** Bei frischen Faltern kann die sonst braune Grundfarbe gräulich aussehen, besonders wenn sich die noch frischen, langen, gräulichen Härchen des Körpers über die Flügel ausbreiten. Charakteristisch und zur Abgrenzung zu anderen Würfelfaltern ist die Reihe mit den weißen Flecken an den hinteren Flügelrändern, der vierte Fleck von der Vorderflügelspitze aus ist deutlich zum Rand hin versetzt. Der Fleck in der Mitte der Hinterflügel ist weiß und deutlich zu sehen. Die Hinterflügelunterseite ist grünlich-braun und zeigt helle Flügeladern.
- **Flügelrand:** Der Flügelsaum ist braun weiß gescheckt.
- **Ruhehaltung:** In der Ruhehaltung klappt er die Flügel senkrecht über dem Körper zusammen.

Gelbwürfeliger Dickkopffalter

Carterocephalus palaemon

♂

♀

Vorkommen
Der Gelbwürfelige Dickkopffalter ist hauptsächlich im Wald oder am Waldrand zu finden. Optimal sind angrenzende blütenreiche Wiesen, die reichlich Nektar bieten. Flächen, die häufig gemäht oder gedüngt werden, sowie mit Herbiziden oder Insektiziden behandelte Agrarflächen, die direkt bis zum Waldrand reichen, werden gemieden. Weiterhin sind Waldlichtungen und Waldwege beliebt, die sowohl Nektarpflanzen als auch für die Raupen geeignete Gräser aufweisen und einen gewissen Grad an Besonnung bieten.

Falter
- **Nahrung:** Häufig beobachtet wird der Falter an Günsel, viele weitere Blüten meist niederer Pflanzen gehören zum Nahrungsspektrum. Ebenso sucht er feuchte Stellen oder Exkremente zum Saugen auf.
- **Eiablage:** Das ♀ legt die weißen halbkugeligen Eier einzeln an der Oberfläche des Grashalmes ab, wobei eher halbschattige Bereiche ausgewählt werden.
- **Reviere:** Die ♂♂ sitzen gern auf höheren Warten an besonnten Stellen und verteidigen ihr Revier vor anderen Faltern, insbesondere anderen ♂♂. Nach erfolgreichem Verjagen des Rivalen, kehren sie zu ihrem Platz zurück.

Raupe
Die frisch geschlüpfte Raupe baut sich sofort eine kleine Röhre am Grashalm, indem sie die Außenkanten etwas zusammenspinnt. Sie verlässt diese, meist nachts, nur zum Fressen. Größer geworden, muss sie wieder eine neue Röhre, die nur knapp größer ist als sie selbst, anlegen. Die Halmränder werden von beiden Seiten versetzt benagt. Aber Vorsicht, diese Spuren könnten auch von Heuschrecken stammen. Gibt es allerdings in unmittelbarer Nähe eine Röhre auf der Blattunterseite, dürfte es sich um die

Englisch: Chequered Skipper

❄ Raupe

Dickkopfraupe handeln. Dieses Versteck wird auch zur Überwinterung genutzt. Im Frühjahr macht sie sich auf den Weg zur Verpuppung auf einen alten Halm. Zu dieser Zeit ist die Raupe bereits beigebraun und auf den verdorrten Halmen gut getarnt.

- **Nahrung:** Vorwiegend Pfeifengrasarten sowie Land-Reitgras. In der Literatur werden weitere Gräser wie Wiesen-Lieschgras, Fieder-Zwenke, Wiesen-Knäuelgras und Wiesen-Fuchsschwanz erwähnt.

Flugzeit

Je nach Witterung schon Mitte April fliegend. Mancherorts kann er an begünstigten Stellen zwei sich überlappende Generationen ausbilden.

	J	F	M	A	M	J	J	A	S	O	N	D

Merkmale

- **Flügeloberseite:** Das ♂ trägt am Vorderrand der Vorderflügel einen von der Basis bis etwa zur Flügelmitte reichenden orangegelb gefärbten Duftschuppenfleck. Gelegentlich gibt es helle Varianten, d. h. gelbe Falter mit brauner Zeichnung.
- **Flügelrand:** Der Flügelsaum ist oft etwas heller als die Grundfarbe.
- **Fühler:** Die Fühler sind bei beiden hell-dunkel geringelt und zur Spitze hin keulig verdickt, die Unterseiten der Spitzen sind gelborange gefärbt.
- **Ruhehaltung:** In der Ruhehaltung werden die Flügel voll ausgebreitet. Das Hinterleibsende des ♂ wirkt durch die Haarbüschel eckig, während das Hinterleibsende des ♀ abgerundet ist. Aber Vorsicht bei abgeflogenen Tieren.

Schwarzkolbiger Braun-Dickkopffalter

Thymelicus lineola

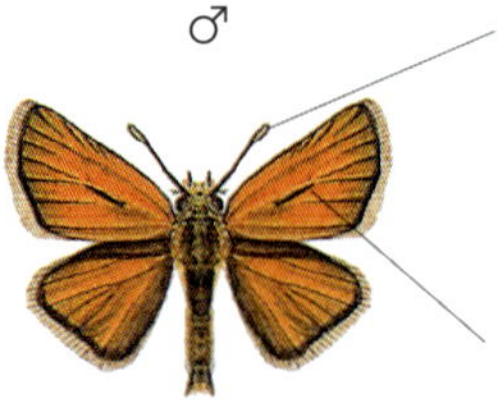

Flügelunterseite

Art schwierig zu bestimmen

Vorkommen

Diese wärmeliebende Art ist an den von ihr bevorzugten Standorten recht häufig. Wir finden sie auf offenen, nicht zu feuchten, mageren Wiesen, auf sonnigen Waldlichtungen, an Wegrändern und Feldwegen nicht zu intensiv genutzter Agrarflächen, an Böschungen und Kiesgruben. Wichtig sind ein reiches Nektarangebot in der Umgebung, besonnte, oft nach Süden gelegene Standorte und naturbelassene Bereiche.

Falter

Diese Art fliegt oft zeitgleich mit der Schwesternart, dem Braunkolbigen Braun-Dickkopffalter *(Thymelicus sylvestris)*. Hier ist die Bestimmung etwas schwierig, es sei denn, wir sehen die unteren Fühlerspitzen von vorn. Ein zweites Unterscheidungsmerkmal ist der Duftschuppenstreifen beim ♂, allerdings nur, wenn es die Flügel geöffnet hat. Im Flug sind sie nicht zu bestimmen. Eine weitere ähnliche Art ist der Mattscheckige Dickkopffalter *(Thymelicus acteon)*. Dieser zeigt auf der Vorderflügeloberseite eine Reihe gelber Tupfer, die beim ♂ sehr schwach ausgebildet sein können, dessen Duftschuppenfleck allerdings sehr deutlich ist.

- **Nahrung:** Bevorzugt werden rosa, violette und blaue Blüten wie Karthäuser Nelke, Kratzdisteln, Witwenblumen, Flockenblumen, Rot-Klee, Vogelwicke, Luzerne, aber auch gelbe Blüten des Hornklees und der Wiesen-Platterbse werden besucht. Er saugt an feuchten Bodenstellen.
- **Eiablage:** Das ♀ legt die hellen Eier zu mehreren an dürren Grashalmen, oft im Spalt zwischen Halm und Blatt ab.
- **Reviere:** Das ♂ wartet auf Halmen, Blüten, Ähren o. Ä auf ♀♀, fliegt aber auch Gebiete auf der Suche nach ♀♀ ab. Sein Revierverhalten ist nicht sehr ausgeprägt.

Englisch: Essex Skipper

❄ Ei

♀

♀

Flügelunterseite

Raupe

Das Räupchen überwintert voll ausgebildet im Ei und schlüpft erst im April/Mai. Es spinnt ein Grasblatt zu einer Röhre zusammen, die es zunächst nur nachts, später auch tagsüber, zum Fressen verlässt. Die typischen Fraßspuren sind auch hier zu finden. Die grüne, fein gestreifte Raupe mit dem braunweißlich gestreiften Köpfchen ist gut getarnt. Sie verpuppt sich in einem lockeren Gespinst zwischen Gräsern.

› **Nahrung:** Als Nahrung werden hauptsächlich Süßgräser angegeben wie Weiches Honiggras, Kriech-Quecke, Wiesen-Knäuelgras, Rohr-Glanzgras, Fieder-Zwenke, Land-Reitgras u. a.

Flugzeit

Der Schwarzkolbige Braun-Dickkopffalter fliegt in einer Generation. Die Hauptflugzeit liegt im Juli.

	J	F	M	A	M	J	J	A	S	O	N	D
🦋						■ (2. Hälfte)	■	■ (1. Hälfte)				

Merkmale

› **Flügeloberseite:** Der Duftschuppenstreifen des ♂ ist gerade, etwas kürzer als bei der Braunkolbigen Art und nicht so stark ausgeprägt. Oft gibt es einen zweiten, kürzeren Duftschuppenstrich, der fast parallel verläuft (siehe S. 22).

› **Flügelrand:** Der Flügelrand ist dunkelbraun bis schwarz und hell gesäumt.

› **Fühler:** Die runden Fühlerenden der ♂♂ und ♀♀ sind, von vorn betrachtet, schwarz, was sie von der Braunkolben-Art unterscheidet (siehe S. 22).

› **Ruhehaltung:** Die typische Haltung, besonders beim Sonnenbad, ist die mit weit ausgebreiteten Hinterflügeln und fast senkrecht stehenden Vorderflügeln. Ansonsten werden die Flügel über dem Körper zusammengeklappt.

Braunkolbiger Braun-Dickkopffalter

Thymelicus sylvestris

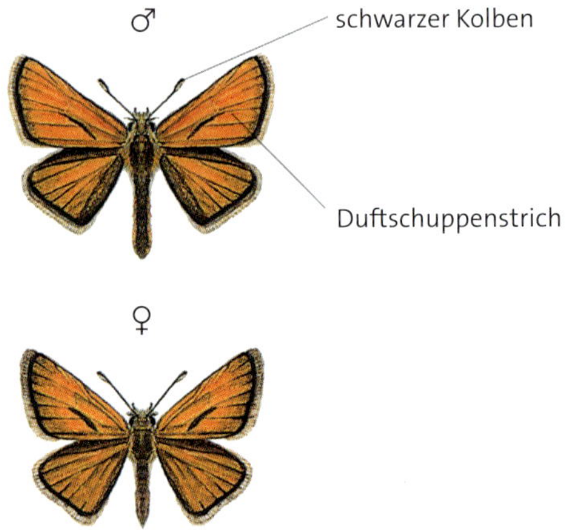

Flügelunterseite

Art schwierig zu bestimmen

Vorkommen
Diese Art ist recht häufig. Wir finden sie in den unterschiedlichsten naturbelassenen Bereichen. Sowohl offene Flächen als auch Waldlichtungen, Wald- oder Wegränder gehören zu den Lebensräumen. Wichtig sind besonnte Standorte mit reichem Nektarangebot. An trockeneren Standorten kann sie zeitgleich mit der Schwesternart, dem Schwarzkolbigen Braun-Dickkopffalter *(Thymelicus lineola)* fliegen.

Falter
Eine Unterscheidung vom Schwarzkolbigen Braun-Dickkopffalter *(Thymelicus lineola)* ist nur möglich, wenn wir die unteren Fühlerspitzen von vorn sehen. Beim ♂ haben wir als zweites Merkmal den Duftschuppenstreifen, allerdings nur, wenn die Flügel geöffnet sind. Im Flug sind sie nicht zu unterscheiden. Eine weitere ähnliche Art ist der Mattscheckige Dickkopffalter *(Thymelicus acteon)*. Dieser zeigt auf der Vorderflügeloberseite eine Reihe gelber Tupfer, die beim ♂ sehr schwach ausgebildet sein können, dessen Duftschuppenfleck allerdings sehr deutlich ist.

› **Nahrung:** Als nicht sehr anspruchsvoller, aber eifriger Blütenbesucher nutzt er die gesamte ihm zur Verfügung stehende Blütenpalette, wobei eine Tendenz zu rosa, violetten und blauen Blüten zu erkennen ist. Gerne saugt er an feuchten Stellen oder Exkrementen.
› **Eiablage:** Das ♀ legt die Eier in kleinen Gruppen an aufrechten, grünen Gräsern ab, wobei es diese in den Spalt zwischen Grashalm und Grasblatt zwängt. Bevorzugte Eiablageorte sind naturbelassene Randbereiche.
› **Reviere:** Eine konsequente Revierverteidigung ist nicht zu beobachten. Die ♂♂ sitzen durchaus zu zweit oder mit anderen Faltern auf Blüten oder an Halmen.

Englisch: Small Skipper

Raupe

♂

♀

Flügelunterseite

Raupe
Die frisch geschlüpfte Raupe baut sich nach dem Schlüpfen aus dem Ei einen Kokon, in dem sie überwintert. Erst nach der Überwinterung, meist im April/Mai, können wir sie an den Gräsern finden. Verräterische Spuren, schräg gegenüberliegende, halbrunde Einbuchtungen, die bis zur Halmmitte reichen sind typisch. Die grünen, fein gestreiften Raupen mit grünem Köpfchen sind gut getarnt. Sie verpuppen sich in einem lockeren Gespinst zwischen Gräsern.

- **Nahrung:** Als Nahrung werden hauptsächlich Wolliges und Weiches Honiggras genannt, aber auch Wiesen-Lieschgras und Zwenke.

Flugzeit
Der Braunkolbige Braun-Dickkopffalter fliegt in einer Generation. Der Hauptflug liegt im Monat Juli.

	J	F	M	A	M	J	J	A	S	O	N	D

Merkmale

- **Flügeloberseite:** Beim ♂ erkennen wir deutlich einen dunkelbraunen Duftschuppenstreifen, der ein wenig abgerundet oder abgeknickt ist (siehe S. 22).
- **Flügelrand:** Der Flügelrand ist dunkelbraun bis schwarz und hell gesäumt.
- **Fühler:** Die runden Fühlerenden der ♂♂ und ♀♀ sind, von vorn betrachtet, orange- bis rotbraun gefärbt, was sie von der Schwarzkolben-Art unterscheidet (siehe S. 22).
- **Ruhehaltung:** Die typische Haltung, besonders beim Sonnenbad, ist die mit weit ausgebreiteten Hinterflügeln und fast senkrecht stehenden Vorderflügeln. Ansonsten werden die Flügel über dem Körper zusammengeklappt.

Komma-Dickkopffalter

Hesperia comma

♂

Flügelunterseite

♂

dunkle Variante

Flügelunterseite

Vorkommen
Den wärmeliebenden, nicht allzu häufig vorkommenden, Komma-Dickkopffalter finden wir hauptsächlich auf trockenen, manchmal auch auf etwas feuchten Wiesen oder Weiden, die nicht intensiv genutzt werden. Gedüngte und häufig gemähte Wiesen meidet er, was wohl unter anderem zu einem Rückgang der Art in den letzten Jahren führte. In Deutschland ist er bereits als „gefährdet“ eingestuft.

Falter
Der Komma-Dickkopffalter kann mit dem Rostfarbenen Dickkopffalter *(Ochlodes sylvanus)* verwechselt werden. Zur Bestimmung dienen die Merkmale des Duftschuppenfleckes und die Hinterflügelunterseiten. Die Flugzeit des Komma-Dickkopffalters beginnt etwas später, er ist wesentlich seltener und anspruchsvoller, was den Lebensraum betrifft.

- **Nahrung:** Der schnelle Flieger ist ein eifriger Blütenbesucher. Er scheint eine Vorliebe für rosarote, violette und blaue Blüten wie Flockenblumen, Skabiosen, Witwenblumen, Rot-Klee, Kratzdisteln u. a. zu haben. Gelegentlich ist er aber auch an gelben Blüten zu finden. Er saugt gern an feuchten Stellen am Boden.
- **Eiablage:** Das ♀ legt die Eier einzeln auf Grasblättern der Nahrungspflanze ab. Als Orte werden eher karge, warme und trockene Stellen in der Vegetation gewählt.
- **Reviere:** Die ♂♂ sitzen häufig auf höheren Ansitzwarten, wie Blüten, Halmen o. Ä., und halten nach ♀♀ Ausschau, allerdings zeigen sie kein ausgesprochenes Revierverhalten.

Englisch: Silver-spotted Skipper

❄ Ei/Raupe

Flügelunterseite

Flügelunterseite

Raupe

Über die Lebensweise der Raupe ist nur wenig bekannt. Die gräuliche Raupe mit schwarzem Köpfchen, welches zwei helle Längslinien trägt, lebt in einem Gespinst aus zusammengesponnenen, vertrockneten und/oder frischen Grasblättern am Grund des Grasbüschels. Zur Verpuppung baut sie sich bodennah ein Gespinst, in dem auch Grasteile verwertet werden. In den meisten Regionen überwintert das Ei; es gibt aber Vermutungen, dass in höheren Lagen die Raupe überwintert.

- **Nahrung:** Bisher sind als Nahrung Schafschwingel, Aufrechte Trespe und Borstgras bekannt.

Flugzeit

Dieser Dickkopffalter fliegt in einer Generation. Die Individuendichte kann von Jahr zu Jahr stark schwanken.

	J	F	M	A	M	J	J	A	S	O	N	D
🦋												

Merkmale

- **Flügeloberseite:** Das ♂ trägt auf der Oberseite des Vorderflügels einen kräftigen Duftschuppenfleck, der meist in der Mitte etwas silbrig ist. Bei dem ähnlichen Rostfarbenen Dickkopffalter *(Ochlodes sylvanus)* fehlt dieser feine silbrige Streifen. Die Unterseite der Hinterflügel ist sehr variabel, allerdings sind die weißen oder gelben Flecke sehr deutlich abgesetzt und oft zumindest teilweise fein schwarz abgegrenzt, was beide Geschlechter vom ähnlich aussehenden Rostfarbenen Dickkopffalter unterscheidet.
- **Flügelrand:** Die Ränder sind dunkelbraun mit häufig hellerem Saum.
- **Ruhehaltung:** Bei schlechtem Wetter oder nachts ruhen sie oft mit zusammengeklappten Flügeln auf Blüten oder an Halmen.

Rostfarbener Dickkopffalter

Rostfarbiger Dickkopffalter, Gemeiner Dickkopffalter

Ochlodes sylvanus

Flügelunterseite

Vorkommen

Diese bei uns noch überall häufige und recht anpassungsfähige Art fliegt in nahezu allen naturbelassenen Gebieten von trocken bis sehr feucht. Besonders häufig finden wir sie in der Nähe von Hecken, Sträuchern und Büschen an Waldrändern und -wegen, auf Lichtungen, an Böschungen und Dämmen sowie an Gewässerufern.

Falter

Der Rostfarbene Dickkopffalter sucht blütenreiche Wiesen zur Nahrungsaufnahme auf und besiedelt neue für ihn geeignete Flächen wie z. B. naturbelassene Gärten. Durch die inzwischen vielerorts üblich gewordene Bereinigung von Straßenböschungen, Graben- und Wegrändern wird es auch für diesen anpassungsfähigen Falter immer schwieriger, Gebiete mit Altgras für die Entwicklung seiner Raupen zu finden.

- **Nahrung:** Er saugt bevorzugt an rosaroten, violetten und blauen Blüten wie Kratzdisteln, Rot-Klee, Witwenblumen, Flockenblumen, Skabiosen, Karthäuser Nelke, Minze, aber auch Hornklee und Brombeerblüten stehen auf der Liste der Nektarpflanzen.
- **Eiablage:** Das ♀ legt das halbkugelige, weißliche Ei meist auf die Oberseite des Blattes der Nahrungspflanze (siehe S. 22).
- **Reviere:** Das ♂ besetzt gerne etwas höhere Warten wie Blüten oder Blätter von Stauden oder Sträuchern und wartet auf vorbeifliegende ♀♀. Es verscheucht alle Falter, die in seine Nähe kommen, anschließend kehrt es in sein Revier zurück.

Raupe

Die hellgrüne, fein gestreifte Raupe mit dem braunen, beige gestreiften Köpfchen fertigt sich sofort nach dem Schlupf eine halb offene Röhre an. Aus diesem Versteck heraus benagt sie zunächst die feinere Spitze des Grasblattes. Später baut sie sich eine etwas größere Röhre. Sie überwintert bodennah im Grasbüschel in einem dichten Gespinst aus

Englisch: Large Skipper

❄ Raupe

Flügelunterseite

Grasblättern und Spinnfäden. Im Frühjahr beginnt sie wieder zu fressen, bevor sie sich in einem Gespinst zwischen Grashalmen und Blättern verpuppt. Die Fraßspuren an den Grasblättern sind etwas unregelmäßiger als die der bisher beschriebenen Arten.

› **Nahrung:** Als Nahrung sind unter anderem Wiesen-Knäuelgras, Fiederzwenke, Wiesen-Fuchsschwanz, Pfeifengras, Aufrechte Trespe und Rotes Straußgras bekannt.

Flugzeit
Er fliegt in einer Generation. In warmen Jahren erscheint er bereits Ende Mai. Der Hauptflug liegt in den Monaten Juni/Juli.

	J	F	M	A	M	J	J	A	S	O	N	D

Merkmale

› **Flügeloberseite:** Das ♂ zeigt einen recht kräftigen Duftschuppenfleck, der im Gegensatz zu dem des Kommafalters nicht silbrig schimmert. Die fast quadratischen, gelben Flecke sind häufig nur sehr schwach ausgebildet. Das etwas größere ♀ zeichnet sich durch deutlichere gelbe Flecke auf den Vorderflügeln aus.

› **Flügelunterseite:** Die gelben Flecke auf der Flügelunterseite sehen bei beiden Geschlechtern nur schwach oder verschwommen aus, während sie beim Kommafalter sehr deutlich, meist weiß, hervorgehoben sind und als Unterscheidungsmerkmal dienen.

› **Fühler:** Die Fühlerenden sind spitz und fast rechtwinklig nach außen gebogen (siehe S. 22).

› **Ruhehaltung:** Beim Sonnenbad zeigen sie die typische Dickkopffalter-Haltung: Hinterflügel ausgebreitet und die Vorderflügel nach oben gestellt.

Schwalbenschwanz

Papilio machaon

Art unverwechselbar

Vorkommen

Der sehr mobile Schwalbenschwanz scheint überall zu fliegen außer auf intensiv bewirtschafteten Flächen und in dichteren Wäldern. An lichten Stellen im Wald oder auf sonnigen Lichtungen dagegen ist er gelegentlich ebenfalls anzutreffen.

Falter

Dieser Falter scheint es eilig zu haben und immer unterwegs zu sein. Zwischendurch macht er an einer Blüte Rast, um dann wieder zu verschwinden.

Nahrung: Als Nektarquelle nutzt dieser Falter, was sich je nach Saison auf dem Weg bietet z. B. Rot-Klee, Löwenzahn, Kratzdisteln, und Witwenblumen. In Gärten besucht er Buddleja, Lavendel, Zinnien oder Phlox. An heißen Tagen saugt er gern an Pfützen oder feuchter Erde.

› **Eiablage:** Als Eiablageplatz bevorzugt das ♀ kleine Nahrungspflänzchen oder Sämlinge sowie einzeln bzw. am Rande stehende Pflanzen an warmen und trockenen Standorten. Gelegentlich sucht es Möhrenfelder oder Gemüse- oder Kräutergärten auf, in denen die Raupen bei der Ernte oft vernichtet werden. Das ♀ legt die kugeligen Eier einzeln im Flatterflug ab, was bei diesem großen Falter eher unbeholfen aussieht, besonders wenn es sich um sehr kleine Pflänzchen handelt.

› **Reviere:** Das ♂ sucht gern erhöhte Stellen wie z. B. Bergkuppen auf, um dort ♀♀ zu finden. Dieses Verhalten wird als Gipfelbalz, engl. Hilltopping, bezeichnet. Hier sitzt es auf etwas erhöhten Zweigen, Blüten oder Steinen, verscheucht Rivalen und verfolgt andere Falter. Gelegentlich unternimmt es ausgedehnte Suchflüge, um ein ♀ zu finden.

Raupe

Die sehr bunte Raupe ist unverwechselbar. Gelegentlich wird sie in Gärten gefunden, wo sie durch den Skelettfraß auffällt. Da die Raupen nur vereinzelt auftreten, richten sie keinen großen Schaden an. Kurz vor der Verpuppung macht sie sich auf die Suche nach einem

Englisch: Swallowtail

❄ Puppe

geeigneten Platz. Für die Überwinterung sucht sie bodennah in der Vegetation ein Versteck, wo sie, an Pflanzenteilen als Gürtelpuppe befestigt, bis zum folgenden Frühjahr ruht.

- **Nahrung:** Fast alle Nahrungspflanzen gehören zu den Doldenblütlern. Die wichtigsten im Freiland sind Wilde Möhre, Kleine Bibernelle, einige Haarstrangarten, Sichelblättriges Hasenohr, Wiesen-Silge und Giersch. Von den Kulturpflanzen werden Speise-Möhren, Petersilie, Dill und Fenchel genutzt. Sicherlich gibt es noch weitere Pflanzen, die als Nahrungspflanze infrage kommen.

Flugzeit
Der Schwalbenschwanz fliegt meist in zwei Generationen. Bei günstiger Witterung ist er bereits im April oder noch bis Mitte Oktober unterwegs.

	J	F	M	A	M	J	J	A	S	O	N	D

Merkmale

- **Flügeloberseite:** Die Zeichnung ist unverwechselbar. Im Flug kann dieser Ritterfalter mit seinem viel selteneren Verwandten, dem Segelfalter *(Iphiclides podalirius)*, verwechselt werden. Der Letztere hat jedoch einen anderen Flugstil, er segelt eher, wie der Name sagt, zudem ist er getigert gestreift und wirkt heller.
- **Flügelunterseite:** Auf der Unterseite scheint das Muster der Oberseite durch.
- **Flügelrand:** Die äußeren Flügelränder sind leicht gewellt. Die Hinterflügel haben je einen langen schwarzen Fortsatz, ein Schwänzchen. Der Außenrand der Vorderflügel des Segelfalters dagegen ist gerade, sein Schwänzchen ist länger.

Roter Apollo

Apollofalter

Parnassius apollo

Art unverwechselbar

Vorkommen

Der Apollofalter ist als einziger nicht tropischer Schmetterling im Washingtoner Artenschutzabkommen aufgeführt. In Deutschland gibt es laut Bundesamt für Naturschutz nur noch vier bis fünf nicht alpine Vorkommen. Ein inzwischen gut bekannter Standort befindet sich an der Mosel. Der Apollo ist ein Falter des Berglandes. Seine offenen Lebensräume sind sonnig, warm, nur karg bewachsen und steinig bzw. felsig oder als Ersatz mit Natursteinen oder Trockenmauern durchsetzt. Neben diesem besonderen Mikroklima, das sich in solchen Gebieten bildet, ist das reichliche Vorkommen der Nahrungspflanze für die Raupen wichtig sowie ein üppiges Blütenangebot für die Falter, denn beide haben einen hohen Nahrungsbedarf. Auf diese Art genau zugeschnittene Pflegemaßnahmen zeigen, dass eine solche Förderung Früchte trägt und die Populationen bisher stabil gehalten werden können.

Falter

- **Nahrung:** Die Falter sind sehr eifrige Blütenbesucher und nutzen neben den Blüten der Fetthenne gerne Kratzdisteln, Skabiosen, Flockenblumen und Witwenblumen.
- **Eiablage:** Das ♀ sucht in der Vegetation herumkletternd nach einem geeigneten Ablageplatz. Es legt die runden, hellen Eier meist einzeln an der Nahrungspflanze ab, gelegentlich werden sie auch an verdorrten Halmen oder an Steinen in der Nähe angeheftet, wo sie dann überwintern. Zwischendurch gibt es kleine Nektarpausen.
- **Reviere:** Die ♂♂ fliegen in ihrem Revier auf und ab auf der Suche nach paarungsbereiten ♀♀. Sie zeigen ein rituelles Balzverhalten vor der Paarung, die einige Stunden dauern kann.

Raupe

Die Raupen schlüpfen in den ersten warmen Tagen des Frühjahrs und ernähren sich zunächst von den zartesten Teilen der Nahrungspflanze. Sie fressen den

Englisch: Apollo

❄ Ei

ganzen Tag über mit kleinen Pausen, in denen sie sich je nach Witterung am Boden verstecken oder sich sonnen. Die schwarze Raupe mit den gelben Fleckenreihen an den Seiten macht sich kurz vor der Verpuppung auf die Suche nach einem geeigneten Platz. Dies kann zwischen Steinchen, unter Pflanzenpolstern oder im Sand sein, wo sie sich ein lockeres Gespinst anfertigt und dort einige Zeit als Puppe ruht, bevor sie im Juni/Juli schlüpft.

› **Nahrung:** Die wichtigste Nahrungspflanze ist die Weiße Fetthenne. Eine Alternative bietet die Große Fetthenne.

Flugzeit
Der Falter fliegt in einer langgestreckten Generation. Die Hauptflugzeit ist von der Witterung und der Höhenlage des Vorkommens abhängig und kann sich entsprechend verschieben.

	J	F	M	A	M	J	J	A	S	O	N	D
🦋						■	■	■	■			

Merkmale

› **Flügeloberseite:** Das ♂ ist oberseits weiß, das ♀ ist eierschalenfarben. Beide haben auf den Flügeln schwarze Flecke und einen transparenten Vorderflügelrand. Auf den Hinterflügeln befinden sich die bekannten roten Punkte. Trotz des Musters kann der Falter im Flug mit dem Baum-Weißling *(Aporia crataegi)* verwechselt werden.
› **Flügelunterseite:** Das Muster scheint auf der Unterseite durch.
› **Flügelrand:** Der Innenrand der Hinterflügel ist konkav, ein Merkmal der Ritterfalter.
› **Ruhehaltung:** Zur heißen Mittagszeit suchen sie den (Halb-)Schatten auf und ruhen mit geschlossenen Flügeln.

Schwarzer Apollo

Parnassius mnemosyne

Art unverwechselbar

Vorkommen

Die Vorkommen des Schwarzen Apollo sind in Deutschland stark geschrumpft. Er lebt in feuchten und strukturierten Gebieten, sodass wir ihn, bedingt durch das Vorkommen des Lerchensporns, in lichten Laub- oder Mischwäldern, auf Lichtungen oder an Waldrändern in allen Höhenlagen antreffen. Auch bei dieser Art spielt das Mikroklima eine große Rolle. Wichtig ist es, die Standorte der zum Aussterben bedrohten Art zu erhalten. Vielleicht gibt es ja noch einige bisher unentdeckte Stellen, an denen der eher unauffällige Falter fliegt.

Falter

- **Nahrung:** Der Schwarze Apollo saugt gern an Roter Lichtnelke, Wald-Witwenblume, Kratzdistel, Wald-Storchschnabel, Wicken, Günsel und Schlangen-Knöterich. Besonders das ♀ hat einen hohen Energiebedarf und braucht eine blütenreiche Umgebung.
- **Eiablage:** Es liegt in der Verantwortung des ♀, die richtige Eiablagestelle zu finden, denn zu seiner Flugzeit gibt es die Nahrungspflanze der Raupen nicht mehr. Es muss die Stellen aufspüren, an denen sich der knollige Wurzelstock der Pflanze unter der Erde befindet. Aus diesem Grund legt es die Eier ganz in der Nähe solcher Plätze ab. Für die Überwinterung werden sie an etwas festere Unterlagen, wie an verdorrten Stängeln und Zweigen oder Steinen abgelegt.
- **Reviere:** Das ♂ fliegt hektische Suchflüge dicht über der Vegetation, um potenzielle ♀ zu entdecken. Auf diese Weise spürt es ab und zu frisch geschlüpfte ♀ auf, mit denen es sich ohne große Balz verpaart.

Raupe

Die Raupe ähnelt stark der des Roten Apollo. Nachdem sie im Ei überwintert hat, schlüpft sie im Frühjahr zeitgleich mit dem Erscheinen ihrer Nahrungspflanze. Sie ist auf ein bestimmtes Mikroklima angewiesen und versucht, die Sonnenwärme optimal zu nutzen, indem sie warme Stellen am Boden oder an Steinen

Englisch: Clouded Apollo

❄ Ei

♀

aufsucht, um sich zu sonnen. Sie muss möglichst viel von der Pflanze fressen, solange diese noch als Nahrung zur Verfügung steht. Sie verwertet sowohl Blätter, Blüten, Fruchtstände und Stängel. Nach einer recht kurzen Entwicklungszeit, fertigt sie einen Kokon an, um darin die Puppenruhe zu verbringen. Ende Mai/ Anfang Juni schlüpfen die Falter.

› **Nahrung:** Die Hauptnahrung ist der Hohle Lerchensporn. Weitere Beobachtungen berichten von Raupen am Mittleren Lerchensporn.

Flugzeit

Der Schwarze Apollo fliegt in einer Generation. Je nach Witterung und Höhenlage des Vorkommens fällt die Hauptflugzeit in die Monate Juni/Juli.

	J	F	M	A	M	J	J	A	S	O	N	D
🦋												

Merkmale

› **Flügeloberseite:** Der weiße Falter ist schwarz geädert und hat einen transparenten Außenrand. Gegenüber dem ♀ ist das ♂ spärlicher gezeichnet. Im Flug kann er mit einigen Weißlingen, insbesondere mit dem Baum-Weißling *(Aporia crataegi)*, verwechselt werden.

› **Flügelunterseite:** Das dunkle Fleckenmuster der Oberseite scheint durch.

› **Flügelrand:** Die Innenränder der Hinterflügel verlaufen konkav.

› **Ruhehaltung:** Ruhend hält er die Flügel geschlossen. Häufig öffnet er weit die Flügel, um jeden Sonnenstrahl einzufangen. Manchmal bildet er Schlafgemeinschaften.

Tintenfleck-Weißlinge (Artenkomplex)

Senfweißling oder Leguminosen-Weißling, Reals Leguminosen-Weißling

Leptidea sinapis/reali/juvernica

Flügelunterseite

Vorkommen

Diese kleinen Falter sind in der Regel an mäßig trockenen bis feuchten, extensiv genutzten und blütenreichen Standorten zu finden. Dies sind vorwiegend sonnige, windgeschützte Waldränder und -wege, Lichtungen sowie Gewässer mit Gehölzen, Büschen und Sträuchern mit einem reichlichen Angebot an Nahrungs- und Nektarpflanzen.

Falter

- **Nahrung:** Sie sind eifrige Blütenbesucher. Je nach Flugsaison werden Gemeiner Hornklee, Löwenzahn, Hahnenfuß, Wiesen-Salbei, Günsel, Braunelle, Wicke u. a. besucht. Die ♂♂ saugen gern an feuchten Stellen oder Kot, wobei sie nicht selten gemeinsam mit Grünader-Weißlingen anzutreffen sind.
- **Eiablage:** Das ♀ legt die Eier, nach eingehender Prüfung der Nahrungspflanze, i. d. R. einzeln an der Blattunterseite der ab. Dies geschieht besonders an ganz jungen und zarten Blättchen.
- **Reviere:** Das ♂ fliegt die Umgebung nach noch nicht verpaarten ♀♀ ab, wobei alles, was in Größe und Farbe nach ♀ aussieht, angeflogen wird. Findet es ein ♀, landet es direkt vor ihm und beginnt das für diese Gattung typische Balzritual, in dem es den Saugrüssel ausrollt, ihn um das ♀ kreisen lässt und es mit den Fühlern betastet. Ist das ♀ zur Paarung bereit, signalisiert es mit dem Entgegenstrecken seines Hinterleibes seine Paarungsbereitschaft.

Englisch: Réal's Wood White, Wood White

❄ Puppe

♀

Raupe

Die grüne Raupe hat eine dunkle Rückenlinie und helle Seitenstreifen. Sie frisst nur an bestimmten Schmetterlingsblütlern und verpuppt sich als Gürtelpuppe an Stängeln oder Grashalmen nahe am Boden, wo sie auch überwintert.

› **Nahrung:** Zur Hauptnahrung gehören die Vogel-Wicke und der Gewöhnliche Hornklee.

Flugzeit

Die Tintenfleck-Weißlinge fliegen meist in zwei Generationen. In niederen Regionen und sehr warmen Jahren kann es zu einer unvollständigen dritten Generation kommen.

	J	F	M	A	M	J	J	A	S	O	N	D
Falter				■	■	■	■	■				

Merkmale

› **Flügeloberseite:** ♂♂ und ♀♀ unterscheiden sich durch die Zeichnung auf den Vorderflügeln. Die ♂♂ tragen einen dunkelgrauen bis schwarzen Fleck auf der Vorderflügelspitze. Der Fleck auf den Vorderflügeln der ♀♀ ist eher grau und wirkt verwaschen.

› **Flügelunterseite:** Die Unterseiten sind weißlich oder gelblich, unscharf dunkelgrau pigmentiert und lassen bei den ♂♂ oft den dunklen Fleck auf der Oberseite erkennen.

› **Ruhehaltung:** Die zarten Falter haben einen zierlichen, länger wirkenden Hinterleib. Sie sitzen selten mit weit geöffneten Flügeln ab. Meist sind sie geschlossen oder nur einen Spalt geöffnet. Im Flug und bei der Balz zeigen sie ihre Oberseite.

Aurorafalter

Anthocharis cardamines

♂

♂

Flügelunterseite

Art unverwechselbar

Vorkommen
Der recht kleine Frühjahrsfalter erscheint oft in Waldnähe oder zumindest dort, wo es Gehölze, Büsche oder Sträucher gibt. Er bevorzugt feuchtere Orte, fliegt gern an strukturierten Ufern von Bächen, Gräben, Tümpeln und Weihern, nur gelegentlich auch in trockeneren Gebieten oder in naturnahen Gärten am Ortsrand. In lichten Wäldern an breiten, sonnigen Waldwegen, in Schneisen, auf Lichtungen oder an Waldrändern mit angrenzenden blütenreichen Wiesen ist er am ehesten zu finden. Voraussetzung ist das Vorkommen der Nahrungs-/Nektarpflanzen.

Falter

› **Nahrung:** Der Aurorafalter ist ein eifriger Blütenbesucher, besonders das unstete ♂ legt auf seinen ständigen Suchflügen kurze Stopps ein, um zu saugen. Neben Wiesen-Schaumkraut, Knoblauchsrauke und Pfeilkresse nutzen sie auf ihren Flügen Gemeinen Hornklee, Wiesen-Platterbse, Zaun-/Vogel-Wicke und gelegentlich auch Veilchen.
› **Eiablage:** Das ♀ legt die Eier im Flatterflug dicht unter der Blüte an den Blütenstielchen oder den Knospen der Nahrungspflanze ab. Dabei handelt es sich oft um einzeln oder am Rand stehende Pflänzchen.
› **Reviere:** Die ♂♂ patrouillieren in Knie- bis Hüfthöhe an sonnigen Säumen im oder am Wald, an Ufern oder Wiesenrändern auf der Suche nach ♀♀. Alles, was dem ♀ in Farbe und Form ähnelt, ist einen Anflug wert. Erkennt es seinen Irrtum, fliegt es hektisch weiter. Ein potenzielles ♀ wird umschwirrt. Schnell signalisiert das ♀, ob es paarungsbereit ist. Als Abwehr öffnet es weit die Flügel und streckt den Hinterleib senkrecht nach oben. Ist das ♂ zu hartnäckig, wird es mit Flügelschlägen abgewehrt oder das ♀ flüchtet.

Raupe
Die erwachsene blaugrüne Raupe hat an den Seiten einen hellen Streifen, der nach unten hin weiß wird und eine scharfe

Englisch: Orange Tip

❄ Puppe

♀

♀

Flügelunterseite

Grenze zum dunkelgrünen Bauch bildet Dadurch ist sie im Licht- und Schattenspiel am Stängel gut getarnt. Sie frisst erst an den Blüten, danach an den Schoten der Pflanze. Sie überwintert als Gürtelpuppe an einem Pflanzenstängel.

- **Nahrung:** Wichtige Nahrungspflanzen sind das Wiesen-Schaumkraut, Knoblauchsrauke und Pfeilkresse. Vereinzelt werden auch andere Kreuzblütler belegt.

Flugzeit

Der Falter fliegt in einer Generation. Er erscheint im Frühjahr mit der Blüte des Wiesen-Schaumkrauts. Je nach Witterung und Höhenlage kann das bereits im März oder erst im Juni sein, sodass sich die Hauptflugzeit entsprechend nach hinten verschiebt.

	J	F	M	A	M	J	J	A	S	O	N	D
🦋												

Merkmale

- **Flügeloberseite:** Das ♂ ist oberseits mit seiner orangeroten Färbung unverwechselbar. Das weiße, schwarz gezeichnete ♀ kann mit anderen Weißlingen, insbesondere mit dem selteneren Resedafalter *(Pontia edusa)* verwechselt werden.
- **Flügelunterseite:** Beide Geschlechter haben auf den weißen Hinterflügeln eine olivgrüne Marmorierung.
- **Flügelrand:** Die Vorderflügel sind enger schwarz-weiß gescheckt als die Hinterflügel, was die Flügelränder von Weitem gekerbt aussehen lässt.
- **Ruhehaltung:** Beim Blütenbesuch sind die Flügel oft leicht oder ganz geöffnet.

Baum-Weißling

Aporia crataegi

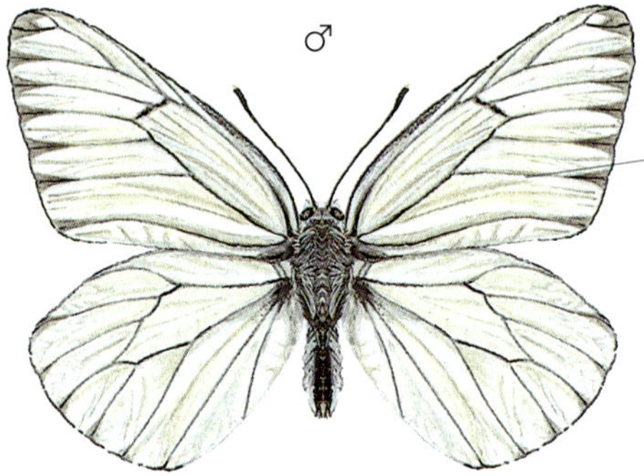

Vorkommen

In einigen Regionen Deutschlands fehlt der Baum-Weißling, in anderen tritt er nur sporadisch auf. In manchen Jahren fliegt er in einigen Gebieten in hoher Dichte, dann ist er fast wieder verschwunden. Dieses Phänomen ist bis heute noch rätselhaft. Der sehr mobile Falter ist sowohl an lichten Stellen im Wald, an Waldrändern als auch im Offenland mit Feldgehölzen, Büschen und Sträuchern zu finden. Nicht selten fliegt er an Straßen- und Uferböschungen und auf Dämmen. Voraussetzung sind junge Bestände der Nahrungspflanzen.

Falter

Er ist ein ausdauernder Flieger und besonders bei warmem Wetter sehr rastlos.

› **Nahrung:** Er ist ein eifriger Blütenbesucher. Die meisten Nektarpflanzen haben blaue, rote oder violette Blüten wie Rot-Klee, Wiesen-Salbei, Schlangen-Knöterich, Natternkopf, Storchschnabel, Kratzdistel, Witwenblumen u. a. Gelegentlich saugt er an feuchten Stellen am Boden.

› **Eiablage:** Das ♀ legt die gelben Eier in Eispiegeln auf der Oberseite des Blattes ab. Die kleinen gelben Häufchen sind meist gut zu sehen. Es bevorzugt junge Pflanzen, an gut besonnten und windgeschützten Standorten.

› **Reviere:** Die ♂♂ fliegen die Fortpflanzungsgebiete ab, um auf frisch geschlüpfte ♀♀ zu treffen, so gelingt manche Paarung noch neben der leeren Puppenhaut. Blüten sind ebenfalls beliebte Paarungsorte.

Raupe

Die Raupe ist grauschwarz und stark behaart. Auf dem Rücken befinden sich zwei rotbraune, unterbrochene Längsstreifen. Ab und zu werden sie mit den Raupen des Goldafters, einem Nachtfalter, verwechselt, mit denen sie gemeinsam z. B. am Weißdorn fressen. Die Raupen sind sehr gesellig und bilden kleine Gespinste zwischen zusammengesponnenen Blättern an den Zweigspitzen der Nahrungspflanze, in denen sie auch überwintern. Später verpuppen sie sich

Englisch: Black-veined White

❄ Raupe

an den Zweigen oder Stämmchen ihrer Pflanze. Die Puppe ist auffällig weißgelb mit kräftig schwarzer Fleckenzeichnung.

› **Nahrung:** Die Eiablagen erfolgen hauptsächlich an Weißdorn und Schlehe. Gelegentlich werden auch Eberesche, Heckenrose oder Obstbäume gewählt.

Flugzeit

Der Baum-Weißling fliegt in einer Generation. In warmen Jahren kann er im Tiefland bereits Ende Mai erscheinen, in höheren Lagen ist er vereinzelt noch im August zu sehen.

	J	F	M	A	M	J	J	A	S	O	N	D
🦋						■	■					

Merkmale

› **Flügeloberseite:** Der recht große Falter ist weiß mit schwarzen Adern. Beim ♀ wirken die Flügel transparenter, da sie spärlicher beschuppt sind. Im Flug kann er mit dem seltenen Schwarzen Apollo verwechselt werden.

› **Flügelunterseite:** Die Unterseiten sind wie die Oberseiten der Flügel weiß und schwarz geädert.

› **Flügelrand:** Die Flügelränder haben eine feine schwarze Saumlinie.

› **Ruhehaltung:** Der Baum-Weißling ruht meist auf Blüten, manchmal bilden sie Schlafgemeinschaften.

Großer Kohlweißling

Pieris brassicae

Vorkommen

Der Große Kohlweißling ist ein kleiner Vagabund. Er fliegt überall und in allen Höhenlagen: im lichten Wald entlang sonniger Waldwege, auf Lichtungen, an Waldrändern, im Offenland auf blütenreichen Wiesen, in Siedlungen, besonders gern in Gemüse- und Kleingärten. Als Kulturfolger fliegt er durch Gärten und Parks und nutzt hauptsächlich die vom Menschen angebauten Kohlarten zur Eiablage.

Falter

In der Vergangenheit kam es des Öfteren zu Massenvermehrungen, die zu großen Wanderbewegungen der Falter führten, was nach Zeugenaussagen sehr beeindruckend gewesen sein muss. Auf seinem Flug nimmt er jede Gelegenheit wahr, um an Blüten zu saugen.

- **Nahrung:** Das Spektrum der Nektarblüten ist groß. Im Freiland werden Wiesen-Storchschnabel, Witwenblume, Berufkraut, Acker-Kratzdistel, Blutweiderich und andere meist blaue und violette Blüten angeflogen. Ebenso besucht werden Klee-, Luzerne- und Phacelienfelder. In den Gärten sind es Flieder, Buddleja, Lavendel, Zinnien und viele mehr.
- **Eiablage:** Die früh fliegenden ♀♀ wählen zur Eiablage Kreuzblütler. Sie legen die gelben Eier zu recht vielen in Eispiegeln an der Blattunterseite der Nahrungspflanze an sonnigen Standorten ab.

Raupe

Die erwachsenen Raupen sind gelblich, schwarz gefleckt und weiß behaart. Ihr weißes Köpfchen ist schwarz gesprenkelt. Sie leben gesellig und schaben zunächst an den Blättern. Sobald sie größer sind, fressen sie an den Blatträndern. Da sie vom Kohl nur die äußeren Blätter anfressen, richten sie kaum großen Schaden an. Gelegentlich können wir sie auf der Suche nach einem Verpuppungsplatz beobachten. Es kommt durchaus vor, dass sie sich Plätze an Holzzäunen oder Hauswänden aussuchen. Von der letzten Generation überwintern die Puppen.

Englisch: Great White

❄ Puppe

♀

Diese sind auffällig grünlich oder gelblich weiß mit vielen schwarzen Punkten.

› **Nahrung:** Bevorzugt werden Weißkohl, Rosenkohl, Blumenkohl, Wirsing, Kohlrabi und Kapuzinerkresse. Die Raupen der ersten Generation fressen an Kreuzblütlern wie Barbara-Kraut und Knoblauchsrauke.

Flugzeit

Der Falter fliegt in 1 bis 3 Generationen. Meist erscheint er vier Wochen nach dem Kleinen Kohlweißling, was in warmen Jahren bereits Ende April sein kann. In kühleren und höheren Gebieten verschiebt sich die Flugzeit nach hinten, dort gibt es nur zwei Generationen.

	J	F	M	A	M	J	J	A	S	O	N	D
🦋					■	■	■	■	■	■		

Merkmale

› **Flügeloberseite:** Das Schwarz der Flügelspitzen dehnt sich bis ca. zur Hälfte der Vorderflügel aus. Das ♀ hat zusätzlich zwei schwarze Flecke und am Innenrand einen schwarzen Wisch. Die Zeichnung und seine Größe unterscheiden ihn vom Kleinen Kohlweißling *(Pieris rapae)*. Das ♂ ist noch einfacher zu bestimmen, ihm fehlen jegliche Punkte.

› **Flügelunterseite:** Die Unterseite der Hinterflügel ist gelb und etwas gräulich gesprenkelt. Die schwarzen Flecke des ♀ scheinen durch. Die Spitzen der weißen Vorderflügel sind gelb, wobei sich dieser Bereich bis ca. zur Hälfte der Flügel ausdehnt.

› **Flügelrand:** Der Außenrand der Vorderflügel verläuft gerade.

Kleiner Kohlweißling

Pieris rapae

Vorkommen

Ähnlich seinem großer Bruder, streift dieser sehr häufige Falter weit umher und erschließt sich neue Lebensräume. Als Kulturfolger hält er sich gern in der Nähe von Städten und Siedlungen auf, in denen er in den Gärten, Parks und Wiesen reichlich Nektar findet. Für die Nachkommen sind Äcker und Gemüsegärten ideale Lebensräume, obwohl die Raupen nicht nur an Kohlsorten, sondern auch an etlichen Kreuzblütlern im Freiland leben. Da sie weit umherfliegen, sehen wir sie ebenso in den unterschiedlichsten Naturräumen, wie an Waldwegen und -rändern, auf Lichtungen, blütenreichen Wiesen oder Brachen.

Falter

- **Nahrung:** Er ist ein eifriger Blütenbesucher. Er saugt gern an feuchten Bodenstellen, häufig zusammen mit Grünader-Weißlingen.
- **Eiablage:** Das ♀ legt die gelben Eier einzeln oder paarweise, selten zu mehreren, je nach Pflanze auf die Blattunterseite oder -oberseite. Als Eiablageplatz werden sonnige, windgeschützte Pflanzen an gut zugänglichen Stellen z. B. auf Äckern, in Gärten, an Straßenrändern o. Ä. gewählt.
- **Revier:** Das ♂ ist etwas standorttreuer als das ♀, dennoch fliegt es große Flächen ab, seien es die Lebensräume der Raupen oder die Nektargebiete. Nicht selten finden sich auf diese Weise die beiden Geschlechter. Das ♂ reagiert auf die Farbe Weiß in der Hoffnung auf ein ♀. Der Balzflug ist unspektakulär: aufgeregt flattert es über dem ♀, manchmal umkreist es das ♀, wobei dieses zunächst einmal mit Abwehr reagiert, indem es den Hinterleib hochstreckt. Die Paarung findet oft versteckt in der niederen Vegetation, gelegentlich auch auf Sträuchern statt.

Raupe

Die fein behaarte fahlgrüne Raupe mit einer dünnen gelben Rückenlinie ist gut getarnt. Im Gegensatz zum Großen Kohlweißling dringt sie bis in das Herzstück

Englisch: Small White

❄ Puppe

♀

Flügelunterseite

des Kohls vor, womit sie sich besonders bei den Gemüsebauern unbeliebt macht. Viele Raupen leben jedoch an Pflanzen im Freiland. Dadurch, dass sie nicht gesellig leben, werden sie häufig übersehen. Die Raupen der letzten Generation überwintern als Puppe.
Nahrung: Als Nahrung werden die senfölhaltigen Kreuzblütler wie z. B. Acker-Senf, Acker-Hellerkraut, Weg-Rauke sowie etliche Kohlarten, Raps und in den Gärten oft die Große Kapuzinerkresse genutzt.

Flugzeit
Je nach Klima und Witterung bildet diese Art bis zu vier Generationen. In warmen Jahren fliegen sie schon ab Mitte März und können bis in den Oktober hinein gesehen werden.

	J	F	M	A	M	J	J	A	S	O	N	D

Merkmale

- **Flügeloberseite:** Die Flügelspitze der Vorderflügel ist grauschwarz, aber nicht so weit ausgedehnt wie beim Großen Kohlweißling. Das ♂ hat einen Fleck, das ♀ zwei Flecke auf den Vorderflügeln. ♂♂ und ♀♀ können mit dem noch seltenen Karst-Weißling *(Pieris mannii)* verwechselt werden, hier sind die Form der Flecke und die Ausdehnung der schwarzen Flügelspitze zur Bestimmung aufschlussreich.
- **Flügelunterseite:** Der innere Bereich der hellgelben Hinterflügel ist stärker gräulich beschuppt.
- **Flügelrand:** Die Außenränder der Vorderflügel verlaufen recht gerade im Gegensatz zum ähnlichen Karst-Weißling, dessen Vorderflügel etwas runder sind.
- **Ruhehaltung:** Zur Nachtruhe suchen sie häufig offene Flächen außerorts wie z. B. Äcker auf.

Grünader-Weißling

Raps-Weißling

Pieris napi

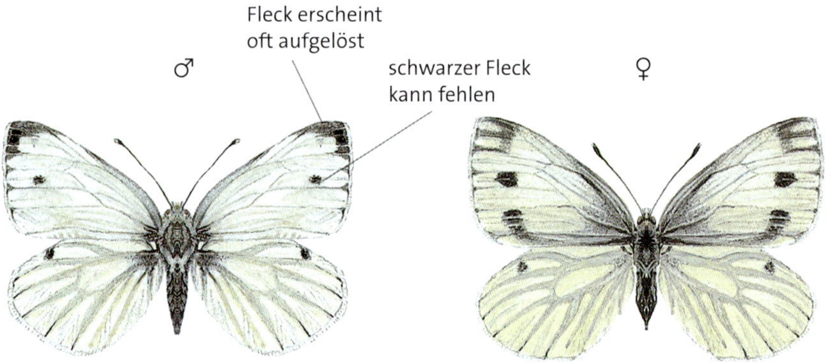

Vorkommen

In vielen Regionen gehört der Grünader-Weißling mit dem Kleinen Kohlweißling zur häufigsten Falterart. Entsprechend können wir ihn in den unterschiedlichsten Lebensräumen antreffen, allerdings hat er eine besondere Beziehung zum Wald oder zumindest zu Gebieten mit Baumbestand oder ausreichend Büschen, Sträuchern und Hecken in der Nähe. Er fliegt zwar auch in trockenen Gebieten, bevorzugt dennoch feuchtere Bereiche, besonders als Eiablageplatz. Die gewählten Nahrungspflanzen wachsen oft an feuchteren, nährstoffreichen und halbschattigen Standorten.

Falter

› **Nahrung:** Dieser Weißling ist ein eifriger Blütenbesucher, der, wie auch die Kohlweißlinge, all die Nektarpflanzen nutzt, die sich ihm auf seinem Flug bieten. Gern saugt er an feuchten Bodenstellen, an nassen oder bemoosten Steinen, aber ebenso an Kot.

› **Eiablage:** Das ♀ legt die hellgelben Eier meist einzeln an der Blattunterseite der Pflanze ab. Häufig klettert es tief in die Vegetation hinunter, um an Keimlinge zu kommen. Schattige, windgeschützte und luftfeuchte Plätze werden bevorzugt.

› **Revier:** Das ♂ patrouilliert ausdauernd meist in Eiablagegebieten und fliegt alles an, was weiß ist und einem ♀ ähnelt. Auch die ♀ des Grünader-Weißlings wehrt das ♂ ab, indem es die Flügel aufklappt und den Hinterleib nach oben streckt.

Raupe

Die grüne, fein behaarte Raupe mit den gelb umrandeten Stigmen ist sehr unauffällig und an ihrer Nahrungspflanze gut getarnt. Als Jungraupe frisst sie zunächst an Blättern, später auch an den heranreifenden Schötchen. Die Verpuppung erfolgt oft an den Stängeln der Pflanzen. Die Puppen der letzten Generation überwintern.

Englisch: Green-veined White

❄ Puppe

♀

Flügeloberseite
2. Generation

♀

Adern graugrün markiert, im Sommer oft reduziert

Flügelunterseite
1. Generation

› **Nahrung:** Die Hauptnahrungspflanzen scheinen die Knoblauchsrauke und das Wiesen-Schaumkraut zu sein, daneben werden einige andere Kreuzblütler wie das Bittere Schaumkraut, Spring-Schaumkraut, Gewöhnliches Barbarakraut genutzt, selten gehören Kulturpflanzen zur Nahrung der Raupen.

Flugzeit
Diese Art fliegt je nach Höhenlage und Witterung in zwei bis drei, selten in vier Generationen. In warmen Jahren kann er als erster Weißling schon im März erscheinen, gelegentlich ist er noch im November zu sehen.

	J	F	M	A	M	J	J	A	S	O	N	D
🦋				■	■	■	■	■	■			

Merkmale

› **Flügeloberseite:** Die Vorderflügelspitzen sind grauschwarz, manchmal weiß durchsetzt. Die Zeichnung scheint sich in kleinen Dreiecken am Rand entlang zu ziehen. Das ♂ hat einen Punkt, der u. U. fehlen kann, das ♀ hat zwei etwas größere Flecke, die in der Form variieren können. Die ersten Generationen der ♀♀ zeigen oberseits oft deutlich dunkle Adern.

› **Flügelunterseite:** Eindeutiges Bestimmungsmerkmal sind die graugrün beschuppten Adern auf den weißlichen oder hellgelben Hinterflügeln, die bei der erste Generation sehr ausgeprägt sein können.

› **Ruhehaltung:** Zum Schlafen verstecken sie sich entweder in der niederen Vegetation oder geschützt im Gebüsch.

Karst-Weißling

Pieris mannii

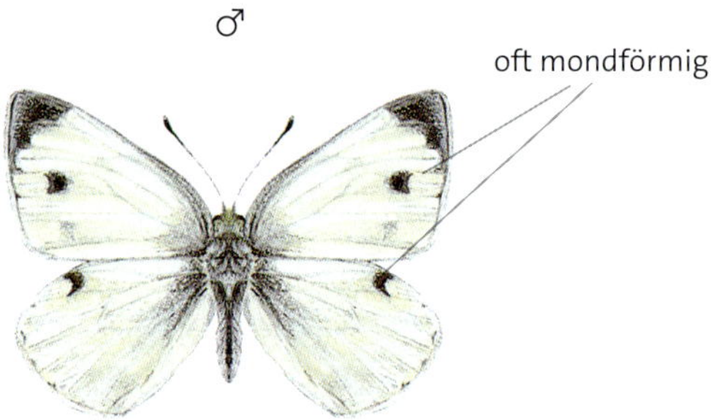

1. Generation

Flügeloberseite
2. Generation

Art im Feld schwer zu bestimmen

Vorkommen [!]
Die Heimat des Karst-Weißlings ist eigentlich der Mittelmeerraum. Seit 2008, wo er erstmalig am Hochrein (BW) gesichtet wurde, breitet er sich von Süden über die Schweiz kommend in Deutschland aus. Nord-Bayern, Südliche Rheinland-Pfalz und das südliche Saarland bilden in etwa bisher die nördliche Grenze. Es sind nicht nur vereinzelte Funde, denn es gibt inzwischen in Baden-Württemberg und Bayern Bereiche, die fast flächendeckend besiedelt werden. Erfahrungswerte über den kleinen Südländer sind in Deutschland noch rar. Die Aussage, dass dieser Falter standorttreu sei, muss noch einmal überdacht werden. Spannend ist die Frage, wie weit er sich nach Norden hin ausbreiten wird. Ähnlich wie beim Kurzschwänzigen Bläuling wird seine Ausbreitung in den letzten Jahren dem Klimawandel zugeschrieben. Der Karst-Weißling mag es eigentlich trocken und warm. Bisher bevorzugte er felsige Gebiete, im Flachland gerne Weinberge und Olivenhaine. In Deutschland scheint er sich von Garten zu Garten, insbesondere Steingärten zu hangeln, denn die bisher bekannte Nahrungspflanze ist die Schleifenblume, die in solchen Gärten zu finden ist. So ist es nicht verwunderlich, dass die meisten Nachweise aus Siedlungen stammen.

Falter
Der Karst-Weißling ist leicht mit dem Kl. Kohlweißling zu verwechseln. Die Bestimmung ist selbst für erfahrene Beobachter nicht immer einfach, da die einzelnen Generationen in der Färbung unterschiedlich ausgeprägt sein können, und dies gilt für beide Arten. Allerdings gibt es einige Merkmale, die, wenn sie in Kombination auftreten, oftmals eine Bestimmung zulassen.

- **Nahrung:** Als Nektarspender wurden einige Kreuzblütler, Lavendel und Buddleja in den Gärten beobachtet. Als Falter mit mehreren Generationen dürfte sich die Auswahl auch anderer Pflanzen je nach Saison verändern.

Englisch: Southern Small White

❄ Puppe

♀

Flügeloberseite
2. Generation

♀

Flügelunterseite
1. Generation

› **Eiablage:** Das ♀ legt die weißlich gelben Eier an frische Triebe von gut besonnten Nahrungspflanzen.

Raupe [!]
Die grüne Raupe ist der des Kleinen Kohlweißlings sehr ähnlich. Im Gegensatz zu dieser hat jedoch die Jungraupe des Karst-Weißlings in den ersten beiden Stadien ihrer Entwicklung einen schwarzen Kopf, dies ist ohne Zweifel die sicherste Methode der Bestimmung.
Nahrung: Hauptsächlich die Immergrüne Schleifenblume wird zur Eiablage genutzt. Aus Baden-Württemberg ist noch die Schmalblättrige Doppelsame bekannt. Ob weitere Kreuzblütler infrage kommen, wird die Zukunft zeigen.

Flugzeit
Der Karst-Weißling bildet bis zu drei Generationen aus.

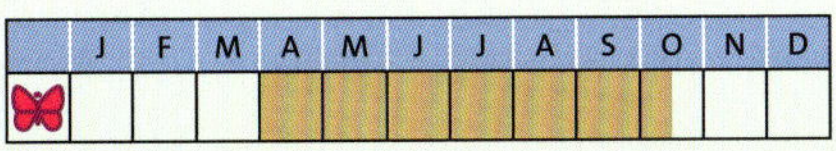

Merkmale

› **Flügeloberseite:** Die Ähnlichkeit mit dem Kleinen Kohlweißling zwingt uns, u. a. die schwarzen Flügelspitzen genau zu betrachten. Beim Karst-Weißling reichen sie bis zur Oberkante des oberen, meist viereckigen und größeren Fleckes. Der Fleck beim Kl. Kohlweißling ist insgesamt runder. Das ♀ hat zwei solcher eckigen Flecke.

› **Flügelunterseite:** Die gelblichen Unterseiten der Hinterflügel sind meist einheitlich grau bestäubt, das heißt, die grauen Schüppchen reichen bis zum Außenrand, während sich die Bestäubung bei Kl. Kohlweißling von der Mitte her nach außen hin verliert.

› **Flügelrand:** Die Flügelspitzen des Karst-Weißlings sind etwas runder, auch der Außenrand des Vorderflügels ist rundlicher.

Wander-Gelbling

Postillion

Colias croceus

♂

Art unverwechselbar

♂

Flügelunterseite

Vorkommen
Der Wander-Gelbling bevorzugt das offene Land mit vielen Schmetterlingsblütlern, besonders Klee- oder Luzernefelder, denn hier findet er Nektar und Pflanzen zur Eiablage. An Ortsrändern oder in kleineren Ortschaften ist er gelegentlich auf Parkplätzen mit Rasengittersteinen zu finden, deren Steine Wärme abgeben und wo er zudem niedrig blühende Pflanzen nutzt.

Falter
Der Wanderfalter, fliegt alljährlich mehr oder weniger stark nach Deutschland ein. Von dem kleinen Wandergesellen weiß man verhältnismäßig wenig. Ab und zu gelingt es dem Nachwuchs sich über milde Winter zu retten, das ist jedoch eher die Ausnahme. Die Sommer- und Herbstfalter können zum einen die Nachkommen der früh eingewanderten Falter oder spätere Zuwanderer sein. Es gibt Jahre, da sehen wir sie sehr häufig, in anderen sind sie nur seltene Gäste.

› **Nahrung:** Am häufigsten besuchen sie niederwüchsige Pflanzen wie Löwenzahn, Hornklee, Rot-Klee, Luzerne und Wicke, aber auch Witwen- und Flockenblumen oder Kratzdisteln werden angeflogen, besonders wenn sie nach der Mahd nicht mehr so hoch sind. In Klein- oder Hausgärten nascht er an Tagetes, Ringelblume, Zinnie u. a.
› **Eiablage:** Das ♀ legt die Eier oft bodennah an Pflanzen, die sonnig und geschützt stehen, ab. Besonders im Herbst sind diese Plätze begehrt.
› **Revier:** Auf der Suche nach ♀♀ patrouillieren die ♂♂ im Zickzackflug über den Wiesen oder Klee-/Luzernefeldern.

Englisch: Clouded Yellow

❄ Raupe

♀

♀

weißliche Form

Raupe
Die olivgrüne Raupe mit den hellen Seitenstreifen kann mit denen anderer Gelblingsarten verwechselt werden. Die Jungraupe sitzt gut getarnt auf der Mittelrippe des Blättchens. Sie verpuppt sich an der Nahrungspflanze oder in ihrer Nähe.

- **Nahrung:** Als Nahrung sind bei uns Rot-Klee, Luzerne, Gewöhnlicher Hornklee und die Bunte Kronwicke bekannt. Wahrscheinlich kommen noch weitere Schmetterlingsblütler infrage.

Flugzeit
In warmen Jahren bilden sie bis zu zwei Generationen. Da die Zuwanderer erst ab Mai/Juni einfliegen, handelt es sich bei früheren Faltern um solche, deren Raupen den Winter überstanden haben. Bei milder Witterung sind sie noch im November unterwegs.

	J	F	M	A	M	J	J	A	S	O	N	D

Merkmale

- **Flügeloberseite:** Das ♂ mit der leuchtend orangefarbenen Oberseite und der schwarzen Randbinde ist nur mit dem seltenen Regensburger Gelbling *(Colias myrmidone)* zu verwechseln. Das ♀ ist ebenfalls orange, allerdings gibt es eine helle Variante, die mit anderen Gelblingen verwechselt werden kann. Ihre schwarze Binde ist gelb gefleckt.
- **Flügelunterseite:** Die Unterseiten sind gelb bis grüngelb. Im Gegenlicht scheint der orange Farbton der Vorderflügel gut durch, ansonsten ist der Bereich kräftig gelb, während er bei den anderen Gelblingen hellgelb bis weiß ist.
- **Ruhehaltung:** Die Flügeloberseiten sehen wir nur im Flug oder bei der Balz. Beim Sonnenbad legt sich der Falter mit geschlossenen Flügeln schräg zur Sonne, was wir besonders an kühlen Herbsttagen beobachten können.

Weißklee-Gelbling/Hufeisenklee-Gelbling (Artenkomplex)

Goldene Acht, Gemeiner Heufalter, Wiesen-Heufalter/ Hufeisenklee-Heufalter

Colias hyale/Colias alfacariensis

Vorkommen

Diese Gelblinge fliegen in offenen, blütenreichen Landschaften. Sie mögen es warm und trocken, besonders als Fortpflanzungsgebiet. Während die Hufeisenklee-Gelblinge eher standorttreu sind, fliegen die Weißklee-Gelblinge auch weitere Strecken, um ihren Nektarbedarf zu decken, und sind nicht nur auf extensiv bewirtschafteten Wiesen und Weiden, sondern gelegentlich auf Feuchtwiesen und häufig auf Klee- und Luzernefeldern zu sehen.

Falter

- **Nahrung:** Diese Gelblinge sind eifrige Blütenbesucher, da sie durch ihre rastlosen Flüge einen hohen Energiebedarf haben. Je nach Saison werden rote und blauviolette Blüten, aber auch gelbe und weiße angeflogen.
- **Eiablage:** Für den Nachwuchs suchen die ♀♀ Nahrungspflanzen an warmen, sonnigen und nur karg bewachsenen Orten auf. Bevorzugt werden neu ausgetriebene Pflänzchen am Rand von Wegen oder Trampelpfaden, auf Brachen, an Böschungen oder auf Dämmen. Die ♀♀ legen die Eier meist einzeln auf der Blattoberseite ab.
- **Revier:** Die ♂♂ fliegen ihr Revier in schnellen Suchflügen nach ♀♀ ab, gelegentlich ihre Energie an Blüten auftankend.

Raupe

Die Raupen der beiden Arten liefern den sichersten Nachweis für das Vorkommen des Hufeisenklee-Gelblings. Während die grüne Raupe des Weißklee-Gelblings mit der des Wandergelblings verwechselt werden kann, ist die Raupe des Hufeisenklee-Gelblings eindeutig zu bestimmen. Ab dem zweiten Stadium hat sie vier kräftig gelbe Längsstreifen und auf jedem Abschnitt, jeweils an den gelben Streifen anliegend, schwarze Flecke. Sie fressen meist nachts und verpuppen sich an den Stängeln der Nahrungspflanze oder in ihrer Nähe.

Englisch: Pale Clouded Yellow/
Berger's Clouded Yellow

❄ Raupe

Colias alfacariensis

- **Nahrung: Weißklee-Gelbling:** Weißklee, Luzerne, Hopfen-Klee, Gemeiner Hornklee und Bunte Kronwicke. **Hufeisenklee-Gelbling:** Hufeisen-Klee.

Flugzeit
Beide Arten bilden 2 Generationen, in warmen Jahren/Regionen kann es zu einer 3. Generation kommen. Die ersten Falter erscheinen im April, gelegentlich fliegen vereinzelt Tiere noch an warmen Novembertagen.

	J	F	M	A	M	J	J	A	S	O	N	D
Falter				■	■	■	■	■	■	■		

Merkmale

- **Flügeloberseite:** Die ♂♂ sind oberseits gelb, die ♀♀ weißlich. Beide haben schwarze, weißlich oder gelblich unterbrochene Flügelspitzen, einen schwarzen Fleck auf den Vorder- und einen orangefarbenen Tupfer auf den Hinterflügeln. Während frische ♂♂ eher Aufschluss über die Art geben können, ist es bei den ♀♀ nahezu unmöglich. Auch die Verwechselungsgefahr mit dem ♀ (helle Farbvariante) des Wander-Gelblings ist sehr hoch.
- **Flügelunterseite:** Die Unterseiten sind gelb oder grünlich gelb. Die Vorderflügel bei den ♀ sind, außer an den Spitzen, hellgelb bis weißlich.
- **Ruhehaltung:** Wie für die Gattung charakteristisch, neigen sie die zusammengeklappten Flügel in einem 90°-Winkel zur Sonne, dabei kann es vorkommen, dass sie fast flach am Boden liegen.

Zitronenfalter

Gonepteryx rhamni

♂

Art unverwechselbar

Vorkommen

Der Zitronenfalter ist an Wald oder Gehölzen mit Gebüsch, Sträuchern und Hecken gebunden. Auf der Suche nach geeigneten Eiablageplätzen und nach Nektar fliegt er weitere Strecken und streift dabei ab und zu durch Gärten. Eintöniges Offenland wird gemieden.

Falter

Der gut bekannte und recht häufige Zitronenfalter zählt zu den langlebigsten unserer Schmetterlinge. Zur Überwinterung sucht er sich einen Zweig, Stängel oder Halm am Waldrand oder im Wald, meist in der Nähe des Bodens oder im Dickicht des Efeus. An den ersten warmen Tagen sehen wir den gelben Gaukler auf Nahrungssuche umherflattern. Zunächst sind es nur ♂♂, welche ausdauernd entlang von Büschen und Bäumen nach ♀♀ Ausschau halten.

- **Nahrung:** Im Frühling sind es die Blüten von Frühblühern wie Seidelbast, Huflattich, Veilchen, dann Wiesen-Schaumkraut, Scharbockskraut und Löwenzahn. Im Sommer saugen sie vorwiegend an roten oder violetten Blüten wie Wasserdost, Kratzdistel, Klette, Blutweiderich.
- **Eiablage:** Hat das ♀ eine geeignete Nahrungspflanze im Halbschatten gefunden, fliegt es sehr sorgfältig die Triebe ab, bis es an einer passenden Stelle die hellgelben Eier einzeln oder paarweise ablegt. Dies kann ein Zweig nahe der Blattknospe oder die Unterseite eines bereits ausgetriebenen Blättchens sein.
- **Revier:** Im Frühjahr patrouillieren die ♂♂ an sonnigen und warmen Wald- und Wegrändern auf der Suche nach ♀♀, dabei erwecken sie den Eindruck, immer in Eile zu sein.

Raupe

Die zunächst gelbgrüne Jungraupe sitzt auf der Blattunterseite und frisst Löcher ins Blättchen, durch die sie später auf die Oberseite gelangt. In den Fresspausen ruht sie auf der Mittelrippe, wo sie hervorragend getarnt ist. Die erwachsene Raupe ist grün mit feinen schwarzen Pünktchen und hellen Seiten, die sich am grünen

Englisch: Brimstone

❄ Falter

♀

Bauch scharf abgrenzen. Auch sie ruht auf der Mittelrippe, den Oberkörper vom Blatt leicht abgehoben. Sie verpuppt sich an der Nahrungspflanze oder in ihrer Nähe, wo sie im Juli/August schlüpft.

- **Nahrung:** Als Nahrung dienen hauptsächlich die zarten Blättchen des Faulbaums oder die des Kreuzdorns.

Flugzeit

Diese Art bildet nur eine Generation aus. An warmen Tagen fliegt der Falter schon im Februar, selten ist er noch im November zu sehen.

	J	F	M	A	M	J	J	A	S	O	N	D

Merkmale

- **Flügeloberseite:** Das ♂ ist oberseits kräftig gelb, das ♀ weißgelb. Auf den Flügeln tragen sie je einen orangefarbenen Punkt.
- **Flügelunterseite:** Das ♂ ist unterseits gelb, während das ♀ fahl grünlich weiß aussieht.
- **Flügelrand:** Die Spitzen der Vorderflügel sind nach außen gezogen. Die Ränder der Hinterflügel laufen in der Mitte ebenfalls zu einer Spitze zusammen.
- **Ruhehaltung:** Häufig setzt sich der Falter unter einem Blatt ab. Die Flügeloberseiten sehen wir nur beim Flug oder bei der Balz. Beim Sonnenbad setzt er sich mit den Flügeln zur Sonne gerichtet am Boden, im Moos oder auf verdorrtem Laub ab.

Kleiner Feuerfalter

Lycaena phlaeas

Vorkommen
Der Kleine Feuerfalter ist in ganz Deutschland verbreitet und stellenweise recht häufig. Zur Fortpflanzung nutzt er gern kleine Flächen mit Vorkommen des Kleinen Sauerampfers. Seine Standorte befinden sich in offenen bis halb offenen, spärlich bewachsenen, mageren sowie trockenen bis frischen Gebieten. Intensiv bewirtschaftete Flächen meidet er. Er besiedelt alle Höhenlagen.

Falter
- **Nahrung:** Der kleine Bläuling ist ein eifriger Blütenbesucher und saugt gern an feuchten Stellen und Kot. Die Falter nutzen die Pflanzen ihrer Umgebung, allerdings sind sie flexibel und fliegen auf Nektarsuche auch in Gebiete, die sich für den Nachwuchs nicht eignen. Besonders Feld-Thymian, aber auch Kronwicken, Kratzdisteln, Rot-Klee, Gemeiner Hornklee, Greiskraut, verschiedene Doldenblütler u. a. gehören zu seinen Nektarquellen.
- **Eiablage:** Das ♀ legt die hellen, halbkugeligen Eier meist einzeln auf der Blattober-/unterseite, gelegentlich auch am Stängel der Nahrungspflanze, ab.
- **Reviere:** Viele ♂♂ besetzen ein Revier. Dort sonnen sie sich auf Halmen oder Blütenköpfchen knapp über dem Boden und jagen vorbeifliegenden Faltern hinterher. Etwaige Rivalen werden vertrieben, artfremden Faltern wird meist nur kurz nachgesetzt. Danach kehren sie zu ihrem Ansitz zurück. Bei Störung fliegen sie ebenfalls kurz auf, um danach den zuvor gewählten Platz einzunehmen. Werden sie daran gehindert, z. B. durch einen Beobachter, setzen sie sich etwas weiter ab und kehren erst dann zurück, wenn die „Luft wieder rein" ist. Manchmal werden solche Reviere vom ♂ über mehrere Tage besetzt. Trotz der Standorttreue mancher Falter sind andere äußerst mobil und suchen nach neuen Standorten.

Englisch: Small Copper

❄ Raupe

♀

Raupe

- Die grünen Raupen tragen eine rötliche oder violette Rücken- und Seitenlinie. In Ruhestellung ziehen sie ihren Kopf komplett ein. Sie überwintern und verpuppen sich im Frühjahr bodennah zwischen Pflanzenteilen.
- **Nahrung:** Favorit unter den Nahrungspflanzen ist der Kleine Sauerampfer. In der Literatur werden darüber hinaus Großer Sauerampfer und Stumpfblättriger Ampfer genannt.

Flugzeit

Er fliegt je nach Region, Mikroklima des Standortes und Witterungsbedingungen in zwei bis zu vier Generationen.

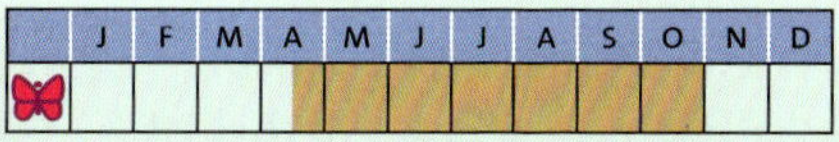

Merkmale

- **Flügeloberseite:** ♂♂ und ♀♀ des Kleinen Feuerfalters sind gleich gefärbt.
- **Flügelunterseite:** Die graubraune Grundfarbe der Hinterflügelunterseite mit den schwachen schwarzen Punkten und der orangefarbenen, meist bruchstückhaften Wellenlinie am Rand machen ihn unverwechselbar. Ist der Falter nur von oben zu sehen, besteht eine Ähnlichkeit mit dem ♀ des Braunen Feuerfalters *(Lycaena tityrus)*, bei dem jedoch auf den Vorderflügeln die braune Randbinde fehlt und dessen orangefarbene Binde auf den Hinterflügeln durch die braune Äderung unterbrochen ist.
- **Flügelrand:** Frische Tiere zeigen einen feinen weißen Saum, der bei älteren Tieren oft abgeflogen ist. An den Hinterflügeln befindet sich je ein kleines mehr oder weniger ausgeprägtes Schwänzchen. Die Hinterflügelinnenwinkel sind spitz zulaufend.

Dukatenfalter

Dukaten Feuerfalter

Lycaena virgaurea

Flügelunterseite

Vorkommen
Dieser Falter kommt in Deutschland meist nur lokal und dann auch eher vereinzelt vor oder fehlt in einigen Regionen, wie z. B. im Nordwesten. In vielen Bundesländern ist er von „gefährdet" bis zu „vom Aussterben bedroht" eingestuft. Er bevorzugt Laubmischwälder mit sonnigen Lichtungen und breiten Waldwegen oder waldnahe Gebiete sowie angrenzende magere, blütenreiche, mäßig trockene bis feuchte Wiesen mit spärlich bewachsenen Randgebieten, auf denen saure Ampferarten für die Raupen wachsen. Er fliegt in allen Höhenlagen. Auf der Suche nach Nektar entfernt sich der Falter von den eher feuchtkühlen, aber besonnten Raupenentwicklungsgebieten und ist in Gebieten zu sehen, die sich für die Raupen weniger eignen.

› **Nahrung:** Die Falter sind eifrige Blütenbesucher. Sie fliegen sehr unterschiedliche Blütenpflanzen an, wie z. B. Feld-Thymian, Margeriten, Greiskraut, Berufkraut, Disteln, Rainfarn, Johanniskraut, Habichtskraut, Goldrute, Brombeere, verschiedene Doldenblütler u. a. Auch sie sitzen manchmal am Boden, um Wasser und Mineralien aufzunehmen.
› **Eiablage:** Das ♀ legt die halbkugeligen, hellen Eier an den oft schon verdorrten Stängeln der Nahrungspflanze ab.

Raupe
Die grüne, fein weiß behaarte Raupe kann mit anderen Bläulingsraupen verwechselt werden. Sie lebt sehr versteckt. Da sie nachts frisst und sich tagsüber am Boden versteckt, wo sie hervorragend getarnt ist, wird sie selten gefunden. Der Dukatenfalter soll als einziger seiner Gattung als Ei überwintern. Es heißt, dass er recht früh im Jahr schlüpft und an den frisch ausgetriebenen Ampferblättchen frisst, bis er sich im späten Frühjahr oder

Englisch: Scarce Copper

❄ Ei

Frühsommer frei am Boden verpuppt. In einigen Quellen ist zu lesen, dass ein Teil der Räupchen bereits vor dem Winter schlüpft und in diesem Fall die Raupe überwintern soll.

- **Nahrung:** Als Hauptnahrung werden der Kleine und der Große bzw. Wiesen-Sauerampfer genannt.

Flugzeit

Der Dukatenfalter fliegt in einer Generation. Die Hauptflugzeit reicht je nach Standort von Juni bis August, mancherorts fliegt er bis Mitte September.

	J	F	M	A	M	J	J	A	S	O	N	D

Merkmale

- **Flügeloberseite:** Das ♂ zeigt eine orangerote Grundfärbung mit einem feinen dunklen Rand, aber ohne braunen Fleck am Zellfeld, was ihn vom Großen Feuerfalter *(Lycaena dispar)* und von dem Lilagold-Feuerfalter *(Lycaena hippothoe)* der zudem noch blauviolett übergossen ist, unterscheidet. Die Ausnahme bildet die alpine Form, auf deren Vorderflügeln sich je ein feiner dunkler Strich befindet. Das ♀ ist orangefarben mit je zwei Reihen dunkler Flecken an den Flügelaußenrändern, was es von anderen ♀♀ unterscheidet.
- **Flügelunterseite:** Die gelbbraune Grundfärbung der Flügelunterseiten und die weißen Flecken auf den Hinterflügeln machen ihn jedoch unverwechselbar.
- **Flügelrand:** Die Flügel sind schmal, weiß gesäumt. An den Hinterflügeln ist je ein mehr oder weniger ausgeprägtes Schwänzchen, die Hinterflügelinnenwinkel sind spitz.

Brauner Feuerfalter

Schwefelvögelchen, Dunkler Feuerfalter

Lycaena tityrus

Vorkommen

Der Braune Feuerfalter fliegt sowohl in trockenen als auch in feuchten Gebieten sowie in allen Höhenlagen. Bevorzugt werden sonnige, blütenreiche, magere Wiesen mit bebuschten Randgebieten oder angrenzenden Wäldern. Wie auch bei den anderen Feuerfaltern sind Sauerampferbestände wichtig für die Entwicklung der Raupen, vor allem auf spärlich bewachsenen Flächen. Intensiv bewirtschaftetes Grünland meidet er. Er ist zwar noch verbreitet und nicht so selten, aber auch er leidet unter dem Verlust seiner Lebensräume. In einigen Regionen sind die Populationen in den letzten Jahren rückläufig und in einigen Bundesländern ist er bereits als „gefährdet“ eingestuft.

Falter

- **Nahrung:** Die Liste der Nektarpflanzen ist lang. Pflanzen wie Feld-Thymian oder Dost werden zwar bevorzugt, aber sie saugen auch an Wiesen-Flockenblume, Gemeinem Hornklee, Schafgarbe, Ross-Minze, Greiskraut, Margeriten u. a.
- **Eiablage:** Das ♀ bevorzugt für die Eiablage frei stehende und kleinere Ampferpflanzen und legt die hellen, wabenartig strukturierten Eier an den Blattstielen oder Blättern des Ampfers ab.
- **Revier:** Die ♂♂ besetzen Reviere, in die sie immer wieder zurückkehren. Sie verjagen Rivalen und halten nach ♀♀ Ausschau.

Englisch: Sooty Copper

❄ Raupe

Flügelunterseite

Raupe

Die grüne Raupe hat eine feine Behaarung und zeigt manchmal einen rötlichen Rücken- oder auch rötliche Seitenstreifen. Eine Verwechslungsgefahr besteht mit anderen Bläulingsraupen, z. B. mit der des Dukatenfalters *(Lycaena virgaurea)*. Sie ist sehr gut an ihrer Pflanze getarnt und frisst meist nachts, sodass sie nicht häufig gefunden wird. Als junge Raupe schabt sie an der Blattunterseite, später frisst sie vom Blattrand aus. Die Raupe überwintert und verpuppt sich im Frühjahr zwischen Pflanzenteilen am Boden.

› **Nahrung:** Die Raupen fressen am Großen und Kleinen Sauerampfer.

Flugzeit

Die Falter fliegen je nach Höhenlage und Witterung in ein bis drei Generationen.

	J	F	M	A	M	J	J	A	S	O	N	D

Merkmale

› **Flügeloberseite:** Das ♂ ist dunkelbraun mit schwarzen Punkten auf den Flügeln und orangefarbenen Flecken entlang der Außenränder. Diese können unterschiedlich ausgeprägt sein, teilweise oder auch ganz fehlen. Die Vorderflügel des ♀ sind größtenteils orange und zeigen am Rand zwei braune Punktreihen, was sie, von oben gesehen, unverwechselbar macht.

› **Flügelunterseite:** Die Vorderflügel des ♀ sind an der Unterseite orange, die Hinterflügel gräulich oder schwefelgelb. Die beiden Flügel des ♂ sind gräulich oder schwefelgelb.

› **Flügelrand:** Die Flügel sind fein weiß gesäumt. Der Hinterflügelinnenwinkel ist spitz.

Nierenfleck-Zipfelfalter

Nierenfleck, Birken-Zipfelfalter

Thecla betulae

Flügelunterseite

Vorkommen

Unser größter heimischer Zipfelfalter hält sich an Waldrändern oder auf Flächen mit Feldgehölzen, Hecken, Sträuchern und Büschen auf. Wichtig sind vor allem ausreichende Schlehenbestände. Er fliegt an Gewässern, deren Ufer dichter mit Bäumen und Sträuchern (inklusive Schlehen) bewachsen sind, auf Streuobstwiesen sowie in (Klein)Gärten und Parks. Er hat sich bisher recht gut an Siedlungsgebiete angepasst. Dichte Wälder und offene baum- und strauchlose Gebiete meidet er.

Falter

Dieser eher unauffällige Schmetterling ist nicht ganz so selten, wie es den Anschein hat, denn er hält sich oft in den Kronen der Bäume auf, wo er von uns kaum wahrgenommen wird.

- **Nahrung:** Hauptsächlich sind es ♀♀, di an Blüten beobachtet werden. Sie saugen gern an Goldrute und Wasserdost, suchen aber auch Kratzdisteln, Schafga be, Wilde Möhre auf, in den Gärten ist die Buddleja unwiderstehlich. Honigtau und überreifes Obst sind weitere Nahrungsquellen.
- **Eiablage:** Das ♀ legt die hellen Eier meist einzeln, gelegentlich auch zu meh reren, an einer Astgabel oder der Basis der Dornen von Schlehen ab. Im Winter sind die Eier gut zu finden. Auf der Such nach einem geeigneten Eiablageplatz fliegt das ♀ durchaus weitere Strecken.
- **Revier:** Die ♂♂ halten sich vorwiegenc in den Baumkronen auf. Sie sind seltene zu beobachten als die ♀♀, die im Spätsommer und Frühherbst auf der Suche nach Eiablageplätzen tiefer fliegen.

Raupe

Die hellgrüne Raupe ist asselförmig und fein weiß behaart. An den Seiten befinde sich je eine, auf dem Rücken zwei feine gelbe Linien, seitlich ist sie gelb schräg ge

Englisch: Brown Hairstreak

❄ Ei

♀

♀

Flügelunterseite

strichelt. Im April schlüpft die Raupe und frisst zunächst an den Knospen, danach an den Blättern. Sie versteckt sich an der Blattunterseite, wo sie hervorragend getarnt ist. Kurz vor der Verpuppung bekommt die Raupe eine rötliche Färbung. Sie verlässt ihre Pflanze, um sich am Boden, unter dem Laub versteckt, zu verpuppen. Der Falter schlüpft im Juli.

- **Nahrung:** Die Hauptnahrung ist die Schlehe. Es gibt aber auch Eifunde an Zwetschgen-, Pflaumen- und vereinzelt an Kirschbäumen.

Flugzeit

Der Nierenfleck fliegt in einer langgestreckten Generation. Die späten Falter sind meist nur ♀♀.

	J	F	M	A	M	J	J	A	S	O	N	D
Falter							■	■	■	■		

Merkmale

- **Flügeloberseite:** Das ♂ ist einheitlich braun, oft mit einem hellen Wisch auf dem Vorderflügel, bei dem ♀ ist je ein nierenförmiger, orangefarbener Fleck auf den Vorderflügeln. Das ♀ ähnelt geöffnet dem Braunen Eichen-Zipfelfalter *(Satyrium ilicis)* der jedoch ovale orangefarbene Flecke hat und die Flügel meist geschlossen hält.
- **Flügelunterseite:** Die Unterseite ist ocker bis orangebraun. Das ♀ ist intensiver gefärbt, also kräftiger orangefarben. Diese Färbung mit den weißen Querlinien macht den Falter unverwechselbar.
- **Flügelrand:** An den Hinterflügeln der ♂♂ und ♀♀ befindet sich je ein orangerotes Schwänzchen oder Zipfelchen.
- **Ruhehaltung:** Der Nierenfleck setzt sich auch mit halb oder weit geöffneten Flügeln ab.

Blauer Eichen-Zipfelfalter

Favonius quercus

Vorkommen
Der Blaue Eichenzipfelfalter ist in ganz Deutschland verbreitet und häufiger, als es den Anschein hat. In einigen Bundesländern ist er als „gefährdet" eingestuft. Diese Falter sind an Eichenarten gebunden, entsprechend sind sie im Wald an besonnten Weg- und Waldrändern oder an einzeln stehenden Eichen zu finden. Auch Parks und Gärten mit Eichenbeständen bieten ihm Lebensraum.

Falter
Diese Art hält sich hauptsächlich in den Baumkronen auf. Mit gezielter Suche, etwas Geduld und einem Fernglas können wir so manchen Standort entdecken. Zu bestimmten Zeiten, meist am frühen Vormittag, kommen sie für kurze Zeit herunter, um am Boden zu saugen oder sich zu sonnen. Die ♀♀ nutzen den Nachmittag zur Eiablage im unteren Bereich des Baumes. In warmen Jahren ist der Falter häufiger anzutreffen.

› **Nahrung:** Sehr selten werden Falter an Blüten beobachtet. Es gibt vereinzelte Beobachtungen an Rainfarn und Margerite. In der Literatur werden Kratzdistel, Wasserdost, Goldrute und Zwergholunder erwähnt. Gelegentlich sind sie an feuchter Erde, auf feuchtem Moos oder an Baumwunden saugend zu sehen. Auch Honigtau dürfte eine attraktive Nahrungsquelle sein.
› **Eiablage:** Das ♀ legt die hellen Eier meist einzeln, gelegentlich auch paarweise an den noch verborgenen Blütenknospen ab, wobei weit ausladende, besonnte Zweige im unteren Bereich des Baumes bevorzugt werden. Zur Eiablage werden auch einzeln stehende Eichen aufgesucht.
› **Revier:** Die ♂♂ halten sich überwiegend in den Baumkronen auf.

Raupe
Die Räupchen schlüpfen im Frühjahr, wenn die Knospen der Eichen austreiben, und fressen sich in diese hinein, wo sie versteckt leben, bis sie zu groß werden.

Englisch: Purple Hairstreak

❄ Raupe

♀

Blauzeichnung flächenmäßig stark reduziert, aber intensiv leuchtend

Die bräunlichen Raupen mit dem dunklen Rückenstreifen und den rechts und links anliegenden dreieckigen Zeichnungselementen sind auf den braunen Knospen bestens getarnt. Sie verpuppen sich am Boden unter dem Laub in einem lockeren Gespinst.

- **Nahrung:** Die Raupen ernähren sich hauptsächlich von den Blütenknospen der Stiel- oder Traubeneiche. In der Literatur wird auch die nicht heimische Rot-Eiche als Nahrungspflanze erwähnt.

Flugzeit
Dieser Zipfelfalter fliegt in einer Generation. Die Hauptflugzeit liegt im Juli/August, kann sich jedoch je nach Witterungsverlauf verschieben.

	J	F	M	A	M	J	J	A	S	O	N	D

Merkmale

- **Flügeloberseite:** Das schwarzbraune ♂ ist stark violettblau übergossen. Ältere und abgeflogene Tiere schimmern nicht mehr so intensiv. Die ♀♀ sind ebenfalls dunkel- bis schwarzbraun und zeigen einen blauen Schimmer in der Mittelzelle und entlang des Innenrandes der Vorderflügel.
- **Flügelunterseite:** Die Unterseite ist gräulich mit einer schmalen, weißen, nach innen dunkel abgegrenzten Querlinie. Nahe dem Schwänzchen befindet sich ein orangefarbener Fleck mit einem schwarzen Punkt. Ein weiterer orangefarbener und schwarzer Fleck befinden sich am Hinterflügelinnenwinkel.
- **Flügelrand:** An den schmal weiß gesäumten Hinterflügeln befindet sich ein Schwänzchen.
- **Ruhehaltung:** Den Blauen-Eichenzipfelfalter sehen wir selten mit geöffneten Flügeln.

Grüner Zipfelfalter

Brombeer-Zipfelfalter

Callophrys rubi

Vorkommen

Der Grüne Zipfelfalter ist fast überall in Deutschland zu finden und an manchen Stellen nicht selten. Diese Art bewohnt recht unterschiedliche Lebensräume vom Tiefland bis in die Höhenlagen. Er fliegt in offenen bis halb offenen, naturnahen, sowohl in trockenen als auch feuchten Landschaften wie z. B. auf Zwergstrauchheiden, am Rand von Mooren, an Waldrändern mit angrenzenden Magerwiesen, aber auch in Wäldern an sonnigen Waldwegen und auf Lichtungen. Intensiv bewirtschaftete Flächen und stark besiedelte Gebiete werden gemieden und verursachen in manchen Regionen seinen Rückgang. Von einigen Bundesländern wurde er bereits als „gefährdet“ eingestuft oder steht auf der Vorwarnliste.

Falter

- **Nahrung:** Als Nektarquelle werden neben kleinblütigen Pflanzen wie Wiesen-Schaumkraut, Wald-Erdbeere und Zypressen-Wolfsmilch ebenso größere Blüten wie Margeriten angeflogen. Ab und zu sieht man ihn auch an Blüten von Sträuchern und Bäumen. Dieser Zipfelfalter saugt auch gern an feuchtem Boden.
- **Eiablage:** Das ♀ legt die runden, glänzend grünen Eier meist einzeln an der Nahrungspflanze ab.
- **Revier:** Die ♂♂ sitzen auf erhöhten Sitzwarten in Büschen oder Sträuchern und jagen vorbeifliegenden Faltern nach.

Raupe

Die frisch geschlüpfte helle Raupe hat auffällig lange, dunkle Härchen. Die Grundfärbung der erwachsenen Raupe ist grün. Die feine Rückenlinie ist gelb oder weißlich, ebenso wie die dreieckigen Zeichnungselemente zu beiden Seiten dieser Linie und die Seitenstreifen. Ins-

Englisch: Green Hairstreak

❄ Puppe

gesamt wirkt sie kontrastreich. Sie frisst vorwiegend an Blüten und Fruchtständen ihrer Pflanze. Der Grüne Zipfelfalter verpuppt sich am Erdboden unterm Laub und schlüpft recht zeitig im Frühjahr.

- **Nahrung:** Das Nahrungsspektrum reicht von verschiedenen Ginsterarten, insbesondere Färber-Ginster, über Besenheide, Krähenbeeren, Kleearten, wie Wund- und Hopfenklee bis hin zu Rotem Hartriegel, Faulbaum und einigen anderen. Eine Vorliebe für eine bestimmte Pflanze ist nicht bekannt.

Flugzeit

Der Falter fliegt in einer Generation. Die Hauptflugzeit liegt im April bis Juni, in höheren Lagen bis Juli. In sehr warmen Jahren kann er schon im März erscheinen und ist vereinzelt noch im August anzutreffen.

	J	F	M	A	M	J	J	A	S	O	N	D

Merkmale

- **Flügeloberseite:** Die Flügeloberseite beider Geschlechter ist einheitlich braun gefärbt.
- **Flügelunterseite:** Die fast metallisch grün glänzenden Unterseiten machen diesen Falter unverwechselbar. Auf beiden Flügeln kann sich eine weiß gestrichelte Querlinie befinden, die allerdings recht häufig so weit reduziert ist, dass nur ein paar weiße Pünktchen zu sehen sind oder diese auch ganz fehlen.
- **Flügelrand:** Die Flügelränder sind fein goldbraun gefärbt und haben einen schmalen weißen Saum. Der Ansatz eines Schwänzchens kann nur erahnt werden.
- **Ruhehaltung:** Selbst bei einem Sonnenbad halten die Falter die Flügel geschlossen. Sie drehen sich so, dass die Sonne im rechten Winkel auf ihre Flügel trifft.

Ulmen-Zipfelfalter

Satyrium w-album

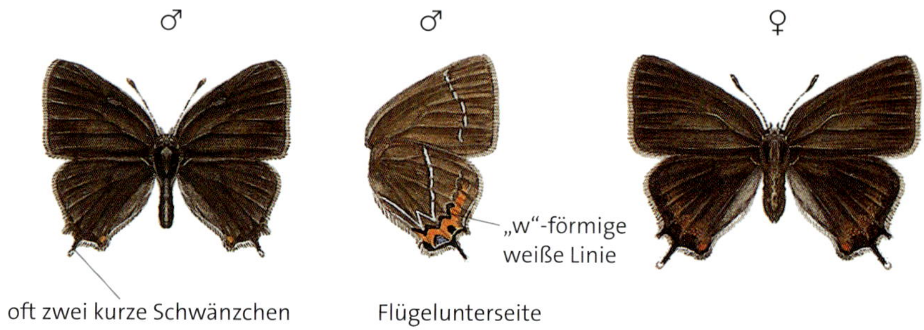

Vorkommen
In Deutschland ist der Falter als „gefährdet" eingestuft, in vielen Bundesländern bereits als „stark gefährdet" oder als „vom Aussterben" bedroht. Die Falter sind entweder im Wald, an Waldrändern oder innerhalb von Siedlungen zu finden, wo es ausreichende Bestände älterer Ulmen gibt, dies können u. U. auch einzeln stehende Bäume sein.

Falter
Die Gefährdung dieses Zipfelfalters besteht in der sehr engen Beziehung an bestimmte Ulmenarten. Hinzu kommt der Umstand, dass die Ulmen für die Raupen erst dann geeignet sind, wenn sie blühen können. Dies dauert in der Regel viele Jahre, sodass es wichtig ist, alte Ulmen zu erhalten, aber auch junge Pflanzen zu setzen, um diese Art langfristig zu schützen. Negativ auf die Bestände des Falters wirkte sich auch das große Ulmensterben aus. Vereinzelte Raupenfunde an Gehölzen wie Kreuzdorn, Erle und Esche lassen die Frage offen, ob die Raupen fähig sind, sich von diesen Pflanzen zu ernähren, oder ob sie zufällig dorthin gelangten.

› **Nahrung:** Der Ulmen-Zipfelfalter ist kein sehr eifriger Blütenbesucher, dennoch ist er etwas häufiger an Blüten zu sehen als so manch anderer Zipfelfalter. Je nach Blütenangebot in der Umgebung saugen sie an Acker-Kratzdisteln, Brombeere, Einjährigem Berufkraut, Gemeinem Wasserdost, Greiskraut u. a. Wie seine Verwandten saugt er ebenfalls gern an Honigtau und an feuchten Stellen am Boden.
› **Eiablage:** Das ♀ legt die hellen, etwas abgeflachten Eier meist einzeln an Blütenknospen der Zweigspitzen ab. Durch die Lupe sehen wir die feinen, abstehenden Stäbchen an der Basis des Eis, das an einen flachen Hut mit schmaler Krempe erinnert.
› **Revier:** Das Leben der Falter spielt sich meist in den Kronen der Bäume ab. Manchmal sind sie zu sehen, wie sie um die Zweige herumfliegen.

Englisch: White-letter Hairstreak

❄ Ei

Raupe

Die grüne, leicht behaarte Raupe zeigt kleine Erhebungen zu beiden Seiten der feinen Rückenlinie sowie kleine dunkle Dreiecke. Vor der Verpuppung verfärbt sie sich braun. Sie verpuppt sich an der Pflanze oder am Boden im Laub.

- **Nahrung:** Zur Eiablage sind nur ältere Ulmen geeignet, die je nach Art erst nach vielen Jahren zu blühen beginnen. Bevorzugt werden Flatter-Ulme und Feld-Ulme, aber auch an Bergulme und Holländischer Ulme wurden Raupen gefunden.

Flugzeit

Der Ulmen-Zipfelalter fliegt in einer Generation Die Hauptflugzeit liegt im Juni/Juli. Je nach Witterungsverlauf sind einzelne Falter noch im August zu sehen.

	J	F	M	A	M	J	J	A	S	O	N	D
🦋						■	■					

Merkmale

- **Flügeloberseite:** Die von den Faltern selten gezeigten Oberseiten sind bei ♂♂ und ♀♀ einheitlich braun und zeichnungslos.
- **Flügelunterseite:** Die weiße Querlinie, die auf der braunen Unterseite des Hinterflügels den Buchstaben „W“ erkennen lässt, daher der Name *S. w-album* = weißes „W“, macht den Schmetterling in der Ruhestellung unverwechselbar.
- **Flügelrand:** Im Vergleich zu den anderen Arten besitzt der Ulmen-Zipfelfalter einen recht langen Zipfel. Oft ist ein gut erkennbarer Ansatz eines zweiten Zipfels vorhanden. Der Flügelsaum kann sowohl hell als auch dunkel ausfallen.
- **Ruhehaltung:** Die Flügel werden stets geschlossen.

Brauner Eichen-Zipfelfalter

Eichen-Zipfelfalter

Satyrium ilicis

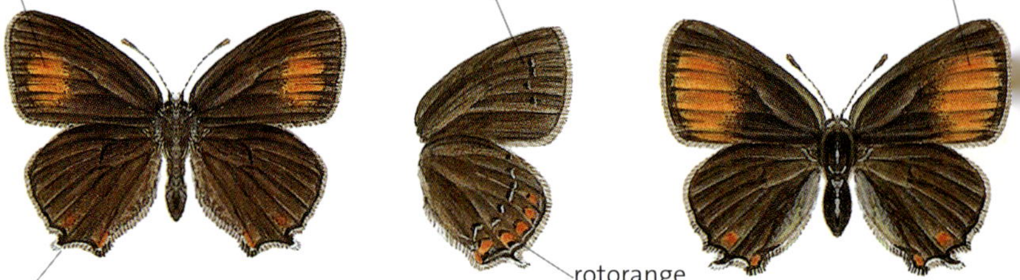

Vorkommen !

Dieser etwas unauffällige Zipfelfalter ist in den letzten Jahren in seinen Beständen stark zurückgegangen. In Deutschland ist er als „gefährdet" eingestuft, in mehreren Bundesländern gilt er als „stark gefährdet" oder „vom Aussterben bedroht". Eine gezielte Suche könnte vielleicht noch zu einigen unentdeckten Standorten führen. Der Braune Eichen-Zipfelfalter bevorzugt trockene, warme und sonnige Plätze mit Jungeichenbestand und einem ausreichenden Blütenangebot. Diese Standorte können sich in lichten Laubmischwäldern an Waldwegen oder -rändern, in Randbereichen von sonnigen Lichtungen oder auf Kahlschlägen befinden.

Falter

- **Nahrung:** Als häufiger Blütenbesucher kann er besonders an Brombeerblüten beobachtet werden. Weitere für ihn interessante Blütenpflanzen sind Liguster, Schafgarbe, Baldrian, Einjähriges Berufkraut, aber auch Gewöhnlicher Wasserdost und Kratzdistel werden als Nektarquelle genutzt. An Standorten mit angrenzenden blütenreichen Wiesen dürfte die Liste der Nektarpflanzen um einiges länger sein. Das ♂ saugt auch gern an feuchter Erde.
- **Eiablage:** Das ♀ legt die hellen Eier meist einzeln recht bodennah an Stämmchen junger Eichen ab. Dazu wählt es geschützte, warme und sonnige Plätze aus.
- **Revier:** Die ♂♂ verteidigen ihre Reviere im Kronenbereich der Eichen.

Englisch: Ilex Hairstreak

❄ Ei

Raupe
Die Jungraupe ist hell und rötlich gefärbt mit feiner Behaarung. Als erwachsene Raupe ist sie gelbgrün und nur schwach gezeichnet. Es wird vermutet, dass die Verpuppung am Boden stattfindet. Die Raupen fressen hauptsächlich an den Blättern der Jungeichen und halten sich meist im unteren Bereich der Bäumchen auf.

- **Nahrung:** Die Auswahl der Nahrungspflanzen beschränkt sich auf junge Trauben- und Stieleichen in sonniger, geschützter Lage.

Flugzeit
Der Falter fliegt in einer Generation. Die Hauptflugzeit ist im Juni/Juli.

	J	F	M	A	M	J	J	A	S	O	N	D
						■	■					

Merkmale

- **Flügeloberseite:** Die Grundfarbe der Flügel ist bei ♂♂ und ♀♀ braun. Auf den Vorderflügeln befinden sich nach außen hin elliptisch aussehende orangefarbene Flecke, die unterschiedlich groß sind oder auch fehlen können. Sie ähneln dem ♀ des Nierenflecks *(Thecla betulae)*, dessen Flecke jedoch nierenförmig sind.
- **Flügelunterseite:** Auf den braunen Unterseiten ist eine fein gestrichelte weiße Linie, die ab Mitte der Hinterflügel unregelmäßig in Querstrichen und Zacken verläuft. Die orangefarbenen Flecke am inneren Außenrand der Hinterflügel sind mit wenigen, sehr kleinen schwarzen Fleckchen geziert. Diese Merkmale unterscheiden den Falter von anderen, ähnlich aussehenden Zipfelfaltern.
- **Flügelrand:** Das Schwänzchen ist gut ausgebildet.
- **Ruhehaltung:** Der Falter sitzt stets mit geschlossenen Flügeln ab, nur selten öffnet er sie ein wenig beim Sonnenbad.

Verwechslungsarten „Echte" Bläulinge

Zwerg-Bläuling
(Cupido minimus)
♂ ♀

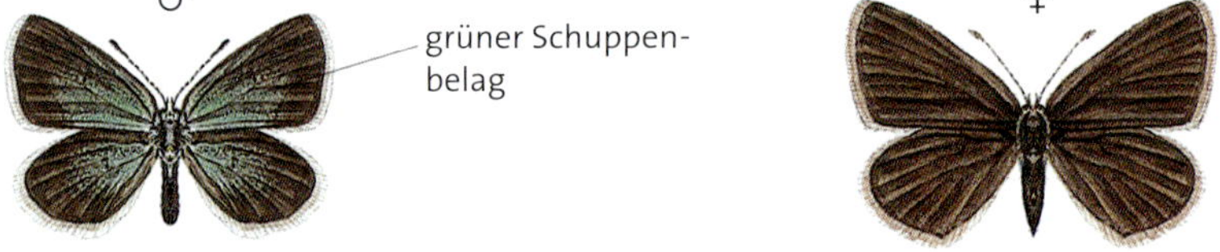

Kurzschwänziger Bläuling
(Cupido argiades)
♂ ♀

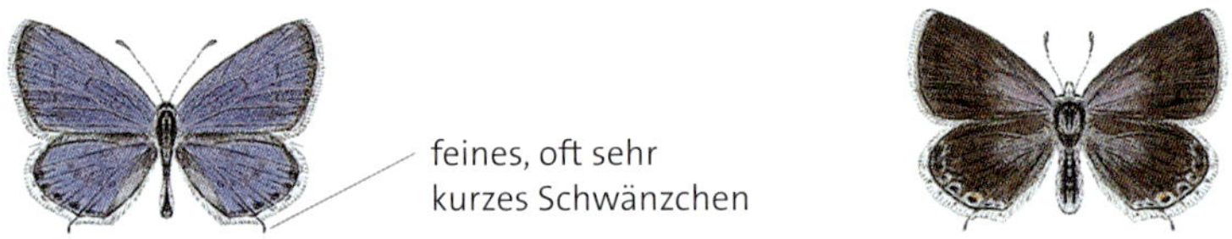

Faulbaum-Bläuling
(Celastrina argiolus)
♂ ♀

Heller Wiesenknopf-Ameisenbläuling
(Phengaris teleius)
♂ ♀

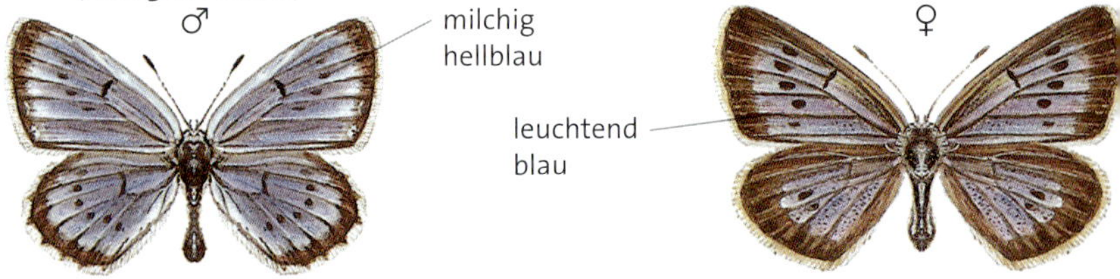

Dunkler Wiesenknopf-Ameisenbläuling
(Maculinea nausithous)
♂ ♀

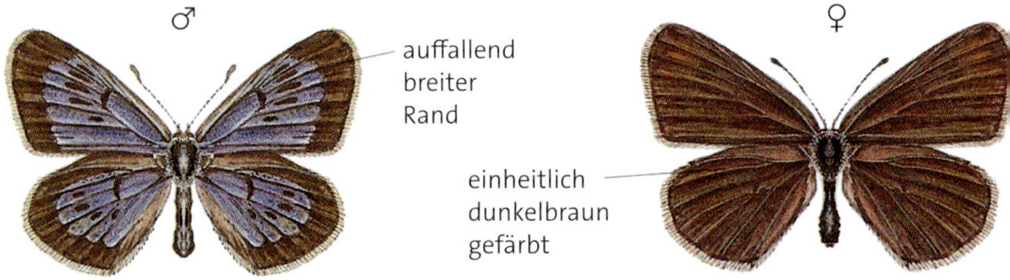

Argus-Bläuling
(Plebejus argus)

♂

♀

Rotklee-Bläuling
(Cyaniris semiargus)

♂

♀

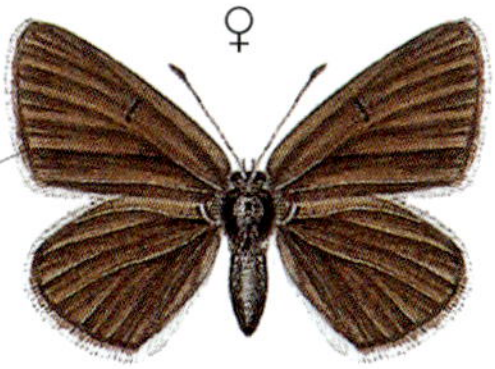

Hauhechel-Bläuling
(Polyommatus icarus)

♂

♀

Himmelblauer-Bläuling
(Polyommatus bellargus)

♂

♀

Silbergrüner Bläuling
(Polyommatus coridon)

♂

♀

Zwerg-Bläuling

Cupido minimus

Vorkommen

Dieser Winzling ist unser kleinster Bläuling. Er steht in Deutschland auf der Vorwarnliste, in einigen Bundesländern ist er als „gefährdet" oder „stark gefährdet" eingestuft. Da er nur auf eine Nahrungspflanze spezialisiert ist, können die kleinen, oft isolierten Vorkommen sehr schnell verschwinden, wenn Veränderungen ihnen ihre Nahrungsgrundlage entziehen. Er liebt (mäßig) trockene, warme, offene bis halb offene Flächen, z. B. leicht strukturierte Mager- und Halbtrockenrasen, Südhänge sowie Wald- und Wegränder, Böschungen und Dämme. Voraussetzung ist ein ausreichender Bestand an Wundklee, der auf kalkhaltigen Böden wächst.

Falter

› **Nahrung:** Der Wundklee ist eine wichtige Nektarquelle. Weitere gelb blühende Pflanzen wie Hufeisen- Klee und Gemeiner Hornklee scheinen besonders attraktiv zu sein. Die Falter saugen gern an feuchten Stellen und an Kot. Gelegentlich können wir mehrere ♂♂ versammelt beim Saugen beobachten.

› **Eiablage:** Das ♀ legt die hellen Eier einzeln ab, dabei prüft es sehr genau die Einzelblüten, um eine gut geschützte Stelle an einem der Kelche zu finden. Es kommt durchaus vor, dass es nach intensiver Suche nach einem Ablageplatz unverrichteter Dinge zur nächsten Blüte fliegt.

› **Revier:** Die ♂♂ wählen als Ansitz erhöhte Blüten oder Halme, wo sie auf vorbeifliegende ♀♀ warten.

Raupe

Die helle, fein behaarte Raupe lebt zuerst im Blütenkelch, in den sie sich hineinbohrt. Sie frisst nur die unreifen Samen. Ist sie zu groß, um im Kelch zu fressen, können wir ihren Hinterleib aus dem Loch herausragen sehen, trotzdem ist sie perfekt getarnt. Mit dem Erreichen der Fruchtreife verlässt die erwachsene Raupe die Pflanze und sucht sich einen Platz, an dem sie bis zum folgenden Frühjahr, ohne zu fressen, ausharrt, um sich dann

Englisch: Little Blue

❄ Raupe

am Boden zu verpuppen. Ein Teil der Raupen kann sich noch im gleichen Sommer verpuppen und bildet dann eine zweite Generation.

- **Nahrung:** Die Spezialisierung auf die unreifen Samen des Wundklees birgt Risiken für das Überleben der Zwerg-Bläulinge. Zu trockenes Wetter, zu frühes Mähen oder Beweiden können das Aus bedeuten. Da der Wundklee nur einmal im Jahr blüht, müssen das Erscheinen des Falters zur Blütezeit und die Entwicklung der Raupen genau auf die Pflanze abgestimmt sein.

Flugzeit

Der Falter fliegt je nach Höhenlage in ein bis zwei Generationen, wobei die Flugzeit stark von der Witterung und der Blüte des Wundklees abhängt.

	J	F	M	A	M	J	J	A	S	O	N	D

Merkmale

- **Flügeloberseite:** Als eine der Ausnahmen der „Echten" Bläulinge ist die Oberseite des ♂ nicht blau, sondern schwarzbraun, oft blaugrün schimmernd, die des ♀ ist braun.
- **Flügelunterseite:** Die graubraune Unterseite ist an der Basis oft blau bestäubt. Das Muster besteht aus schwarzen, weiß umrandeten Punkten. Die Punktreihe der Vorderflügel verläuft nahezu gerade. Vom Vorderrand der Hinterflügel aus gesehen, ist der zweite Punkt der Reihe nach innen versetzt. Zur Basis hin sind meist zwei weitere Punkte. Dieses Muster und die geringe Größe unterscheiden den Falter vom ♀ des Rotklee-Bläulings *(Polyommatus semiargus)*.
- **Flügelrand:** Der Flügelsaum ist weiß gefranst.
- **Ruhehaltung:** Die Falter ruhen oft kopfüber mit geschlossenen Flügeln an Stängeln.

Kurzschwänziger Bläuling

Cupido argiades

Vorkommen
Obwohl dieser kleine Bläuling in vielen Bundesländern als „verschollen“ oder „vom Aussterben bedroht“ eingestuft ist, gibt es erfreulicherweise wieder Hoffnung auf so manche Wieder- oder Neubesiedlung in Gebieten, in denen er bisher fehlte. Seit etwa 10 Jahren scheint sich diese Art stetig von Süden nach Norden auszubreiten. In einigen Gebieten Süddeutschlands, wo er zunächst vereinzelt flog, ist er inzwischen bei günstiger Witterung von April bis September zu beobachten, man muss nur genau hinschauen, denn er ist recht klein, und das Schwänzchen ist nicht sehr auffällig.
Der Kurzschwänzige Bläuling bevorzugt leicht strukturiertes, nicht zu intensiv genutztes Offenland. Zudem hält er sich gern in der Nähe von Gewässern wie Tümpeln, Gräben und Bächen mit angrenzenden blütenreichen Wiesen auf, die Nahrung für Falter und Raupen liefern.

Falter
- **Nahrung:** Optimal ist ein Reichtum an Schmetterlingsblütlern für alle drei Generationen. Insbesondere Kleearten wie Wiesen Rot-Klee oder Gemeiner Hornklee, aber auch Wasserminze und Blutweiderich werden gerne angeflogen.
- **Eiablage:** Die hellen Eier werden einzeln in zarten Blütenknospen der Nahrungspflanze an besonnten und etwas luftfeuchten Stellen abgelegt. Gelegentlich legt das ♀ das Ei auf einem Kleeblättchen an der Spitze der Pflanze ab.
- **Revier:** Die ♂♂ setzen sich meist bodennah, jedoch etwas erhöht auf Blättern oder Halmen im Nahrungsgebiet ab, dabei zeigen sie ihre blauen Oberseiten, klappen die Flügel aber selten weit auf. Von ihrem Ansitz aus verjagen sie etwaige Rivalen und warten auf vorbeifliegende ♀♀.

Englisch: Short-tailed Blue

❄ Raupe

♀

oft orange Randmöndchen

♀

Raupe
Die grüne Raupe lebt verborgen im Blütenköpfchen. Die ausgewachsene Raupe überwintert in einem Gespinst geschützt am Boden. Die ersten warmen Tage locken sie aus ihrem Winterquartier. Ohne vorher zu fressen, macht sie sich auf die Suche nach einem Verpuppungsplatz am Boden. So kann dieser Falter, wie im milden Winter und warmen Frühjahr 2014, bereits Ende März zusammen mit dem Faulbaum-Bläuling *(Celastrina argiolus)* einer der ersten Bläulinge im Jahr sein.
Nahrung: Die Raupen fressen vorwiegend in den Blütenköpfchen von Sumpf-Horn-klee, Gewöhnlichem Hornklee und Rot-Klee.

Flugzeit
Der Kurzschwänzige Bläuling bildet drei Generationen aus. In wärmebegünstigten Jahren erscheint er bereits Ende März.

	J	F	M	A	M	J	J	A	S	O	N	D
🦋			■	■	■	■	■	■	■			

Merkmale

- **Flügeloberseite:** Die Flügeloberseite der ♂♂ ist leuchtend blau, die der ♀♀ braun, gelegentlich blau bestäubt mit durchscheinenden Randflecken der Unterseite.
- **Flügelunterseite:** Am inneren Außenrand des Hinterflügels befinden sich zwei schwarze Punkte, mit anliegenden orangefarbenen Flecken, die bei älteren Faltern oft verblasst sind.
- **Flügelrand:** Die Ränder sind weiß gesäumt. Das Schwänzchen an den Hinterflügeln ist ein wichtiges Unterscheidungsmerkmal zu anderen „Echten" Bläulingen.
- **Ruhehaltung:** Nachts ruhen sie kopfüber mit geschlossenen Flügeln an Halmen, Stängeln oder verdorrten Blüten.

Faulbaum-Bläuling

Celastrina argiolus

♂

♂

Flügelunterseite

Vorkommen
Der Faulbaum-Bläuling ist überall verbreitet, tritt aber eher vereinzelt auf. Er bevorzugt Laub- und Laubmischwälder, waldnahe Gebiete oder luftfeuchte, reich strukturierte, halb offene, naturnahe Flächen. Wichtig sind für ihn Bäume, Sträucher und Büsche, denn er ist eher wie der Zipfelfalter ein Bläuling, der gern in den „oberen Etagen“ lebt. Da er eine höhere Luftfeuchtigkeit zu benötigen scheint, finden wir ihn ebenso häufig an fließenden oder stehenden Gewässern mit reichlichem Bewuchs. Ferner sind ausreichend blühende Sträucher, Stauden oder krautige Pflanzen als Lebensraum für die Raupen und Nektarlieferant für die Falter wichtig. Nicht selten ist er innerhalb von Siedlungen in naturnahen Parks und Gärten zu finden.

Falter

- **Nahrung:** Als Nektarquellen werden die in der Umgebung blühenden Pflanzen genutzt. Im zeitigen Frühjahr sind es vorwiegend Baum- und Strauchblüten, wie Weidenkätzchen und krautige Pflanzen wie Knoblauchsrauke. Die Sommergeneration hat eine größere Auswahl wie z.B. Echten Steinklee, Blutweiderich, Wasserdost u. a. Er saugt gern an feuchten Stellen am Boden, sowie an Steinen, Kot und Aas. Meist werden nur ♂♂ am Boden beobachtet.
- **Eiablage:** Das ♀ legt die hellen Eier einzeln oder zu mehreren an den Blütenknospen der Nahrungspflanzen ab, dabei scheint es genau zu prüfen, ob der Platz geeignet ist. Dies kann durchaus einige Minuten beanspruchen.
- **Revier:** Die ♂♂ fliegen im oberen Bereich der Sträucher und Bäume.

Raupe
Die grün oder rötlich gefärbte Raupe frisst zunächst an Blütenknospen, Blüten

Englisch: Holly Blue

❄ Puppe

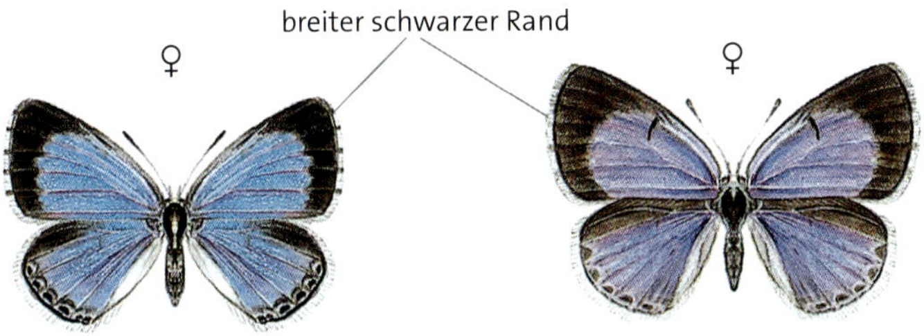

und Früchten der Pflanze, später an den Blättern. Nahrung bieten mehrere Pflanzen aus unterschiedlichen Familien. Dies können Sträucher, Stauden oder krautige Pflanzen sein. Die Verpuppung erfolgt meist an der Blattunterseite der Pflanze. Die Puppe der Sommergeneration überwintert, nachdem sie mit dem Blatt heruntergefallen ist, am Boden.

- **Nahrung:** Die Hauptnahrung im Frühjahr sind der Faulbaum und der Blutrote Hartriegel. Im Sommer werden die Eier vorwiegend an Blutweiderich, aber auch an Besen-Heide und Wicke abgelegt. Vereinzelt gibt es Beobachtungen von Eiablagen in Gärten an Wandelröschen und im Herbst an Efeu.

Flugzeit

Der Falter bildet zwei Generationen aus. Je nach Witterung kann die Flugzeit bereits im März beginnen.

	J	F	M	A	M	J	J	A	S	O	N	D

Merkmale

- **Flügeloberseite:** Das ♂, oberseits blau, hat einen schwarzen Vorderflügelrand, der nach hinten hin schmaler wird. Das ♀, eine der Ausnahmen bei den Bläulingen, ist blau mit einem breiten dunklen Rand auf den Vorder- und Hinterflügeln.
- **Flügelunterseite:** Unterseits sind sie sehr hell, mit einem Muster aus schwarzen Punkten und Strichen. Die Zeichnung auf diesem hellen Grund ist nahezu unverwechselbar.
- **Flügelrand:** Der Vorderflügelsaum ist schwarz-weiß gescheckt, der Saum der Hinterflügel weiß.
- **Ruhehaltung:** Die Falter ruhen mit geschlossenen Flügeln auf Blättern von Bäumen und Sträuchern.

Heller Wiesenknopf-Ameisenbläuling

Phengaris teleius (früher: Maculinea teleius)

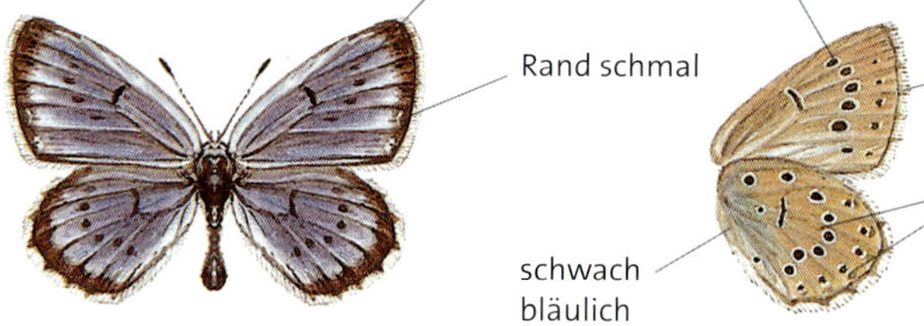

Vorkommen
Dieser seltene Ameisenbläuling ist als „stark gefährdet" eingestuft und EU-weit streng geschützt. Seine Standorte erstrecken sich vom Süden bis etwa zur Mitte Deutschlands. Dieser Bläuling lebt in frischen bis feuchten Wiesen, an Gräben, Bächen, in Randbereichen von Mooren oder ähnlich feuchten bzw. wechselfeuchten Flächen. Es besteht ein diffiziles Zusammenspiel von Nahrungspflanze, dem Lebensraum der Wirtsameise und des Falters. Hinzu kommen äußere Einflüsse wie Witterung, Intensität und Zeitpunkt der Bewirtschaftung des Lebensraums sowie die Parasitierung durch eine Wespenart, die auf die Raupen dieses Bläulings spezialisiert ist. Besonders anfällig sind lokal begrenzte Kleinpopulationen, deren Nachkommen z. B. durch eine Mahd zum falschen Zeitpunkt mit einem Schlag vernichtet werden können. Jedoch ist eine jährliche Mahd (ab Ende September) von Vorteil, damit die Vegetation nicht zu dicht wird, was sich negativ auf die Wirtsameise auswirken kann.

Falter
Die Besonderheit liegt in seiner hoch spezialisierten und sehr interessanten Lebensweise. Er ist nicht nur von einer einzigen Nahrungspflanze abhängig, sondern auch von einer bestimmten Ameisenart. Dieser Falter und der Dunkle Wiesenknopf-Ameisenbläuling *(Phengaris teleius)* stehen als Vertreter einer Gattung, deren Raupen parasitär leben.

› **Nahrung:** Neben dem Großen Wiesenknopf saugen sie v. a. an rosaroten bis blauvioletten Blüten wie Vogelwicke oder Blutweiderich.
› **Eiablage:** Das ♀ legt die hellen Eier einzeln zwischen den meist noch grünen Blütenknospen versteckt ab.

Raupe
Die gut getarnte, braunrote Raupe lebt zunächst im Inneren der Blütenknospe, dann lässt sie sich zu Boden fallen und wartet bis sie von der Wirtsameise, der Wiesen-Knotenameise, gefunden wird. Es kann vorkommen, dass sie eine andere Ameisenart findet, was u. U. tödlich aus-

Englisch: Scarce Large Blue

❄ Raupe

geht. Wird sie von der Ameise betastet, sondert sie ein Sekret ab, das die Ameise als Nahrung aufnimmt. Gelingt es ihr, die Ameise dazu zu bewegen, sie in ihr Nest zu tragen, und wird sie dort in das Sozialgefüge aufgenommen, hat sie gute Überlebenschancen. Im Nest lebt sie von der Ameisenbrut, bis sie sich im folgenden Jahr knapp unter der Erdoberfläche verpuppt. Beim Schlupf muss sie schnell das Nest verlassen, um nicht getötet zu werden. Im Nest kann oft nur eine Raupe überleben.

Nahrung & Wirtsameise: Ausschließlich Großer Wiesenknopf. Hauptwirt ist die Wiesen-Knotenameise, mögliche Nebenwirte sind die Rote Knotenameise und evtl. 1–2 weitere Arten.

Flugzeit

Der Falter fliegt nur in einer Generation. Die Hauptflugzeit ist im Juni/Juli.

	J	F	M	A	M	J	J	A	S	O	N	D
🦋						■	■					

Merkmale

- **Flügeloberseite:** Die ♂♂ und ♀♀ sind oberseits blau. Beim ♀ sind die dunklen Ränder breiter, sodass die dunklen Flecken am Rand nahezu darin verschwinden. Insgesamt wirkt das ♀ brauner. Sieht man nur die Oberseite, kann es mit einigen anderen Bläulingen verwechselt werden.
- **Flügelunterseite:** Die Unterseite ist hellbraun. Sie zeigt zwei Reihen weiß umrandeter Punkte, von denen die äußeren stark reduziert sein oder teilweise fehlen können.
- **Flügelrand:** Der Rand ist weiß gesäumt.
- **Ruhehaltung:** Diese Art sitzt hauptsächlich mit geschlossenen Flügeln ab.

Dunkler Wiesenknopf-Ameisenbläuling

Maculinea nausithous (früher: Maculinea nausithous)

Flügelunterseite

Vorkommen
Die Hauptvorkommen liegen im Süden und in der Mitte Deutschlands, aber auch nördlich der Grenze gibt es vereinzelt Bestände. Insgesamt ist er häufiger als sein Verwandter und für Gesamtdeutschland als „gefährdet“ eingestuft. Trockenlegung, intensive Bewirtschaftung, Bebauung oder Aufforstung bzw. auch Verbuschung seiner Lebensräume haben auch ihn zurückgedrängt. Häufig tritt er zusammen mit dem Hellen Wiesenknopf-Ameisenbläuling in den gleichen Lebensräumen auf, von denen etliche in Naturschutzgebieten liegen. Er besiedelt gern frische bis feuchte oder wechselfeuchte Wiesen sowie dichter bewachsene Brachen und Hochstaudenfluren.

Falter
Die Hauptwirtsameise, die Rote Knotenameise, besiedelt etwas dichtere Vegetation. Da sie häufiger ist, größere Nester baut und die Tatsache, dass dieser Bläuling nicht nur ausschließlich von der Brut der Ameisen lebt, sondern auch von diesen gefüttert wird, ermöglicht die Entwicklung mehrerer Raupen im gleichen Nest. Der Lebensraum dieses Bläulings ist sehr stark mit dem Großen Wiesenknopf verbunden, denn Nahrungsaufnahme, Partnerfindung und Fortpflanzung finden auf dieser Pflanze statt, die auch oft als Schlafplatz gewählt wird.

- **Nahrung:** Der Falter saugt fast ausschließlich am Großen Wiesenknopf.
- **Eiablage:** Das ♀ legt die hellen Eier meist einzeln an einem Blütenköpfchen, zwischen den meist noch grünen, zumindest aber ungeöffneten Blütenknospen ab.

Raupe
Die Lebensweise der braunroten Raupe entspricht der des Hellen Wiesenknopf-Ameisenbläulings bis zur Einbringung ins Nest. Im Nest frisst sie nicht nur die Brut der Ameisen, sondern wird auch gefüttert. Durch die Möglichkeit, beide Nahrungsquellen zu nutzen, nimmt sie eine besondere Stellung zwischen den Arten ein, die entweder nur von der Brut

Englisch: Dusty Large Blue

❄ Raupe

leben oder nur von den Ameisen gefüttert werden. Dennoch ist auch sie nicht vor der Gefahr gefeit, getötet oder von einem Parasiten befallen zu werden. Sie verpuppt sich in der Nähe der Erdoberfläche, um nach dem Schlüpfen das Nest schnell verlassen zu können.

› **Nahrungspflanze & Wirtsameise:** Ausschließlich Großer Wiesenknopf. Hauptwirt ist die Rote Knotenameise, möglicher Nebenwirt ist die Wiesen-Knotenameise. Inwieweit andere Knotenameisenarten als Wirt möglich sind, ist auch bei dieser Art noch nicht hinreichend geklärt.

Flugzeit

Diese Art fliegt in einer Generation. In höheren Lagen liegt die Hauptflugzeit im Juni/Juli, ansonsten im Juli/August.

	J	F	M	A	M	J	J	A	S	O	N	D
🦋						■	■	■				

Merkmale

› **Flügeloberseite:** Das ♂ ist oberseits blau bestäubt, mit dunklem Rand und dunklen Flecken entlang der Flügelränder. Es kann im Flug nicht eindeutig identifiziert werden. Das ♀ dagegen ist einfarbig braun. Bei beiden ist eine sichere Bestimmung über die Unterseiten möglich.

› **Flügelunterseite:** Die zimtbraune Grundfarbe der Flügel, die fehlende blaue Bestäubung an der Basis und die Reihe (nur eine!) mit den weiß umrandeten Punkten lassen in Zusammenhang mit dem Lebensraum eine sichere Bestimmung zu.

› **Flügelrand:** Der Flügelsaum ist kurz und hell gefranst.

› **Ruhehaltung:** Die Falter zeigen die Flügeloberseiten nur sehr selten.

Argus-Bläuling

Geißklee-Bläuling, Silberfleck-Bläuling

Plebejus argus

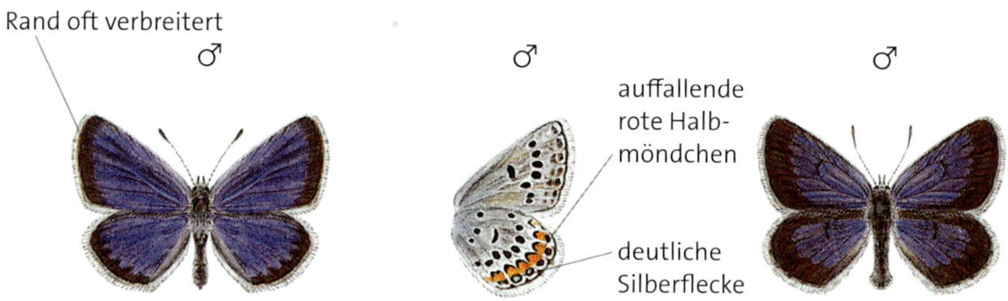

Flügelunterseite

Art im Feld schwierig zu bestimmen

Vorkommen
Je nach Höhenlage werden vom Argus-Bläuling entweder nur trockene oder nur feuchte Gebiete besiedelt. Entsprechend unterscheiden sich die Flugzeiten, die Anzahl der Generationen und die Nahrungs-/Nektarpflanzen. Er ist auf trockenen und halb trockenen Wiesen, an Hängen, Wegen und Böschungen zu finden, weitere Standorte sind Hochmoore, insbesondere deren Randgebiete, und Heideflächen mit reichlich Besenheide. Seine Beziehung zu Ameisen ist nicht ganz so eng, allerdings scheint das ♀ bei der Eiablage auf die Nähe von Ameisennestern, vorrangig der Art Schwarze Wegameise *(Lasius niger)* zu achten, in deren Gesellschaft die Raupen oft zu finden sind und in deren Nestern sie sich verpuppen sollen.

Falter
Der Argus-Bläuling, Idas- *(Plebejus idas)* und Kronwicken-Bläuling *(Plebejus argyrognomon)* zählen zu den Silberfleck-Bläulingen, da sie in den schwarzen Flecken zwischen der orangefarbenen Binde und dem Flügelsaum, je nach Lichteinfall und Individuum, metallisch silbern, grünlich oder bläulich schimmernde Stellen zeigen. Diese drei Arten sind im Freiland nicht eindeutig zu bestimmen. Selbst die Tatsache, dass der Argus-Bläuling an der Schiene des Vorderbeins einen kräftigen Dorn trägt, ist nur mit Glück durch Lupe/Nahglas oder auf einem vergrößerten Foto zu sehen. Eine sichere Bestimmung liefert nur eine Genitaluntersuchung. Ein wenig Hilfe bietet lediglich der Standort der Art. Der Argus-Bläuling ist der häufigere. Die beiden anderen Arten sind als „gefährdet“ und „stark gefährdet“ eingestuft. In einigen Bundesländern fehlen sie oder sind sehr selten.

- **Nahrung:** Je nach Standort besuchen sie Wiesen-Flockenblume, Wiesen-Platterbse, Vogelwicke, Gemeinen Horn- und Hufeisen-Klee, Distel, Besenheide u. a. Die ♂♂ saugen an feuchten Stellen sowie an Kot und Aas.
- **Eiablage:** Das ♀ legt die hellen Eier ein-

Englisch: Silver-studded Blue

❄ Ei

braun

♀

♀

auch am Vorderflügel orange

Flügelunterseite

♀

oft fehlen die Randmöndchen

zeln bodennah an der Nahrungspflanze oder in ihrer Nähe ab.

- **Revier:** Die ♂♂ sitzen auf etwas erhöhten Blütenköpfchen, wo sie sich sonnen, Rivalen verscheuchen und ♀♀ nachstellen. Das Revierverhalten ist nicht sehr stark ausgeprägt.

Raupe

Die braune oder grüne Raupe ist in der Lage, chemische Lockstoffe herzustellen und ein süßliches Sekret an die Ameisen abzugeben.

Nahrung: Je nach Standort sind es Besenheide, Hufeisen-Klee und Gemeiner Hornklee.

Flugzeit

Der Argus-Bläuling bildet je nach Standort ein bis zwei Generationen aus, je nach Witterung fliegen die Falter vereinzelt noch im September.

	J	F	M	A	M	J	J	A	S	O	N	D
🦋						■	■	■				

Merkmale

- **Flügeloberseite:** Das ♂ ist violettblau mit einem breiteren, dunklen Außenrand. Das ♀ ist braun mit mehr oder weniger ausgeprägten orangefarbenen Halbmonden auf den Hinter- und gelegentlich auch auf den Vorderflügeln.
- **Flügelunterseite:** Die Unterseite des ♀ ist braun, die des ♂ ist graubraun oder -blau und heller als beim ♀. Das Fleckenmuster sowie die orangefarbene Binde mit der Punktreihe und den metallisch schimmernden Flecken sind als Bestimmung ungeeignet.
- **Flügelrand:** Die Flügel sind mit etwas längeren, weißen Fransen gesäumt.
- **Ruhehaltung:** Auch diese Art sitzt gern mit geschlossenen Flügeln kopfüber ab. Oft bilden sie Schlafgemeinschaften.

Rotklee-Bläuling

Violettes Waldvöglein

Cyaniris semiargus

Vorkommen

Der Rotklee-Bläuling ist in fast ganz Deutschland vertreten, wird aber selten in höherer Dichte angetroffen. Intensive Landwirtschaft besonders in tieferen Lagen hat ihn oftmals in Randgebiete verdrängt. Er benötigt extensiv bewirtschaftetes Grünland, damit die Nachkommen, die hauptsächlich junge Blütenknospen des Rot-Klees fressen, eine Chance haben, sich zu entwickeln. Er kommt in allen Höhenlagen auf mäßig trockenen bis feuchten, blütenreichen, nicht zu fetten Wiesen vor. Gerne fliegt er an angrenzenden Gräben, Bächen und Tümpeln, auf Streuobstwiesen, aber auch auf Waldlichtungen ist er zu sehen, obwohl es nicht sein eigentlicher Lebensraum ist.

Falter

Er ist recht mobil und besiedelt gern neue für ihn geeignete Flächen.

› **Nahrung:** Diese Art hat eine Vorliebe für Schmetterlingsblütler, dabei spielen Kleearten eine große Rolle, Wiesen-Platterbse, Wicke, Futter-Esparsette, Lupine, aber auch andere wie Wiesen-Flockenblume, Blutweiderich und Dost oder Habichtskraut werden besucht. Die ♂♂ versammeln sich häufig an feuchten Stellen am Boden oder an trockenen Steinen, manchmal auch in Gesellschaft mit anderen Bläulingen.

› **Eiablage:** Das ♀ legt die hellen Eier einzeln oder zu mehreren hauptsächlich zwischen den noch fast grünen Knospen des Rot-Klees ab.

› **Revier:** Das ♂ sitzt an etwas erhöhten Stellen wie Blütenköpfchen oder Blättern ab, verscheucht vorbeifliegende Rivalen oder andere Falter und wartet auf ♀♀. Auch an feuchten Stellen kann es mitunter zu Rangeleien unter ♂♂ kommen.

Englisch: Mazarine Blue

❄ Raupe

♀

♀

Flügelunterseite

Raupe
Die erwachsene Raupe ist grün mit einer etwas dunkleren Rückenlinie und fein behaart. Zunächst frisst die Raupe an Blütenblättchen, danach an Knospen und jungen Blättchen ihrer Pflanze. Im folgenden Frühjahr macht sie sich auf die Suche nach einem Verpuppungsplatz am Boden. Auch sie soll in Symbiose mit Ameisen leben.

- **Nahrung:** Die Hauptnahrungspflanze ist der Rot-Klee, in der Literatur werden weitere Pflanzen wie Mittlerer Klee und Futter-Esparsette genannt.

Flugzeit
In höheren Lagen fliegt er in einer, in tieferen Lagen können es unter günstigen Bedingungen bis zu drei Generationen sein.

	J	F	M	A	M	J	J	A	S	O	N	D
Falter					■	■	■	■	■	▌		

Merkmale

- **Flügeloberseite:** Das ♂ ist oberseits violettblau mit einem dunklen Rand, der auch fehlen kann. Die Adern sind dunkel. Das ♀ ist einheitlich braun ohne jegliche Zeichnung.
- **Flügelunterseite:** Die Falter sind unterseits graubraun, das ♀ manchmal etwas brauner. Sie haben nur eine Punktreihe. Die Punktreihe der Vorderflügel ist geschwungen. An der Basis sind sie nur ein wenig blau bestäubt. Bei genauer Betrachtung sind sie recht sicher zu bestimmen.
- **Flügelrand:** Der Flügelsaum ist weiß gefranst.
- **Ruhehaltung:** Sie ruhen kopfüber mit geschlossenen Flügeln an etwas erhöhten verdorrten Blütenköpfchen oder Stängeln. Manchmal bilden sie Schlafgemeinschaften.

Hauhechel-Bläuling

Gemeiner Bläuling

Polyommatus icarus

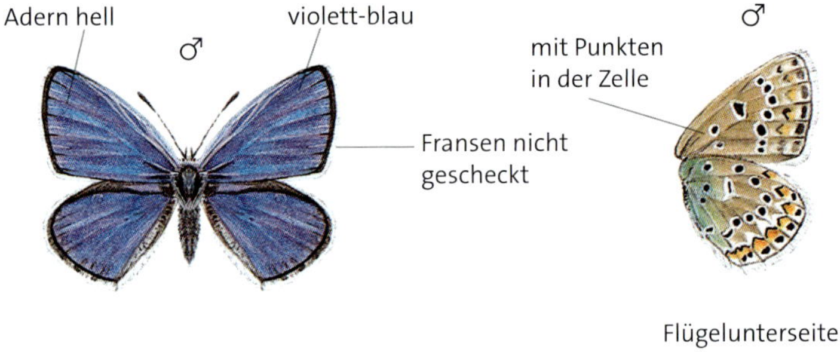

Vorkommen
Der erfreulicherweise noch recht verbreitete und häufige Hauhechel-Bläuling ist ein Falter des Offenlands. Er bevorzugt blütenreiche, nicht zu häufig gemähte Wiesen mit Schmetterlingsblütlern. Er kommt in trockenen sowie feuchten Gebieten und in allen Höhenlagen vor. Auch er wird durch Intensivierung der Bewirtschaftung von Grünland und Bebauung immer weiter in Randgebiete wie Böschungen, Straßenränder und Dämme gedrängt. Ab und zu erscheint er auch in Ortschaften. Aufgrund seiner Mobilität gelingt es ihm, neue Kleinflächen für sich zu erschließen. Er meidet zu dicht gewachsene Vegetation und weicht eher auf lückig oder niedrig bewachsene Stellen aus, wo sich die ♂♂ gerne aufhalten und die ♀♀ nach kleinen Pflänzchen für die Eiablage suchen. Die Ufer von Gräben, Bächen und Tümpeln sind weitere Stellen, die er gerne aufsucht um seinen Mineralien- und Feuchtigkeitsbedarf zu decken.

Falter
- **Nahrung:** Der Falter zeigt zwar Vorlieben für Schmetterlingsblütler, allerdings ist er ein Opportunist und saugt ebenso an Löwenzahn oder anderen Pflanzen in der Umgebung. Gelegentlich kommt er in naturnahe Gärten, um an Thymian und Lavendel zu naschen. Die ♂♂ saugen gern an feuchten Stellen oder an Kot.
- **Eiablage:** Das ♀ legt die hellen Eier meist einzeln an den Blättchen oder in die Blütenköpfchen der Pflanze ab, dazu wählt es gern kleine und gut zu erreichende Pflänzchen aus.
- **Revier:** Das ♂ sitzt etwas erhöht auf Blüten oder auf kahlem Boden. Es verjagt nicht nur ♂♂ der eigenen Art, sondern auch andere Falter. Ab und zu gelingt hier die Partnerfindung, aber es unternimmt auch Suchflüge, um ♀♀ aufzuspüren.

Englisch: Common Blue

❄ Raupe

♀

♀

Flügelunterseite

Raupe
Die grüne Raupe ernährt sich von den Blättchen. Sie verpuppt sich eingesponnen zwischen Pflanzenteilen oder am Boden. Auch sie wird immer wieder von Ameisen aufgesucht.

› **Nahrung:** Das ♀ legt die Eier bevorzugt an Gemeinem Hornklee oder an Hopfen-Klee ab. Vereinzelt gibt es auch Eiablagen an Luzerne, Hufeisen-, Weiß- und Rot-Klee.

Flugzeit
Dieser Bläuling fliegt in ein bis zwei Generationen. In warmen Jahren gibt es u. U. eine schwache 3. Generation, dann sehen wir ihn noch im Oktober.

	J	F	M	A	M	J	J	A	S	O	N	D
🦋					■	■	■	■	■	◧		

Merkmale

› **Flügeloberseite:** Das ♂ ist hellviolettblau, fein dunkel umrandet, die Adern sind oft hellblau. Das ♀ ist dunkelbraun mit orangefarbenen Randflecken in den Flügeln. Diese können auf den Vorderflügeln fehlen. Ab und zu ist es blau übergossen.

› **Flügelunterseite:** Unterseits sind sie hell graubraun mit einem weiß umrandeten schwarzen Wurzelfleck auf den Vorderflügeln. Eine Außenbinde aus orangefarbenen Halbmonden und weißen Feldern mit schwarzen Punkten ist auf den Hinterflügeln stärker ausgebildet als auf den Vorderflügeln. Sie kann stark verblasst sein.

› **Flügelrand:** Die Flügel sind weiß gesäumt, die Fransen nicht gescheckt.

› **Ruhehaltung:** Als Schlafplatz dienen meist verdorrte Blütenköpfchen oder Stängel, an denen sie kopfüber ruhen. Manchmal bilden sie Schlafgemeinschaften.

Himmelblauer Bläuling

Polyommatus bellargus

Flügelunterseite

Vorkommen

Der Himmelblaue Bläuling kommt hauptsächlich in Mittel- und Süddeutschland vor. Er ist in Deutschland als „gefährdet" eingestuft. Er stellt bestimmte Ansprüche an seinen Lebensraum, insbesondere an das Mikroklima für die Entwicklung seiner Nachkommen. Vielerorts ist er verschwunden oder rückläufig. Als Falter des Offenlands bevorzugt er Trocken- und Halbtrockenrasen, am liebsten niederwüchsig, nur spärlich bewachsen, mit Steinen oder Schotter durchsetzt und reichlich Hufeisen-Klee. Auch er versteht es, kleine oder neu entstandene, geeignete Flächen wie Böschungen und Dämme zu nutzen.

Falter

- **Nahrung:** Bevorzugt werden gelb blühende Schmetterlingsblütler, wie Hufeisen-Klee, Gewöhnlicher Hornklee, aber auch Dost, Witwenblume und Distel stehen je nach Saison auf dem Speiseplan. Hauptsächlich ♂♂ finden sich oft zu mehreren ein, um an feuchten wie trockenen, kahlen Bodenstellen oder an Kot Feuchtigkeit und Mineralien aufzunehmen (siehe S. 24).
- **Eiablage:** Das ♀ legt die Eier einzeln an der Nahrungspflanze ab. Dazu klettert es weit hinab, um eine windgeschützte Stelle zu finden. Es ist sehr wählerisch.
- **Revier:** Das ♂ besetzt sein Revier meist auf einer etwas erhöhten Warte und verjagt sehr eindringlich andere ♂♂, besonders wenn ein potenzielles ♀ in der Nähe ist.

Raupe

Die kräftig grün gefärbte und kurz behaarte Raupe zeigt gelbe, unterbrochene Rücken- und Seitenlinien. Sie ist sehr leicht mit der Raupe des Silbergrünen

Englisch: Adonis Blue

❄ Raupe

gelegentlich auch blau übergossen

♀

♀

Flügelunterseite

Bläulings zu verwechseln. Tagsüber versteckt sie sich am Boden nahe ihrer Pflanze oder auch unter Steinen. Nachts frisst sie an den Blättchen. Sehr häufig ist sie von Ameisen umgeben, die ihr als Gegenleistung für die zuckerhaltige Absonderung einen gewissen Schutz gewähren. Sie überwintert am Boden, um sich im folgenden Jahr nach weiterer Nahrungsaufnahme ebenfalls am Boden zu verpuppen.

- **Nahrung:** Die Hauptnahrungspflanze ist der Hufeisen-Klee. In der Literatur wird auch die Bunte Kronwicke genannt.

Flugzeit:
Er bildet zwei Generationen aus. In sehr warmen Jahren kommt es gelegentlich zu einer 3. Generation, deren Falter noch im Oktober fliegen.

	J	F	M	A	M	J	J	A	S	O	N	D

Merkmale

- **Flügeloberseite:** Das ♂ ist oberseits leuchtend blau, das ♀ braun mit mehr oder weniger stark ausgebildeten orangenfarbenen Flecken. Gelegentlich ist es blau übergossen.
- **Flügelunterseite:** Die Grundfärbung des ♂ ist graubraun, das ♀ etwas brauner. Auf dem Hinterflügel befinden sich ein weißer Fleck mit einer Spitze, selten schwarz gekernt, und ein weißer Wisch zwischen den Punkten und der orangen Binde am Rand. Besonders die ♀♀ können sowohl ober- als auch unterseits mit dem Silbergrünen Bläuling *(Polyommatus coridon)* verwechselt werden.
- **Flügelrand:** Ein wichtiges Merkmal ist der schwarz-weiß gescheckte Fransensaum.
- **Ruhehaltung:** Er ruht kopfüber an Pflanzen und bildet Schlafgemeinschaften.

Silbergrüner Bläuling

Silberblauer Bläuling, Silbergrauer Bläuling

Polyommatus coridon

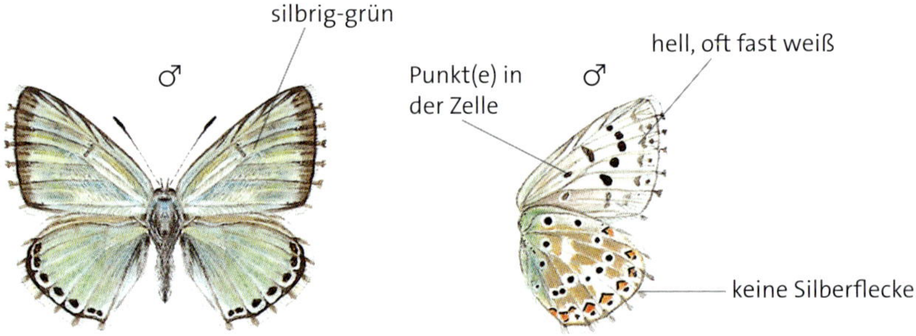

Flügelunterseite

Vorkommen
Der Silbergrüne Bläuling ist in nahezu allen Bundesländern vertreten und mancherorts noch recht häufig. Oft zusammen mit dem Himmelblauen Bläuling *(Polyommatus bellargus)* fliegt er in allen Höhenlagen auf Trockenrasen und Magerwiesen. Es bevorzugt blütenreiche, warme und sonnige Standorte, die nicht allzu dicht bewachsen sind, mit reichlich Hufeisenklee. Intensiv genutztes Grünland sowie gedüngter, aber auch zu hoher und dichter Bewuchs wird von ihm gemieden, was dazu führt, dass er besonders in tieferen Lagen stark zurückgegangen ist und lokal nur noch auf kleinen Flächen wie auf Dämmen, an Böschungen, Wiesenwegen oder Waldrändern zu finden ist.

Falter
- **Nahrung:** Er bevorzugt Schmetterlingsblütler wie Wundklee, Hornklee, Hufeisen-Klee, aber saugt auch an Korbblütlern wie Witwenblumen, Flockenblumen, Skabiosen und Kratzdistel. Die ♂♂ saugen gern mit Artgenossen oder anderen Bläulingen an feuchten Bodenstellen oder an Kot.
- **Eiablage:** Das ♀ legt die grünlichen Eier nach genauer Prüfung einzeln an oft verdorrten Teilen der Nahrungspflanze ab.
- **Revier:** Das ♂ zeigt ebenfalls ein Revierverhalten, das der Partnerfindung dient.

Englisch: Chalk-hill Blue

Ei

♀

♀

Flügelunterseite

Raupe

Die kräftig grün gefärbte und kurz gelblich behaarte Raupe zeigt gelbe, unterbrochene Rücken- und Seitenlinien, ähnlich wie die des Himmelblauen Bläulings. Auch sie frisst in der Dämmerung und nachts, während sie tagsüber am Boden unter Pflanzenpolstern oder Steinchen versteckt ruht. Ameisen können ihr Schutz gewähren, wobei auch sie als Gegenleistung zuckerhaltige Tröpfchen an diese abgibt. Die Verpuppung findet am Boden zwischen Pflanzenteilen oder Steinchen statt.

- **Nahrung:** Die Hauptnahrung ist der Hufeisen-Klee. Einige Beobachtungen berichten von Bunter Kronwicke.

Flugzeit

Diese Art fliegt in einer lang gestreckten Generation. Selten sind im Oktober noch Tiere zu sehen.

	J	F	M	A	M	J	J	A	S	O	N	D

Merkmale

- **Flügeloberseite:** Das ♂ ist silbrig grünblau mit einem dunklen Flügelrand. Das ♀ ist braun mit orangen Flecken oft nur auf dem Hinterflügel. Selten ist es blau übergossen.
- **Flügelunterseite:** Die Vorder- und Hinterflügel des ♂ sind unterschiedlich, die vorderen sind grauweiß bis weiß, die hinteren sind graubraun. Beim ♀ ist die Grundfarbe ein warmes Braun, auch hier sind die Vorderflügel einen Ton heller. Es kann mit dem ♀ des Himmelblauen Bläulings *(P. bellargus)* verwechselt werden.
- **Flügelrand:** Ein wichtiges Merkmal ist der weiß-dunkel gescheckte Flügelsaum.
- **Ruhehaltung:** Sie ruhen windgeschützt kopfüber an Stängeln und Halmen und bilden oft Schlafgemeinschaften.

Verwechslungsarten Perlmuttfalter

Kaisermantel
(Argynnis paphia)

Flügelunterseite

Großer Perlmuttfalter
(Argynnis aglaja)

Flügelunterseite

Feuriger Perlmuttfalter
(Argynnis adippe)

Flügelunterseite

Mädesüß-Perlmuttfalter
(Brenthis ino)

♂

♂

keine Perlmuttflecke

Flügelunterseite

Kleiner Perlmuttfalter
(Issoria lathonia)

♂

♂

silbrige Flecke

Perlmuttflecke länglich, sehr prägnant

Flügelunterseite

Magerrasen-Perlmuttfalter
(Boloria dra)

♂

♂

violette Zone, mit dunklen, braun-violetten Punkten

Flügelunterseite

Kaisermantel

Silberstrich

Argynnis paphia

Vorkommen
In Norddeutschland ist dieser recht große Tagfalter seltener anzutreffen und als „vom Aussterben bedroht" bzw. „gefährdet" eingestuft. Ansonsten ist der Bewohner des Waldes nicht selten. Er fliegt an sonnigen Waldrändern und -wegen sowie auf Kahlschlägen und Lichtungen. Gelegentlich verlässt er den Wald, um in angrenzenden Gebieten Blüten aufzusuchen, bleibt aber stets in Waldnähe. Dichte Wälder und solche mit viel Unterwuchs werden gemieden.

Falter
› **Nahrung:** Ideal sind blütenreiche Wald- oder Wegränder mit Kratzdisteln, Wasserdost, Doldenblütlern, Brombeere und Karden, aber auch Wasserminze und Witwenblumen werden angeflogen. In waldnahen Gärten labt er sich z. B. an Zinnie oder Buddleja. Gelegentlich nimmt er Feuchtigkeit und Mineralien am Boden auf.
› **Eiablage:** Zur Eiablage landet das ♀ auf dem Waldboden, um die niedrige Vegetation eingehend zu prüfen. Hat es einen Platz mit Veilchenbestand gefunden, sucht es sich einen geeigneten Baum in der Nähe. Meist ist es ein Nadelbaum mit grober oder rissiger Rinde. Es legt das einzelne Ei gut versteckt in eine Spalte, unter eine Rindenschuppe, manchmal auch in eine Flechte oder ins Moos, sodass es vor Witterungseinflüssen geschützt ist.
› **Reviere:** Das ♂ besetzt ein Revier, von dem aus es vorbeifliegenden ♀♀ nachstellt. Durch Flugmanöver versucht es das ♀ für die Paarung zu gewinnen. Scheinbar spielt die Farbe Orange eine Rolle, da es häufig Reflektoren an Fahrrädern, Traktoren oder Anhängern anfliegt. Die Reviere werden meist nur kurzzeitig besetzt.

Raupe
Nach dem Schlupf bleibt die Raupe am Baum und überwintert dort. Im Frühjahr verlässt sie den Platz um die Nahrungspflanze aufzusuchen. Da sie sehr versteckt lebt und hauptsächlich nachts

Englisch: Silver-washed Fritillary

❄ Raupe

♀

frisst, ist sie selten zu sehen. Die erwachsene Raupe ist graubraun mit zwei gelben Rückenlinien. Aus den Wärzchen ragen lange Dornen mit abstehenden Härchen, die Dornen hinter dem Kopf sind schwarz und etwas länger. Die Stürzpuppen befinden sich oft an Stämmen oder Zweigen von Bäumen oder Sträuchern.
Nahrung: Als Nahrung dienen verschiedene Veilchen-Arten. In der Literatur werden ferner Brombeere und Mädesüß genannt.

Flugzeit
Der Kaisermantel bildet eine Generation aus. In warmen Jahren erscheint er bereits ab Mitte Juni und fliegt bis September. Die Hauptflugzeit liegt im Juli/August.

	J	F	M	A	M	J	J	A	S	O	N	D

Merkmale

- **Flügeloberseite:** Ein leuchtendes Orange mit dunkelbraunen Flecken und vier breiten Streifen, die Duftschuppen auf dem Vorderflügel zeichnen den Falter als ♂ aus. Das ♀ ist etwas variabler im Grundton, der von weißlich Gelb bis Olivbraun reichen kann, und wirkt farblich etwas stumpfer als das ♂.
- **Flügelunterseite:** Beide Geschlechter tragen auf der Unterseite des Hinterflügels silbergraue, gut ausgebildete, quer zum Flügel verlaufende silbrige Linien. Dieses Merkmal und ihre Größe unterscheiden sie eindeutig von anderen Perlmuttfaltern. Der Grundton beim ♂ ist Orangebraun, beim ♀ Olivgrün mit leichtem Metallschimmer.
- **Flügelrand:** Ein feiner, weißgelblicher Saum umrandet die Flügel. Die Hinterflügel sind leicht wellenförmig gesäumt.

Großer Perlmuttfalter

Argynnis aglaja

♂

♂

Flügelunterseite

Vorkommen
Der Große Perlmuttfalter fliegt sowohl auf nicht intensiv genutzten Wiesen als auch in lichten Laub- und Nadelwäldern, auf Kahlschlägen oder Lichtungen, an Waldwegen und -rändern. Naturnahe Säume mit Hochstauden und angrenzende blütenreiche Wiesen werden gern zur Nahrungsaufnahme genutzt. Dieser Falter bevorzugt das Hügel- und Bergland und ist im Tiefland entsprechend spärlich vertreten. In Deutschland steht er auf der Vorwarnliste.

Falter
Auf Nektarsuche fliegt der mobile Falter durchaus weitere Strecken.

- **Nahrung:** Diese Falter sind eifrige Blütenbesucher mit einer Vorliebe für violette Blüten. Besonders gern werden Kratzdisteln und Flockenblumen angeflogen, aber auch Brombeerblüten und Rot-Klee werden als Nektarquelle genutzt. Gelegentlich saugen sie an feuchtem Boden.
- **Eiablage:** Das ♀ legt die Eier einzeln an der Nahrungspflanze oder in ihrer Nähe am Boden ab. Dazu klettert es u. U. in die Krautschicht.
- **Reviere:** Das ♂ unternimmt flache Suchflüge über die Wiesen in Erwartung frisch geschlüpfter ♀♀, aber wir können es auch an Weg- und Waldrändern mit gelegentlichen Saugpausen an Blüten patrouillieren sehen.

Englisch: Dark Green Fritillary

Raupe

♀

Raupe
An den Seiten trägt die schwarze Raupe rotbraune Flecke, auf dem Rücken eine unterbrochene helle Doppellinie, die oftmals nur schwach ausgebildet ist. Die Dornen sind schwarz mit abstehenden Härchen. Sie lebt sehr heimlich und wird selten gefunden. Nach dem Schlüpfen sucht sie sich ein Versteck, in dem sie überwintert. Erst im Frühjahr sucht sie ihre Pflanze auf. Die Verpuppung erfolgt ebenfalls versteckt in einem Gespinst.

- **Nahrung:** Als Nahrung sind bisher Rauhaariges Veilchen, Sumpf-Veilchen und der Schlangen-Knöterich beobachtet worden.

Flugzeit
Der Große Perlmuttfalter fliegt in einer Generation. Die Hauptflugzeit liegt zwischen Mitte Juni und Anfang August.

	J	F	M	A	M	J	J	A	S	O	N	D

Merkmale

- **Flügeloberseite:** Die Grundfarbe ist Gelborange mit dunklen Zeichnungselementen. Das ♂ hat auf dem Vorderflügel zwei bis drei Adern, die undeutlich verstärkt braun erscheinen – das sind die Duftschuppen. Das ♀ sieht ähnlich aus, es ist an der Flügelbasis dunkler, an den Flügelspitzen der Vorderflügel sind die letzten orangefarbenen Flecke heller bis fast weiß.
- **Flügelunterseite:** Zwischen den typischen silbrigen Flecken auf der Hinterflügelmitte und denen am Außenrand besteht ein bandartiger fleckenfreier Bereich, was ein wichtiges Unterscheidungsmerkmal zum Feurigen Perlmuttfalter *(Argynnis adippe)* und zum selteneren Mittleren Perlmuttfalter *(Argynnis niobe)* ist.
- **Flügelrand:** Die Flügel sind weiß gesäumt, an den auslaufenden Adern sind die Fransen schwarz.

Feuriger Perlmuttfalter

Märzveilchenfalter, Hundsveilchen-Perlmuttfalter

Argynnis adippe

Flügelunterseite

Vorkommen

In Norddeutschland ist dieser Perlmuttfalter selten oder fehlt ganz, in den meisten Bundesländern ist er als „gefährdet" bzw. „stark gefährdet" eingestuft. Seine Lebensräume liegen sowohl in feuchten als auch trockenen Gebieten. Er fliegt im lichten Wald auf Lichtungen, an Weg- und Waldrändern mit Hochstauden oder anderen blühenden Pflanzen, im Bereich von Mooren sowie auf Trocken- oder Feuchtwiesen. Blütenreiche Flächen sind die Nektargebiete des Falters, die Bereiche für die Fortpflanzung dürften auch im sonnigen Offenland oder an sehr sonnigen, warmen Stellen im oder am Wald liegen. Auf seinen Flügen gelangt er gelegentlich in Klein- oder Hausgärten, hier sind es Zinnien und Buddleja, die er gern aufsucht.

Falter

› **Nahrung:** Je nach Lebensraum sucht er unterschiedliche Blüten auf. Seine Vorliebe für violette Distelarten ist unverkennbar, des Weiteren werden sehr gern Wasserdost und Rot-Klee angeflogen, gefolgt von Wald-Witwenblume und Baldrian. Außerhalb des Waldes sind Witwenblumen, Flockenblumen, aber auch Kohlkratzdistel oder der gelb blühende Weidenblättrige Alant gern besuchte Pflanzen. An heißen Tagen saugt er an feuchten Stellen am Boden.

› **Eiablage:** Das ♀ legt die Eier meist einzeln an stabileren, verdorrten Stängeln und anderen festeren Unterlagen in der Nähe der Nahrungspflanze ab. Diese Plätze sind meist nur spärlich bewachsen.

› **Reviere:** Ähnlich dem Großen Perlmuttfalter fliegen die ♂♂ flach über Wiesen nach ♀♀ suchend oder patrouillieren an Waldrändern und -wegen.

Englisch: High Brown Fritillary

Ei

♀

Flügeloberseite

Raupe
Die erwachsene Raupe zeigt eine variable schwarz-weiße Zeichnung. Auf den rötlichen Wärzchen befinden sich rötliche bis hellbraune Dornen. Bei Sonnenschein und Hitze genießen sie scheinbar Sonnenbäder. Trotzdem werden die Raupen nicht so häufig gefunden. Die Räupchen überwintern im Ei und verpuppen sich im späten Frühjahr bis Frühsommer.

- **Nahrung:** Als Nahrungspflanzen sind bisher unterschiedliche Veilchenarten bekannt.

Flugzeit
Dieser Perlmuttfalter fliegt in einer Generation. Je nach Höhenlage und Witterung erscheint er ab Mitte Juni und ist bis Mitte September zu sehen.

	J	F	M	A	M	J	J	A	S	O	N	D

Merkmale

- **Flügeloberseite:** Das ♂ trägt auf den Vorderflügeln zwei deutlich dunkel verstärkte Adern, die Duftschuppen, welche beim ♀ fehlen. Das ♀ ist an den Vorderflügelspitzen oft etwas dunkler gezeichnet. Sie sind leicht mit anderen Perlmuttfaltern zu verwechseln.
- **Flügelunterseite:** Zur eindeutigen Bestimmung gehören die Flecke zwischen dem groß gefleckten Mittelfeld und dem Rand mit den schwach abgegrenzten weißen Halbmonden. Diese Flecke sind, wenn auch nicht alle, in einer rotbraunen Umrandung deutlich weiß gekernt. Beim Großen Perlmuttfalter *(A. aglaja)* fehlen sie ganz, und beim Mittleren Perlmuttfalter *(A. niobe)* sind sie schwächer ausgebildet.
- **Flügelrand:** Die Ränder sind fein weiß umsäumt und wirken besonders an den Hinterflügeln leicht gewellt. Die Außenränder der Vorderflügel verlaufen geradlinig.

Kleiner Perlmuttfalter

Issoria lathonia

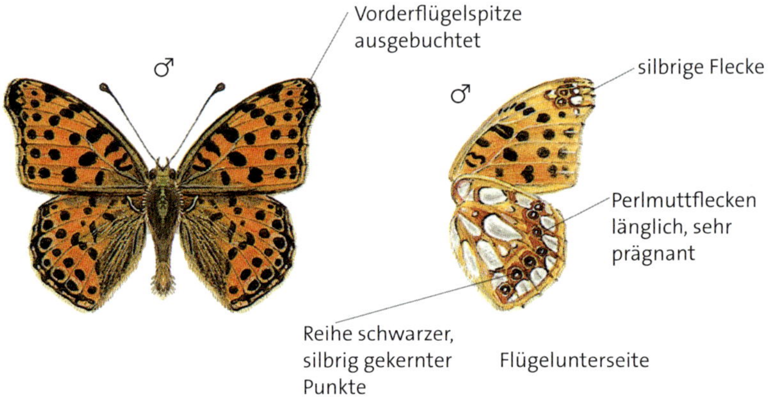

Vorkommen
Der wärmeliebende Kleine Perlmuttfalter ist in vielen Gebieten unterwegs. Davon dürften aber nicht alle als Fortpflanzungsgebiet infrage kommen. Seine Schwerpunkte liegen im eher trockenen Tief- und Hügelland. Magere, extensiv genutzte Wiesen, Felder und Äcker sowie karge Brachen mit Veilchenvorkommen, insbesondere des Acker-Stiefmütterchens, gelten als geeignete Fortpflanzungsbereiche. Er fliegt an sonnigen Wald-, Weg- und Feldrändern, an Böschungen und auf Dämmen. Dieser kleine Wanderer scheint sich in einigen Bundesländern in den letzten Jahren ausgebreitet zu haben, allerdings ist noch nicht eindeutig geklärt, inwieweit es sich um bodenständige Tiere oder Zuwanderer handelt.

Falter
Im Frühjahr begegnen uns meist nur vereinzelt Falter. Im Spätsommer und Herbst können wir sie am häufigsten beobachten, besonders auf abgemähten Getreidefeldern. Als witterungsabhängige Falter können ihre Vorkommen beträchtlich schwanken.

- **Nahrung:** Der Falter ist ein eifriger Blütenbesucher. Je nach Saison und Umgebung werden unterschiedliche, meist violette Blütenpflanzen wie Flockenblumen, Witwenblumen, Rot-Klee, Luzerne, Wasserdost, Kratzdisteln, Natternkopf oder auch das Acker-Stiefmütterchen genutzt.
- **Eiablage:** Das ♀ legt die Eier einzeln an den Blättern oder Stängeln der Nahrungspflanze ab.
- **Reviere:** Die ♂♂ sitzen gern auf dem kahlen Boden, warten auf vorbeifliegende ♀♀ und vertreiben Rivalen oder andere Falterarten.

Englisch: Queen of Spain Fritillary

❄ Raupe oder Puppe

Raupe

Die schwarze Raupe trägt eine fein weiß gefleckte Rückenlinie. Auf den hellbraunen Wärzchen sitzen ebenfalls helle Dornen. Der Kopf ist schwarz mit einer braunen Stirn. Der Kleine Perlmuttfalter soll als Raupe oder auch als Puppe überwintern.

› **Nahrung:** Hauptnahrung ist das Acker-Stiefmütterchen, weitere Veilchenarten wie das Wilde Stiefmütterchen, das Rauhaarige Veilchen sind als Nahrungspflanze beobachtet worden.

Flugzeit

Dieser Perlmuttfalter kann, je nach Witterung, zwei bis drei Generationen ausbilden. Vereinzelt ist er noch in November zu sehen.

	J	F	M	A	M	J	J	A	S	O	N	D
🦋				■	■	■	■	■	■	■		

Merkmale

› **Flügeloberseite:** Die Grundfarbe ist Orange, das ♀ ist gelegentlich etwas blasser. Die beiden dunklen Punktreihen entlang der Flügelränder und die Form der Vorderflügel sind eindeutige Bestimmungsmerkmale zu anderen Perlmuttfaltern.

› **Flügelunterseite:** Die recht großen, silbrig glänzenden Flecke auf den Unterseiten der Hinterflügel und die beiden kleinen an der Vorderflügelspitze machen ihn auch unterseits unverwechselbar.

› **Flügelrand:** Die Ränder sind meist weiß gesäumt und leicht gewellt. Dort, wo die Adern enden, befinden sich feine schwarze Fransen. Die Vorderflügelspitzen sind zum Außenrand etwas ausgebuchtet.

Mädesüß-Perlmuttfalter

Violetter Silberfalter

Brenthis ino

♂

♂

Flügelunterseite

Vorkommen
Der Mädesüß-Perlmuttfalter fliegt überall in Deutschland. Oftmals sind seine Vorkommen nur lokal, denn häufig muss er sich mit kleinen Flächen zufriedengeben. Sein Lebensraum liegt hauptsächlich in feuchten Gebieten, z. B. in Feucht- oder Nasswiesen, feuchten Waldrändern, Lichtungen von Auenwäldern, Randbereichen von Mooren, Ufern von Bächen und Gräben oder Weihern und Tümpeln, vorausgesetzt, dass dort reichlich Mädesüß wächst und sich, für ihn sehr wichtig, in der nahen Umgebung blütenreiche Wiesen, Böschungen o. Ä. befinden. Seltener fliegt er in trockenen Bereichen.

Falter
- **Nahrung:** Wie viele Falter bevorzugt auch er violette Blüten und saugt gern an feuchten Bodenstellen. Als Nektarquelle sind neben Wiesen-Flockenblume, Sumpf-Kratzdistel, Witwenblume und Rot-Klee auch der Große Wiesenknopf, Brombeere und Baldrian attraktiv.
- **Eiablage:** Das ♀ legt die Eier einzeln an die Blätter der Nahrungspflanze.
- **Reviere:** Das ♂ fliegt die Wiesen auf der Suche nach ♀♀ ab und verjagt Rivalen oder andere Falter.

Raupe
Die hellbraune Raupe hat feine helle Längslinien. Die weiße Doppellinie auf dem Rücken sowie der am Bauch angrenzende Streifen sind deutlich ausgebildet. Die Dornen sind hellbraun, mit kleinen abstehenden Härchen. Der Kopf ist braun mit dunklen Flecken. Meist ist die Raupe an der Blattunterseite verborgen und frisst nachts oder bei trübem Wetter. Sie verpuppt sich meist an ihrer Pflanze.

Englisch: Lesser Marbled Fritillary

❄ Widersprüchliche Angaben; nicht abschließend geklärt

♀

› **Nahrung:** Die Hauptnahrungspflanze ist das Mädesüß. Weitere Beobachtungen gibt es über Eiablagen an Sumpfauge und Großem Wiesenknopf. In trockeneren Gebieten soll auch der Kleine Wiesenknopf als Nahrungspflanze eine Rolle spielen.

Flugzeit

Dieser Perlmuttfalter fliegt in einer Generation. Im Juni und Juli liegt die Hauptflugzeit, die sich je nach Höhenlage nach hinten verschieben kann.

	J	F	M	A	M	J	J	A	S	O	N	D

Merkmale

› **Flügeloberseite:** Oberseits kann dieser Falter mit einigen anderen Perlmuttfaltern verwechselt werden. Der mittlere Punkt der Punktreihe ist meist sehr viel kleiner oder fehlt. Das ♀ ist etwas größer und häufig an der Basis der Flügel dunkler. Alle Flügel haben einen durchgängigen dunklen Rand, anders als beim selteneren Brombeer-Perlmuttfalter *(Brenthis daphne)*.

› **Flügelunterseite:** Die Flecke sind nicht silbrig, sondern eher weißlich gelb. Die Punkte zwischen dem mittleren und dem äußeren Bereich sind weiß gekernt. Der Gesamteindruck ist nicht so verwaschen und dunkel wie beim Brombeer-Perlmuttfalter *(Brenthis daphne)* der in diesem Bereich mehr violett aussieht.

› **Flügelrand:** Die Flügel sind weiß gesäumt, an den Enden der Adern sind die Fransen schwarz. Die Hinterflügelränder sind ganz leicht gewellt.

Magerrasen-Perlmuttfalter

Hainveilchen-Perlmuttfalter

Boloria dia

♂

Falter klein

♂

Flügelunterseite

Vorkommen

Der recht kleine Perlmuttfalter mag es warm und trocken. Sein Lebensraum liegt hauptsächlich in sonnigen und trockenen, aber strukturierten Gebieten wie Halbtrocken-, Trocken- oder Magerwiesen, oft an Waldrändern, mit Veilchenvorkommen. In einigen Bundesländern ist er „stark gefährdet" oder „vom Aussterben" bedroht. Andererseits gibt es Regionen, in denen er sich in den letzten Jahren weiter ausgebreitet hat, obwohl er selten in großer Anzahl vorkommt. Da es schon in der Vergangenheit Bestandsschwankungen gab, bleibt zu hoffen, dass diese Verbreitung nicht nur eine Momentaufnahme ist.

Falter

- **Nahrung:** Viele Pflanzen werden je nach Angebot und jahreszeitlichem Vorkommen genutzt z. B. Hahnenfuß, Knoblauchsrauke, Gemeiner Hornklee, Wiesen-Flockenblume, Skabiosen u. a.
- **Eiablage:** Das ♀ legt die Eier einzeln nahe der Nahrungspflanze ab.
- **Reviere:** Das ♂ zeigt kein ausgeprägtes Revierverhalten. Es fliegt recht bodennah und unstet umher.

Raupe

Die grauschwarze Raupe mit kurzen Dornen und einer sehr feinen weißen Zeichnung wird nur sehr selten gefunden, daher gibt es noch einige offene Fragen über deren Lebensraum und Verhalten. Die letzte Generation soll als halb erwachsene Raupe überwintern. Die Verpuppung erfolgt bodennah an Pflanzenstängeln.

Englisch: Weaver's Fritillary

❄ Raupe

› **Nahrung:** Diese Art ist an Veilchenarten, besonders an das Rauhaarige Veilchen, gebunden. Ob weitere Nahrungspflanzen infrage kommen, ist noch nicht abschließend geklärt.

Flugzeit

Diese Art bildet zwei bis drei Generationen aus. In wärmebegünstigten Jahren erscheint sie bereits Ende April und kann noch im Oktober fliegen.

	J	F	M	A	M	J	J	A	S	O	N	D
🦋				■	■	■	■	■	■	■		

Merkmale

› **Flügeloberseite:** Die dunklen Punkte sind recht groß. Insgesamt wirkt dieser Perlmuttfalter kräftig und dunkel gezeichnet.

› **Flügelunterseite:** Die Unterseite ist sehr markant gezeichnet. Die dunklen Punkte sind recht groß, und violette Wische reichen bis zum Hinterflügelrand. Er ähnelt dem sehr seltenen Hochmoor-Perlmuttfalter *(Boloria aquilonaris)*.

› **Flügelrand:** Die Flügel sind weiß gesäumt, die Fransen an den Adern schwarz. Der Hinterflügelvorderrand und -außenrand treffen in einem fast rechten Winkel aufeinander.

› **Ruhehaltung:** Die Falter sonnen sich gern im Gras; meistens jedoch fliegen sie sehr unstet umher, ohne lange Rast zu machen.

Admiral

Vanessa atalanta

Art unverwechselbar

Flügelunterseite

Vorkommen
Dieser Wanderfalter fliegt in unterschiedlichen Lebensräumen. Für die Fortpflanzung benötigt er etwas frischere bis feuchte Gebiete, Brennnesseln an sonnigen bis halbschattigen Standorten und eine strukturreiche Umgebung. Er begegnet uns im lichten Wald, an Waldrändern, aber auch in gebüsch- oder gehölzreichen Gebieten wie an bewachsenen Ufern von stillen und fließenden Gewässern oder an Böschungen. Im Siedlungsbereich sehen wir ihn auf Nektarsuche in Haus- und Kleingärten oder auf Friedhöfen.

Falter
Bei geeigneter Witterung wandern im Herbst einige Falter nach Süden ab, die anderen suchen geschützte und wärmere Orte auf. In sehr milden Wintern schaffen sie es, bei uns zu überwintern.

› **Nahrung:** Je nach Jahreszeit werden unterschiedliche Blüten genutzt. Etwaige Überwinterer suchen im Wald gern Seidelbast, Weidenblüten, in Gärten und auf Friedhöfen Duftschneeball auf. Weitere Nektarquellen sind Wasserdost, Kratzdisteln, in den Gärten Buddleja, Zinnie und Große Fetthenne. Eine Tendenz zu rosa bis violetten Blüten ist erkennbar. Er saugt gern an feuchten Bodenstellen. Im Herbst hat er eine Vorliebe für überreifes Obst/Fallobst.
› **Eiablage:** Das ♀ legt die Eier einzeln meist an der Blattunterseite der Nahrungspflanze ab.
› **Reviere:** Das ♂ besetzt das Revier, indem es sich je nach Temperatur auf kahlem Boden, auf Steinen, an Baumstämmen oder in niedriger Vegetation absetzt und auf vorbeifliegende ♀♀ wartet, dabei verjagt es andere Falter. Nach kurzer Verfolgungsjagd kehrt es an seinen Platz zurück. Dieses Territorialverhalten zeigt es hauptsächlich ab dem Spätnachmittag.

Raupe
Die Raupe ist in der Grundfärbung variabel. Sie kann gelblich grau oder schwarz sein. Sie trägt Dornen, die unterbrochenen Seitenstreifen sind gelb. Sie lebt

Englisch: Red Admiral

❄ Falter

in einem an den Rändern längs zusammengesponnenen Brennnesselblatt. Der Blattstiel wird angebissen, sodass das Blatt herabhängt. In diesem Versteck frisst sie von der Spitze her das Blatt. Bei Störung kringelt sie sich ein oder lässt sich auch fallen. In der Regel verpuppt sie sich an der Nahrungspflanze, indem sie mehrere Blätter zusammenspinnt. Im Herbst sucht sie sich einen warmen Ort zur Verpuppung z. B. eine besonnte Hauswand.

› **Nahrung:** Die Raupe ernährt sich nur von Brennnesseln.

Flugzeit

In sehr milden Jahren, wie z. B. 2013/2014, war der Admiral bereits im Februar zusehen. Einwandernde Falter kommen erst ab Mai zu uns. Sie sind an den abgeflogenen Flügeln zu erkennen. Der Admiral fliegt in ein bis zwei Generationen.

	J	F	M	A	M	J	J	A	S	O	N	D

Merkmale

› **Flügeloberseite:** Mit den weißen Flecken an den Vorderflügelspitzen sowie der hellroten Binde auf allen Flügeln ist er unverwechselbar.

› **Flügelunterseite:** Selbst im höheren Flug kann der Admiral anhand der hell durchscheinenden Zeichnung der Oberseite erkannt werden. Ansonsten ist er unterseits braun marmoriert und in Ruhehaltung bestens getarnt.

› **Flügelrand:** Die Flügelränder sind fein weiß-schwarz gescheckt. Die Vorderflügelspitzen sind deutlich ausgebuchtet.

Distelfalter

Vanessa cardui

Art unverwechselbar

Flügelunterseite

Vorkommen
Dieser Wanderfalter ist in fast allen Lebensräumen anzutreffen, allerdings ist der Wald, anders als für den Admiral, für ihn nicht so wichtig. Er liebt das offene Gelände, besonders relativ naturbelassene Agrarflächen mit blütenreichen Säumen oder Felder mit Rot-Klee und Luzerne. Der sehr gute Flieger kommt in allen Höhenlagen vor. Vom Frühling bis zum Spätsommer gibt es mehrere Einwanderungswellen, aber nicht alle sind so spektakulär wie im Jahr 2009, als Tausende in Deutschland einflogen.

Falter
Das Vorkommen des Distelfalters ist von Jahr zu Jahr sehr unterschiedlich. Eine Überwinterung schafft er bei uns nicht, ein Teil der Nachkommen fliegt wieder zurück in den Süden.

- **Nahrung:** Er ist ein sehr eifriger Blütenbesucher und nutzt jede sich ihm bietende Gelegenheit für einen Rüssel voll Nektar. Er saugt gern an Kohl- und Ackerkratzdisteln, an Flocken- und Witwenblumen, in den Gärten sind es Buddleja, Zinnien, Tagetes, Lavendel u. a. An feuchten Bodenstellen und Steinen nimmt er gern Mineralien und Wasser auf.
- **Eiablage:** Das ♀ legt die Eier einzeln an den Blättern der Nahrungspflanze, bevorzugt an trockenen und sonnigen Standorten ab.
- **Reviere:** Das ♂ besetzt Reviere auf kahlem Boden von Feld- oder Kieswegen oder an lückig bewachsenen Stellen in Wiesen/Weiden.

Englisch: Painted Lady

❄ Wanderfalter, der nicht bei uns überwintert

Raupe
Die Raupe ähnelt ein wenig der des Admirals. Sie ist dunkel mit gelben, unterbrochenen Streifen auf dem Rücken und an den Seiten. Die Dornen sind meist gelblich. Sie lebt nicht ganz so versteckt wie die Raupe des Admirals und ist sehr häufig in einem leichten Gespinst anzutreffen. Manchmal spinnt sie mehrere Blätter locker zusammen. In einem solchen Unterschlupf verpuppt sie sich häufig.

- **Nahrung:** Als Nahrung werden Kohl- und Ackerkratzdisteln, Gewöhnlicher Beifuß, aber auch Kletten, Brennnessel, Borretsch, Natternkopf und einige andere genutzt.

Flugzeit
Er bildet meist nur eine Generation aus. Bei guter Witterung können die ersten Falter bereits im März/April einfliegen.

	J	F	M	A	M	J	J	A	S	O	N	D
🦋			■	■	■	■	■	■	■	■		

Merkmale

- **Flügeloberseite:** Die orange Grundfarbe mit der dunklen Zeichnung und den weiß gefleckten Vorderflügelspitzen machen ihn unverwechselbar.
- **Flügelunterseite:** Aufgrund der hellen Unterseiten und der durchscheinenden Zeichnung der Vorderflügel ist er auch in Ruhehaltung eindeutig zu bestimmen.
- **Flügelrand:** Die Flügelränder sind weiß-schwarz gesäumt. Wie bei seinem Verwandten, dem Admiral, sind die Vorderflügelspitzen deutlich ausgebuchtet.

Tagpfauenauge

Inachis io

♂

Art unverwechselbar

♂

Flügelunterseite

Vorkommen
Dieser recht häufige und bekannteste Falter fliegt fast überall von der Ebene bis zum Bergland. Aufgrund der im Frühjahr bevorzugten Revierbildung an Waldrändern, -wegen oder anderen lichten Stellen, spielt der Wald eine größere Rolle. Ebenso sehen wir ihn an bewachsenen Ufern von Still- oder Fließgewässern, in Parks und Gärten.

Falter
Das Tagpfauenauge überwintert als Falter. Hierzu sucht es sich geschützte, etwas luftfeuchte Plätze, z. B. Scheunen, Geräteschuppen, Gebäudeteile wie Dachböden, Keller oder auch verdolte Bäche und Gräben, aus. In der heißen Sommerzeit kann es vorkommen, dass der Falter eine Ruhepause an einem kühleren Ort macht und dazu gelegentlich ins Haus fliegt. Vor dem Mähen von Brennnesseln sollte unbedingt vorher geschaut werden, ob sich Raupen an den Pflanzen befinden, das gilt auch für einige andere Falter.

- **Nahrung:** Im zeitigen Frühjahr sind Huflattich, blühende Weiden, Schlehe und später Löwenzahn wichtig. Mit zunehmender Blütenvielfalt sind die Falter sehr flexibel in ihrer Auswahl. Kratzdistel und Wasserdost sind sehr beliebt sowie in Gärten Buddleja, Zinnie und Große Fetthenne. Eine weitere willkommene Nahrungsquelle bietet im Herbst überreifes Obst.
- **Eiablage:** Das ♀ legt die Eier in Häufchen an den Trieben der Nahrungspflanze ab. Dazu wählt es sonnige, etwas luftfeuchte Standorte.
- **Reviere:** Die ♂♂ der ersten Generation bevorzugen als Revier sonnige, windgeschützte Plätze am Rande von Gehölzen oder im lichten Wald. Das ♂ sitzt am Boden, sonnt sich ausgiebig, verjagt andere Falter, insbesondere Rivalen, und wartet auf vorbeifliegende ♀♀.

Raupe
Die schwarzen, weiß gepunkteten Raupen sind an Brennnesseln leicht zu entdecken, da sie durch ihr Gespinst, ihre

Englisch: European Peacock

❄ Falter

Fraßspuren und ihre nicht geringe Anzahl auffallen. Sie können mit den Raupen des Landkärtchens *(Araschnia levana)* verwechselt werden, welche allerdings am Kopf zwei Dornfortsätze tragen, die den Raupen des Tagpfauenauges fehlen. Sind die Raupen älter, verteilen sie sich und sind nur noch vereinzelt an den Brennnesseln zu sehen. Auf der Suche nach einem Verpuppungsplatz wandern sie häufig auf Wegen umher.

› **Nahrung:** Für die 2. Generation sind frisch ausgetriebene Große Brennnesseln wichtig.

Flugzeit

Das Tagpfauenauge bildet zwei Generationen aus. Je nach Witterung erscheint es bereits im März und kann bis in den November hinein fliegen. In heißen Sommern legen sie eine Ruhepause ein.

	J	F	M	A	M	J	J	A	S	O	N	D

Merkmale

› **Flügeloberseite:** Auf jedem Flügel ist ein unverwechselbarer großer, bunter Augenfleck, der Augenfleck des Hinterflügels kann vom Vorderflügel verdeckt sein.

› **Flügelunterseite:** Die Unterseite wirkt dunkelbraun marmoriert, ohne auffällige Zeichnung oder durchschimmernden Fleck.

› **Flügelrand:** Der Flügelrand ist unregelmäßig gewellt, mit je einer zackenförmigen Ausbuchtung auf Vorder- und Hinterflügel.

Kleiner Fuchs

Aglais urticae

Vorkommen
Dieser recht häufige Tagfalter fliegt fast überall, außer im dichten Wald. Die blütenreichen Gebiete, die er zur Nahrungsaufnahme anfliegt, können entfernt von etwaigen Fortpflanzungsgebieten liegen. Wir finden ihn sowohl an Waldwegen und -rändern, Böschungen oder Hecken als auch im Offenland auf Wiesen- oder Feldwegen. Er sucht Rot-Klee- und Luzernefelder auf oder fliegt in Gärten und Parks auf der Suche nach Nektar.

Falter
Der Kleine Fuchs überwintert als Falter. Ähnlich dem Tagpfauenauge sucht er im Winter geschützte Bereiche meist innerhalb von Ortschaften auf. Dies können Dachböden, Scheunen und Schuppen sein. Gelegentlich verkriecht er sich auch in Holzstapeln.

› **Nahrung:** Der Kleine Fuchs ist ein eifriger Blütenbesucher und saugt gelegentlich an feuchten Bodenstellen oder Steinen. Im Frühjahr sind blühende Weiden oder in Gärten Duftschneeball willkommen. Im Sommer bevorzugt er violette und gelbe Blüten wie Witwenblume, Flockenblume, Acker-Kratzdistel oder Wiesen-Pippau, in den Gärten Buddleja, Zinnie, Große Fetthenne und späte Herbstastern.
› **Eiablage:** Das ♀ legt die grünen Eier in kleinen Häufchen an der Unterseite nur frischer Brennnesseltriebe ab.
› **Reviere:** Das ♂ sucht geeignete Eiablageplätze auf und wartet am Boden oder auf niedriger Vegetation sitzend auf ♀♀. Diese Plätze sind i. d. R. voll besonnt. Sehen wir zwei Falter direkt hintereinandersitzen, lohnt es sich, ein wenig zu warten, denn hier ist die Balz eingeleitet, und vielleicht können wir eine Paarung beobachten.

Raupe
Die zunächst hellen Räupchen leben gesellig im Gespinst zwischen locker zusammengesponnenen Blättern. Schon bald zeichnet sich ihr schwarzgelbgestreiftes Muster ab. Die Trauben von kleinen Raupenleibern, die Fraßspuren

Englisch: Small Tortoiseshell

❄ Falter

und die Mengen an Kotbällchen an Brennnesseln sind kaum übersehbar. Fast erwachsen, suchen sie sich ein eigenes Blatt. Als Verpuppungsplatz wählen sie meist Pflanzenteile wie Zweige oder Stängel aus. Gelegentlich sind es auch geschützte Stellen an Mauern oder Holzzäunen.

- **Nahrung:** Das ♀ legt die Eier nur an junge Brennnesseln, im Sommer an frisch ausgetriebene bzw. zuvor gemähte Pflanzen, ab.

Flugzeit

Der Falter bildet mind. 2 Generationen aus. Er erscheint an den ersten warmen Tagen fliegt je nach Witterung noch im Oktober.

Merkmale

- **Flügeloberseite:** Die dunkle Basis der Hinterflügel, die intensive Grundfarbe und kontrastreiche Zeichnung, der weiße Fleck an der Flügelspitze sowie die blauen Halbmonde am Außenrand der Vorderflügel unterscheiden ihn vom Großen Fuchs *(Nymphalis polychloros)*.
- **Flügelunterseite:** Unterseits zeigt er auf den Vorderflügeln hellere Bereiche, welche u. a. die hellen Flecke der Oberseite erahnen lassen. Auf den Hinterflügeln zeichnet sich ebenfalls eine helle Binde ab.
- **Flügelrand:** Die Flügel sind etwas wellenförmig und weisen je eine zackige Ausbuchtung auf.

C-Falter

Weißes C

Polygonia c-album

1. Generation

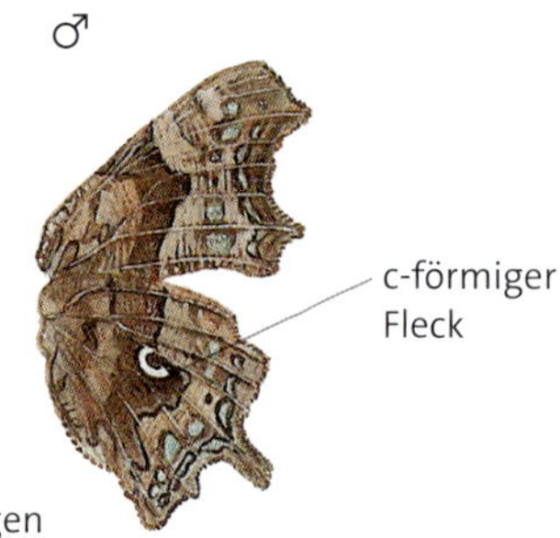

Flügelunterseite

Vorkommen
Der recht verbreitete C-Falter ist ein typischer Bewohner des lichten Waldes. Er fliegt an Waldwegen, auf Lichtungen und an Waldrändern. Gebiete mit ähnlichen Strukturen wie Gebüsch, größere Hecken, Streuobstwiesen oder mit Gehölzen bewachsene Still- und Fließgewässer bieten ihm sowohl Nektar, Revierplätze und Eiablagemöglichkeiten. Wichtig sind besonnte, etwas luftfeuchte und geschützte Standorte sowie genügend Nahrung für die Raupen.

Falter
Dieser Schmetterling überwintert als Falter. Über die Winterquartiere ist bisher wenig bekannt. Demnach dürften diese Plätze nicht im Siedlungsbereich wie z. B. beim Tagpfauenauge liegen, sondern eher wie beim Zitronenfalter frei im Wald oder Gebüsch.

› **Nahrung:** Der C-Falter ist nur ein mäßiger Blütenbesucher. Im Frühjahr werden die früh blühenden Weiden und Schlehen genutzt, im Sommer sind Wasserdost, Acker- und Kohl-Kratzdisteln sowie Kletten angesagt, in naturnahen Gärten lockt ihn Buddleja. Im Herbst ist es überreifes Obst/Fallobst. Er saugt gern an Baumwunden, feuchter Erde, Exkrementen, Aas und Schweiß.
› **Eiablage:** Das ♀ legt die grünen Eier einzeln oder paarweise an die Blätter oder Blattstiele der Nahrungspflanzen.
› **Reviere:** Das ♂ besetzt sonnige, etwas hervorstehende Zweige oder andere exponierte Plätze an Waldwegen, -rändern oder strukturierten Wiesenwegen. Dort wartet es auf vorbeifliegende ♀♀. Andere Falter, insbesondere Rivalen, werden verscheucht, anschließend kehrt es zu seinem Ansitz zurück. Gelegentlich fliegt es sein Revier ab, als wolle es nach dem Rechten sehen.

Englisch: Comma Butterfly

❄ Falter

2. Generation

Flügelunterseite

Raupe
Die erwachsene Raupe ist bräunlich mit weißlichen Dornen. Mehr oder weniger ausgedehnte weiße Bereiche auf dem Hinterleib machen sie unverwechselbar. Sie versteckt sich gern an der Blattunterseite. Sie verpuppt sich an oder in der Nähe ihrer Pflanze.

- **Nahrung:** Die Hauptnahrungspflanzen sind Sal-Weide und Große Brennnessel. In der Literatur werden darüber hinaus Hopfen, Johannisbeere und Ulme erwähnt.

Flugzeit
Der C-Falter bildet je nach Witterung ein bis zwei Generationen. An den ersten warmen Tagen im Jahr verlassen die Falter ihr Winterquartier. Im warmen Herbst fliegen sie bis in den November hinein.

	J	F	M	A	M	J	J	A	S	O	N	D

Merkmale

- **Flügeloberseite:** Die Grundfärbung reicht von gelborange bis orangebraun. Auch die dunkle Zeichnung kann von einem warmen Braun bis zu Schwarz variieren.
- **Flügelunterseite:** Die Flügelunterseiten sind entweder dunkelbraun, mittel- bis heller braun oder in unterschiedlichen Brauntönen marmoriert. Unverkennbar jedoch ist das weiße „C“ auf den Hinterflügeln.
- **Flügelrand:** Alle Flügel haben zackige Ausbuchtungen, die von abgerundet bis sehr eckig ausgeprägt sein können. Dieses Merkmal unterscheidet ihn von Perlmuttfaltern.

Landkärtchen

Araschnia levana

Frühlingsgeneration

Flügelunterseite

Vorkommen
Dieser Tagfalter kommt vorrangig im Tief- und Hügelland vor. Er zeigt eine engere Bindung zum Wald oder waldähnlichen Strukturen. Gebiete mit Gehölzen, Hecken und Büschen sowie Hochstauden oder anderen Blütenpflanzen als Nektarquelle sowie etwas luftfeuchte Standorte mit Nahrungspflanzen für den Nachwuchs sind optimal.

Falter
Diese Art zeigt einen Unterschied in Farbe und Zeichnung zwischen Frühjahrs- und Sommerfaltern, sodass man meinen könnte, es seien unterschiedliche Arten. Auf Nektarsuche verlassen sie gelegentlich die Fortpflanzungsgebiete.

› **Nahrung:** Je nach Saison werden unterschiedliche Pflanzen besucht. Eine Tendenz zu weißen Blüten, insbesondere zu Doldenblütlern wie Wald-Engelwurz, Baldrian, Wiesen-Bärenklau oder Wilder Möhre ist erkennbar, aber auch Berufkraut, Wasserdost, Mädesüß u. a. werden genutzt. Im Frühjahr sind es Löwenzahn und Hahnenfuß. Sie saugen gern an feuchten Stellen, aber auch Kot und Schweiß sind attraktiv.
› **Eiablage:** Das ♀ legt die grünen Eier zu mehreren an der Blattunterseite ab. Dabei wird ein Ei auf das andere Ei platziert, sodass kleine Türmchen entstehen. So können bis zu etwa 15 Eier aneinandergeklebt nach unten ragen und mehrere solcher „Türmchen“ nebeneinander angelegt werden.
› **Reviere:** Das ♂ fliegt sein kleines Revier häufig in geringer Höhe auf der Suche nach ♀♀ ab.

Raupe
Die schwarze Raupe kann mit der Raupe des Tagpfauenauges verwechselt werden, allerdings trägt sie, im Gegensatz zur Letztgenannten, auf der Stirn zwei herausragende Fortsätze. Sie leben gesellig und befinden sich meist an der Blattunterseite unterhab der oberen Triebe. Oft verraten sie sich durch Kotbällchen auf den unteren Blättern.

Englisch: Map Butterfly

❄ Puppe

♂

Sommergeneration

♂

Flügelunterseite

› **Nahrung:** Als Nahrung dient die Große Brennnessel.

Flugzeit

Diese Art bildet 2 Generationen. Die Frühjahrsfalter erscheinen ab Mitte April. Die Hauptflugzeit liegt im Mai, die der Sommerfalter im Juli/August. Vereinzelt oder in sehr warmen Jahren fliegen sie noch im September.

	J	F	M	A	M	J	J	A	S	O	N	D
🦋				■	■	■	■	■	■			

Merkmale

› **Flügeloberseite:** Die Grundfarbe des Frühjahrsfalters ist Orange, mit dunkler Zeichnung und weißen Flecken auf dem Vorderflügel. Bei flüchtigem Hinsehen kann er mit Perlmutt- oder Scheckenfaltern verwechselt werden. Der Sommerfalter ist fast schwarz, zeigt eine weiße Binde und rötliche, unterbrochene Linien. Er kann u. U. mit dem Kleinen Eisvogel *(Limenitis camilla)* verwechselt werden.

› **Flügelunterseite:** Die Unterseite ist gitternetzartig gezeichnet, je nach Generation mit farblich unterschiedlichen Elementen.

› **Flügelrand:** Die Vorderflügelspitzen sind etwas ausgebuchtet. Die Hinterflügel zeigen eine leichte Spitze.

Trauermantel

Nymphalis antiopa

Art unverwechselbar

Vorkommen
Dieser große Tagfalter lebt im Wald oder in waldähnlichen Gebieten, vorzugsweise im Hügel- und Bergland, meidet jedoch geschlossene, dichte Wälder. Er mag zwar kühlere und feuchte Gebiete, braucht aber Sonnenflecke für sein Revier und besonnte Nahrungspflanzen für den Nachwuchs.

Falter
Die Falter suchen bereits recht früh ihre Winterverstecke im Wald, z. B. in Baumhöhlen, unter Totholz, im Schutz liegender Baumwurzeln, in Holzstapeln, seltener im Siedlungsbereich in Schuppen, Ställen o. Ä. auf. Nach der Überwinterung kommt es zur Revierbildung, Paarung und Eiablage. Das unterschiedliche Verhalten der Falter im Frühjahr und Sommer aufgrund ihrer Lebensweise führt zu unterschiedlichen Beobachtungen. Die Überwinterer sind eher in ihren Revieren zu finden, während frisch geschlüpfte Tiere weit umherstreifen und gelegentlich in Siedlungsbereiche fliegen. Leider wird dieser imposante Falter immer seltener und ist in vielen Regionen gefährdet.

› **Nahrung:** Er ist ein seltener Blütenbesucher, bevorzugt eher Baumwunden und feuchte Bodenstellen. Im Frühjahr werden jedoch blühende Weiden oder Schlehen angeflogen. Frische Falter naschen gern an reifem Obst an Bäumen oder an Fallobst. Gelangen sie auf ihren Streifzügen in Gärten, besuchen auch sie die unwiderstehliche Buddleja.
› **Eiablage:** Das ♀ sucht sich eine besonnte Nahrungspflanze und legt die bräunlichen Eier in Eispiegeln um dünne Zweigenden herum ab.
› **Reviere:** Im Frühjahr sucht das ♂ ab Frühnachmittag sein Revier auf, dabei sitzt es häufig am Boden, z. B. auf einem breiten, zumindest teilweise besonnten Waldweg, und wartet auf vorbeifliegende ♀♀. Andere Falter werden kurz verfolgt, Rivalen vehement verjagt, danach kehrt es zu seinem Platz zurück. Das Revier kann sich über etliche Meter erstrecken. Gelegentlich

Englisch: Camberwell Beauty

Falter

♂

Flügelunterseite

gibt es Stellen, die alljährlich von ♂♂ besetzt werden.

Raupe
Die schwarzen, bedornten Raupen mit den rotbraunen Flecken entlang des Rückens leben zunächst gesellig. Später bilden sie kleine Gruppen und sind über die Pflanze verteilt zu finden. Zur Verpuppung verlassen sie den Baum auf der Suche nach einem geeigneten Platz.

› **Nahrung:** Die Hauptnahrung ist die Sal-Weide, aber auch die Hänge-Birke wird als Eiablageplatz genutzt.

Flugzeit
Der Trauermantel bildet eine Generation. Die Überwinterer erscheinen an den ersten warmen Tagen im Jahr ab März/April. Frische Falter sind im Juli/August zu sehen. Je nach Höhenlage kann sich die Flugzeit nach hinten verschieben.

	J	F	M	A	M	J	J	A	S	O	N	D

Merkmale

› **Flügeloberseite:** Die braunen bis sehr dunkelbraunen Flügel mit den gelben, nach der Überwinterung meist bleichen Randbinden und den blauen Flecken am Rand machen den recht großen Falter selbst im Flug unverwechselbar.

› **Flügelunterseite:** Unterseits ist der Falter ebenfalls ganz dunkel, nur die Randbinde ist hell.

› **Flügelrand:** Alle Flügel haben eine ausgeprägte zackenförmige Ausbuchtung, die bei älteren Tieren oft abgeflogen ist.

Großer Fuchs

Nymphalis polychloros

Flügelunterseite

Vorkommen
Wie der Trauermantel ist der Große Fuchs sehr oft im lichten Wald, am Waldrand oder in gehölzreichen Gebieten, wie z. B. auf Streuobstwiesen oder in baumreichen Gärten zu finden. Er fliegt in allen Höhenlagen und mag es etwas wärmer und trockener als sein Verwandter. In Deutschland ist der Große Fuchs gefährdet. In vielen Bundesländern ist er bereits als „stark gefährdet" eingestuft.

Falter
Der Große Fuchs überwintert eher im Freiland in Baumhöhlen, Holzstapeln, aber gelegentlich auch in Scheunen, Ställen oder in verdolten Gräben. Revierbildung, Paarung und Eiablage erfolgen erst nach der Überwinterung. Die frischen Falter fliegen nur kurz, da sie recht früh ihre Winterquartiere aufsuchen.

- **Nahrung:** Er ist ein seltener Blütenbesucher. Im zeitigen Frühjahr können wir ihn gelegentlich an Seidelbast, blühenden Weiden oder Schlehen beobachten. Er saugt gern an Baumwunden, feuchten Bodenstellen und Kot.
- **Eiablage:** Das ♀ legt die hellen Eier in Eispiegeln um dünne Weidentriebe an sonnigen Stellen ab.
- **Reviere:** Das ♂ bildet im Frühjahr Reviere. Dabei sitzt es je nach Temperatur entweder an Baumstämmen kopfüber oder am Boden in der Sonne und wartet auf vorbeifliegende ♀♀. Es verfolgt andere Falter und verjagt Rivalen.

Raupe
Die erwachsene Raupe ist graubraun bis schwarz mit hellbraunen Streifen auf dem Rücken und an den Seiten. Die Dornen sind ebenfalls hellbraun. Zunächst leben sie gesellig an der Nahrungspflanze. Im letzten Stadium vor der Verpuppung verteilen sie sich. Gelegentlich können wir sie auf der Suche nach einem Verpuppungsplatz umherwandern sehen.

Englisch: Large Tortoiseshell

Falter

› **Nahrung:** Hauptnahrung ist die Sal-Weide. Darüber hinaus werden in der Literatur Ulme und Kirsche genannt.

Flugzeit
Der Große Fuchs bildet eine Generation. Die Überwinterer erscheinen an den ersten warmen Tagen. Frische Falter fliegen ab Mitte Juni und werden im August schon wieder weniger. Je nach Höhenlage verschiebt sich die Flugzeit nach hinten.

	J	F	M	A	M	J	J	A	S	O	N	D

Merkmale

› **Flügeloberseite:** Die helle Basis der Hinterflügel, die hellere Grundfarbe und die fehlenden blauen Halbmonde am Außenrand der Vorderflügel unterscheiden ihn vom Kleinen Fuchs *(Aglais urticae)*. Der zur Unterscheidung angeführte fehlende weiße Fleck ist anders als beim Kleinen Fuchs bei Überwinterern nicht immer eindeutig. Der sonst gelbe Fleck kann ausgebleicht sein. Er ist zwar klein, erscheint aber oft weiß.
› **Flügelunterseite:** Im Gegensatz zu den etwas helleren Vorderflügeln des Kleinen Fuchses sind sie beim Großen Fuchs unterseits dunkler.
› **Flügelrand:** Auch er hat an den Flügelrändern leicht zackige Ausbuchtungen.

Verwechslungsarten Scheckenfalter

Wegerich-Scheckenfalter
(Melitaea cinxia)

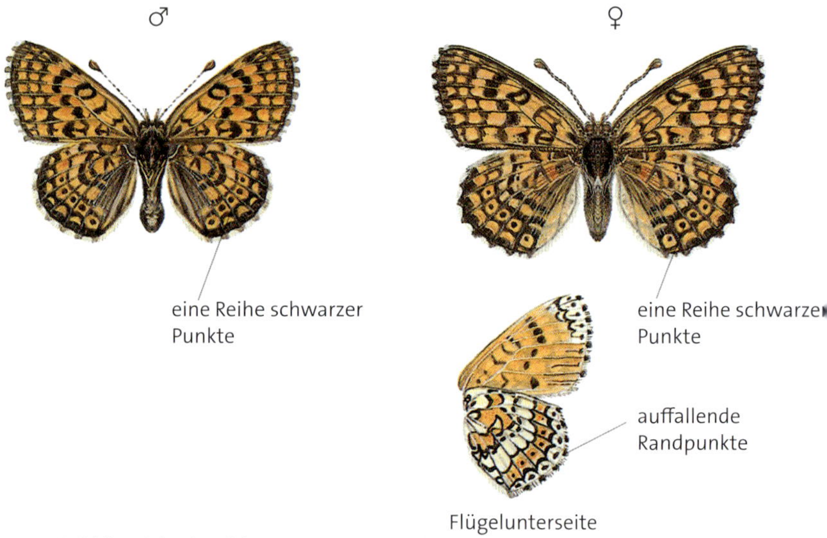

Baldrian-Scheckenfalter
(Melitaea diamina)

Wachtelweizen-Scheckenfalter
(Melitaea athalia)

♂

♀

Binde ohne schwarze Punkte

keine Randpunkte

Flügelunterseite

Ehrenpreis-Scheckenfalter
(Melitaea aurelia)

♂

Musterung wirkt sehr bunt

♀

Falter deutlich kleiner als die Verwechslungsarten

Randbinde oft gelblich

Flügelunterseite

Wegerich-Scheckenfalter

Gemeiner Scheckenfalter

Melitaea cinxia

Flügelunterseite

Vorkommen
Dieser ehemals häufige Falter hat sehr deutliche Bestandseinbußen hinnehmen müssen. Aufgrund der Verluste seines Lebensraums ist er in vielen Regionen bereits verschwunden und in nahezu allen Bundesländern als „gefährdet“ bzw. „stark gefährdet“ oder als „vom Aussterben bedroht“ eingestuft. Diese Art fliegt auf extensiv genutzten Magerrasen, die etwas strukturiert sind, d. h. mit wenigen Büschen durchsetzt und gelegentlich kahleren Stellen oder auch Steinen, meist halb trocken bis trocken, windgeschützt und warm, z. B. in Südlage, mit Ehrenpreis- und Wegerichbeständen. Mit gezielten Pflegemaßnahmen wie späte einjährige und dann nur teilweise Mahd können die vorhandenen Bestände stabil gehalten werden.

Falter
- **Nahrung:** Eine Vorliebe zu violetten oder blauen Blüten ist erkennbar. Als Nektarpflanze werden gern niederwüchsige Pflanzen wie z. B. Günsel, Feld-Thymian und Ehrenpreis aufgesucht. Witwenblume und Margerite stehen ebenfalls auf dem Speiseplan.
- **Eiablage:** Das ♀ legt die hellen Eier in kleinen Häufchen an der Blattunterseite der Nahrungspflanze ab.
- **Reviere:** Ein Revierverhalten ist nicht bekannt. Das ♂ sonnt sich gern auf Blütenköpfen oder an kahlen Stellen auf dem Boden und ist recht standorttreu.

Raupe
Die fast komplett schwarzen Raupen tragen behaarte, schwarze Dornen, haben ein rotes Köpfchen und sind relativ einfach zu erkennen. Sie leben gesellig zusammen in einem Gespinst, in dem sie halb erwachsen überwintern. Ab dem Frühjahr beginnen sie wieder zu fressen. Erst im letzten Stadium vor der

Englisch: Glanville Fritillary

❄ Raupe

♀

Verpuppung gehen sie eigene Wege und verpuppen sich später bodennah in der Vegetation versteckt.

- **Nahrung:** Die wichtigsten Nahrungspflanzen sind der Große Ehrenpreis und der Spitz-Wegerich, aber auch andere Ehrenpreis- und Wegericharten werden angenommen.

Flugzeit

Dieser Falter fliegt in einer Generation. Je nach Höhenlage und Witterung erscheint er schon im Mai und fliegt bis Ende Juli, seltener und dann meist nur in heißen Sommern ist er noch im August anzutreffen.

	J	F	M	A	M	J	J	A	S	O	N	D

Merkmale

- **Flügeloberseite:** Die orangebraune Grundfärbung mit dem dunklen Gitternetzmuster und den dunklen Punkten in den hellen Vierecken auf den Hinterflügeln zeichnen ihn als Wegerich-Scheckenfalter eindeutig aus. Allerdings wird er gelegentlich, bei ungenauer Betrachtung, mit einem Perlmuttfalter verwechselt.
- **Flügelunterseite:** Die hellen Unterseiten sind weiß und hellbraun mit dezenten schwarzen Linien und Punkten. Auch unterseits sind die schwarzen Punkte deutlich auf der hellbraunen Binde zu sehen.
- **Flügelrand:** Der Flügelsaum ist schwarz-weiß gescheckt, besonders ausgeprägt bei frischen Faltern und an den Vorderflügeln.

Baldrian-Scheckenfalter

Silberscheckenfalter

Melitaea diamina

Vorkommen

Dieser ebenfalls gefährdete Scheckenfalter ist in Süddeutschland etwas häufiger anzutreffen. Er lebt hauptsächlich in etwas feuchteren bis nassen Gebieten wie Feuchtwiesen, Randbereichen von Mooren, lichten Stellen im Wald z. B. auf Lichtungen und an Waldrändern, hier sucht er oft, wenn vorhanden, die Nähe von Tümpeln. Wichtig sind außerdem eine blütenreiche Umgebung und das Vorkommen der Nahrungspflanze. Gelegentlich fliegt er in trockeneren Gebieten, die, wenn auch kleinräumig, feuchte Stellen aufweisen, sei es einen Bach, Graben, Tümpel oder nur feuchtere Bodenstellen.

Falter

- **Nahrung:** Diese Falter, besonders die ♀♀, sind eifrige Blütenbesucher Bevorzugt werden rosa bis violette und gelbe Blüten. Kratzdisteln, Witwen- und Flockenblumen, Ziest sowie Hahnenfuß, Arnika, Alant, aber auch Schafgarbe oder Baldrian stehen auf dem Speiseplan.
- **Eiablage:** Das ♀ legt die hellen Eier in Eispiegeln an der Blattunterseite der Nahrungspflanze ab.
- **Reviere:** Das ♂ fliegt auf der Suche nach ♀♀ unstet umher, oft sitzt es auf Grashalmen oder Blütenköpfchen und wartet auf vorbeifliegende ♀♀.

Englisch: False Heath Fritillary

❄ Raupe

♀

Raupe

Die bräunlich schwarzen Raupen mit behaarten, hellbraunen Dornen und weißen Pünktchen sind von einigen anderen Scheckenfaltern nur schwer zu unterscheiden. Sie leben gesellig in einem Gespinst. Halb erwachsen, fertigen sie sich ein Quartier in Bodennähe an, um dort gemeinsam zu überwintern. Im folgenden Frühjahr beginnen sie wieder zu fressen, bis sie sich verteilen und in der Vegetation bodennah verpuppen.

› **Nahrung:** Als Nahrung der Raupen dienen Baldrianarten.

Flugzeit

Diese Art bildet i. d. R. eine Generation aus. Sie fliegt je nach Höhenlage von Ende Mai bis August. Die Hauptflugzeit liegt im Juni/Juli. Nur selten und in sehr warmen Gebieten ist sie noch im September zu sehen.

	J	F	M	A	M	J	J	A	S	O	N	D

Merkmale

› **Flügeloberseite:** Dieser Falter wirkt sehr dunkel. Besonders die Hinterflügel der ♂♂ sind nur karg hell gefleckt. Am ähnlichsten sieht ihm der Ehrenpreis-Scheckenfalter *(Melitaea aurelia)*. Hier zeigt die Unterseite die wichtigen Unterscheidungsmerkmale.

› **Flügelunterseite:** Die äußerste schmale Randbinde der Hinterflügel ist etwas dunkler als die anliegenden Halbmonde. Der Bereich zwischen den hellen Halbmonden und der hellen Binde aus meist eckigen, hellen Flecken bestehend, ist zumindest teilweise dunkel mit schwarzen Punkten, die oft zur Flügelbasis hin zeigend gelbe Vorhöfe haben und selbst wie dunkle Halbmonde aussehen, da sie meist schwarz abgegrenzt sind.

› **Flügelrand:** Der Flügelrand ist schwarzweiß gescheckt.

Wachtelweizen-Scheckenfalter

Melitaea athalia

Vorkommen
Der Wachtelweizen-Scheckenfalter ist in ganz Deutschland anzutreffen, sein Vorkommen ist je nach Bundesland unterschiedlich, besonders im Norden macht er sich rar. Er ist als „gefährdet" eingestuft. Der Falter lebt in unterschiedlichen Gebieten in allen Höhenlagen. Wichtig sind extensiv bewirtschaftete und magere, sonnige Wiesen oft an Hängen oder in Waldnähe, strukturierte Waldränder oder sonnige Wiesen im Wald. Diese Lebensräume sind auch oft die der anderen Scheckenfalter, sodass eine Eingrenzung der Bestimmung zu den anderen Arten aufgrund des Standortes nur wenig hilfreich ist.

Falter
Der Wachtelweizen-Scheckenfalter ist der größere von drei schwierig zu unterscheidenden Scheckenfalterarten, die beiden anderen sind der Ehrenpreis-Scheckenfalter *(Melitaea aurelia)* und der Östliche Scheckenfalter (*Melitaea britomartis)*.

- **Nahrung:** Eine Vorliebe für violett blühende Pflanzen wie Kratzdistel, Flocken- und Witwenblumen, Wiesen-Knöterich, Dost, Feld-Thymian und Skabiosen ist erkennbar, aber auch Schafgarbe und Wiesen-Bärenklau werden besucht. Er saugt gern an feuchten Stellen, an Kot, Aas oder an Schweiß.
- **Eiablage:** Das ♀ legt die hellen Eier in kleinen Häufchen meist bodennah an der Blattunterseite der Nahrungspflanze ab.
- **Reviere:** Ein ausgeprägtes Revierverhalten ist nicht zu erkennen, das ♂ sitzt gern auf Blüten oder Halmen und fliegt anderen Faltern kurz nach. Ab und zu unternimmt es Suchflüge nach ♀♀.

Englisch: Heath Fritillary

❄ Raupe

♀

Raupe
Die Raupen sind mit jenen einiger anderer Scheckenfalter zu verwechseln. Die gräuliche Grundfärbung zeigt weiße, unregelmäßig angeordnete Punkte. Die Dornen sind hell bis gelblich und behaart. Sie leben gesellig und überwintern zusammen halberwachsen in einem Gespinst. Sie verpuppen sich gern an etwas festeren Unterlagen wie Steinen oder dürren Stängeln.

- › **Nahrung:** Die Hauptnahrung sind der Wiesen-Wachtelweizen und der Spitz-Wegerich. In der Literatur werden ferner Großer Ehrenpreis, Gamander-Ehrenpreis und Augentrost genannt.

Flugzeit
Der Falter bildet eine Generation. Die Hauptflugzeit liegt im Juni/ Juli. Je nach Höhe und Witterung verschiebt sich die Flugzeit nach hinten.

	J	F	M	A	M	J	J	A	S	O	N	D

Merkmale

- › **Flügeloberseite:** Die Oberseite kann je nach Standort, feucht und kühl oder warm und trocken, von dunkel nach hell variieren. Das ♀ erscheint oft kontrastreicher.
- › **Flügelunterseite:** Die Unterseiten wirken eher blasser und nicht so kontrastreich wie die der ähnlichen Arten. Die Linien an den äußeren Flügelrändern sind oft nur schwach gezeichnet. Der sich daraus ergebende Randstreifen ist gleich gefärbt wie die hellen anliegenden Halbmonde. Dies ist ein relativ sicheres Bestimmungsmerkmal, aber nicht immer ist diese Zeichnung so eindeutig.
- › **Flügelrand:** Der Flügelsaum ist weiß-dunkelbraun gescheckt.
- › **Ruhehaltung:** Die Falter ruhen gern auf Blüten und Grashalmen. Die Lippentaster sind in der Regel dunkel behaart.

Ehrenpreis/Östlicher Scheckenfalter

Melitaea aurelia/britomartis

♂

Beide Arten sind sehr schwer zu bestimmen

♂

Flügelunterseite

Vorkommen
Beide haben einen ähnlichen Lebensraum, nämlich extensiv genutzte, trockene Magerrasen in Kalkgebieten, gerne niederwüchsig mit kahlen Stellen oder Steinen bzw. Felsen durchsetzt. Der Ehrenpreis-Scheckenfalter kommt auch auf mageren Feuchtwiesen vor, was bei dem Östlichen Scheckenfalter selten der Fall ist. Sie fliegen im Hügel- und Bergland. Beide Arten sind in Deutschland „gefährdet". Es gibt Gebiete, in denen die eine oder andere Art noch etwas häufiger auftritt, wie z. B. der Östliche Scheckenfalter auf der Schwäbischen Alb, der bis auf wenige Standorte in anderen Regionen jedoch komplett fehlt. Der Ehrenpreis-Scheckenfalter dagegen kommt etwas gestreuter vor, ist aber in den letzten Jahren dermaßen zurückgegangen, dass er in vielen Regionen entweder „vom Aussterben bedroht" oder bereits verschwunden ist.

Falter
Die beiden Arten sind, wenn überhaupt, nur mit viel Erfahrung bestimmbar. In Zweifelsfällen ist nur eine Genitaluntersuchung sicher.

› **Nahrung:** Beide Arten sind eifrige Blütenbesucher.
  Ehrenpreis-Scheckenfalter: Acker-Witwenblume, Karthäuser Nelke, Natternkopf, Dost, Weiß-Klee, Schafgarbe u. a.
  Östlicher Scheckenfalter: Feld-Thymian, Dost, Große Braunelle, Witwenblume, Margerite, Natternkopf u. a.
› **Eiablage:** Die ♀♀ beider Arten legen die Eier in kleinen Häufchen an der Blattunterseite der Nahrungspflanze ab.

Raupe
Die Jungraupen leben gesellig in Gespinsten an der Nahrungspflanze und überwintern halb erwachsen gemeinsam. Kurz bevor sie erwachsen sind, verteilen sie sich und verpuppen sich bodennah in der Vegetation im späten Frühjahr. Die Raupe des Östlichen Scheckenfalters

Englisch: Nickerl's Fritillary/
Assmann's Fritillary

❄ Raupe

wirkt oft bunt; schwarze Musterung oft regelmäßig netzförmig

Flügelunterseite

wirkt durch die weißen, sehr eng beieinander liegenden Flecken wesentlich heller als die des Ehrenpreis-Scheckenfalters.

› **Nahrung: Ehrenpreis-Scheckenfalter:** Hauptnahrung sind der Spitz- und der Mittlere Wegerich. Nach der Überwinterung werden gelegentlich auch Ehrenpreis oder Klappertopf gefressen. **Östlicher Scheckenfalter:** Hauptnahrung ist der Große Ehrenpreis. Nach der Überwinterung werden auch Gamander-Ehrenpreis, Spitz- und Mittlerer Wegerich sowie Klappertopf genutzt.

Flugzeit
Beide Arten fliegen in einer Generation. Die Hauptflugzeit liegt jeweils im Juni/Juli.

	J	F	M	A	M	J	J	A	S	O	N	D
🦋												

Merkmale

› **Flügeloberseite:** Die Flügeloberseiten sind kein sicheres Merkmal zur Bestimmung, da sie sehr variabel sind.

› **Flügelunterseite:** Die schmale Randbinde zwischen den Halbmonden und dem Flügelrand ist beim Östlichen Scheckenfalter in der Regel dunkler als die Halbmonde. Dadurch wirkt der Falter unterseits kontrastreicher. Die Farbe der Lippentaster lässt ebenfalls keine eindeutige Zuordnung zu, da es hier teilweise Unterschiede zwischen ♂♂ und ♀♀ gibt und sie sehr variabel schwarz, braun oder fuchsrot sein können.

› **Flügelrand:** Die Flügelsäume sind bei beiden Arten weiß-dunkelbraun gescheckt.

Kleiner Eisvogel

Limenitis camilla

Vorkommen

Der Kleine Eisvogel ist ein Falter des Waldes. Er ist der häufigere der drei in Deutschland vorkommenden Eisvogelarten. Wir sehen ihn an halbschattigen Waldwegen, Lichtungen, Kahlschlägen oder am Waldrand. Er braucht für den Nachwuchs Nahrungspflanzen in einem besonderen Mikroklima, wobei Luftfeuchtigkeit und Schatten eine große Rolle spielen. Vielleicht ist dieser Falter aufgrund der besonderen Ansprüche in den letzten Jahren rückläufig. Zwar ist er in ganz Deutschland verbreitet, aber von häufig kann keine Rede sein. Meist sehen wir nur wenige Falter fliegen.

Falter

- **Nahrung:** Als eher seltenen Blütenbesucher sehen wir ihn gelegentlich an Brombeerblüten, Schafgarbe, Bärenklau, Kratzdistel, Wasserdost oder Liguster. Häufiger sitzt er am Boden, um an feuchten Stellen, Aas oder Kot zu saugen. Gelegentlich holt er sich auch einen Rüssel voll Schweiß.
- **Eiablage:** Das ♀ legt das Ei meist auf die Blattoberseite im unteren Bereich der Nahrungspflanzen ab. Bevorzugt werden Pflanzen im Schatten, besonders solche an Bächen, Quellen oder auch Tümpeln im Wald.
- **Reviere:** Das ♂ besetzt sein Revier oft auf exponierten besonnten Blättern von Büschen und Bäumen in Erwartung paarungsbereiter ♀♀, oder es unternimmt Suchflüge mit kleinen Pausen für ein Sonnenbad.

Raupe

Die erwachsene Raupe ist grün mit gelben bis bräunlichen, unterschiedlich langen Dornen über Brust und Rücken verteilt, was ihr ein interessantes Aussehen verleiht. An den Seiten unterhalb der Atmungsöffnungen verläuft ein heller Seitenstreifen. Sie verpuppt sich im späten Frühjahr an ihrer Pflanze. Das Blatt wird so benagt, dass stets die Mittelrippe als Aufenthaltsort erhalten bleibt. Für den Winter spinnt sie Blattreste rechts und links vom Blattstiel zusammen und

Englisch: White Admiral

❄ Raupe

verstärkt diesen mit Fäden, damit ihr Unterschlupf den Winter über hängen bleibt. Im folgenden Frühjahr verlässt sie ihr Winterquartier und beginnt wieder zu fressen.

- **Nahrung:** Hauptnahrungspflanzen sind die Rote Heckenkirsche und die Schneebeere. Gelegentlich werden Raupen auch am Wald-Geißblatt gefunden.

Flugzeit

Der Kleine Eisvogel fliegt in einer Generation. Der Hauptflug liegt im Juni/Juli. Je nach Witterung und Höhenlage kann sich die Flugzeit verschieben.

	J	F	M	A	M	J	J	A	S	O	N	D

Merkmale

- **Flügeloberseite:** Der braunschwarze Falter mit der unterbrochenen weißen Binde kann nur bei oberflächlicher Betrachtung mit dem Blauschwarzen Eisvogel *(Limenitis reducta)* der blau schillert, oder mit dem Landkärtchen *(Araschnia levana)* der Sommergeneration verwechselt werden. Der Letztere zeigt weitere, u. a. orangerote Zeichnungselemente am Flügelrand.
- **Flügelunterseite:** Die Reihe doppelter Punkte im orangefarbenen Bereich am Flügelrand ist ein eindeutiges Unterscheidungsmerkmal zum Blauschwarzen Eisvogel *(Limenitis reducta)* der nur eine Reihe mit Punkten zeigt. Zudem ist dieser Falter wesentlich seltener.
- **Flügelrand:** Die Flügelsäume sind fein schwarz-weiß gescheckt.

Kleiner Schillerfalter

Apatura ilia

Vorkommen

Der Kleine Schillerfalter ist ein Waldbewohner. Er bevorzugt lichte, warme aber feuchte Bereiche im oder am Wald, bzw. in waldähnlichen Strukturen wie z. B. an gehölzreichen Ufern von Gewässern. Seine Vorkommen reichen bis in die mittleren Höhenlagen. Im Norden Deutschlands ist er seltener oder fehlt ganz. Meist tritt er vereinzelt auf, nur sehr selten sind mehrere Falter auf einmal zu beobachten. Diese Art ist als „gefährdet“ eingestuft.

Falter

Dieser Schillerfalter braucht besonnte, luftfeuchte Standorte mit Pappeln, wobei jüngere Bäume zur Eiablage gewählt werden. Die ♂♂ benötigen besonnte Waldwege und -ränder, auf denen sie im Kies oder auf feuchter Erde saugen können. An seinen Standorten sollten die Pappelbestände und die Beschaffenheit der Wege mit ihren Saugmöglichkeiten unbedingt erhalten bleiben.

- **Nahrung:** Das ♂ saugt gern an feuchten Stellen, Steinen, Kot, Aas und Schweiß. Wird es gestört, fliegt es einige Meter weiter oder zieht sich weiter oben auf ein Blatt zurück. Es lohnt sich zu warten, denn häufig kehrt es kurz darauf zurück.
- **Eiablage:** Das ♀ legt die Eier hauptsächlich auf der Blattoberseite der Nahrungspflanze ab. Dabei wählt es luftfeuchte, besonnte und gut erreichbare Plätze aus.
- **Reviere:** Das ♂ besetzt gern Waldränder und -wege, an denen es sich auf herabhängenden Blättern oder an Baumstämmen kopfüber sonnt, zwischendurch, wie oben beschrieben, am Boden saugend. Ansonsten hält es sich zur Geschlechterfindung und Paarung in den Baumkronen auf.

Raupe

Die Jungraupe ist durch ihre bräunliche Färbung im Winter bestens getarnt. Die erwachsene Raupe ist grün, fein gekörnt mit wenig ausgeprägten gelben Schräg-

Englisch: Lesser Purple Emperor

❄ Raupe

streifen, von denen sich die mittleren auf dem Rücken treffen. Auf dem Kopf trägt sie zwei für Schillerfalterraupen typische Fortsätze, die an Fühler einer Schnecke erinnern. Die Verpuppung erfolgt an der Pappel. Die im Winter noch hängenden Blattreste, können ein Hinweis auf ihren Lebensraum sein.

› **Nahrung:** Die Hauptnahrung sind Zitter- und Schwarzpappel, daneben werden auch Hybrid-Pappeln genutzt.

Flugzeit

Diese Art bildet eine Generation. Der Hauptflug liegt im Juni/Juli. In sehr warmen Jahren gibt es schon Ende Mai oder noch im September Falter.

	J	F	M	A	M	J	J	A	S	O	N	D
						■	■	■				

Merkmale

› **Flügeloberseite:** Das ♂ schimmert je nach Lichteinfall ungleichmäßig blauviolett, nur selten trifft das Licht so auf die Flügel, dass sie ganz blau aussehen. Die Schuppen des ♀ schimmern nicht. Nicht alle braunen Falter sind ♀♀, manchmal ist das Licht nur ungünstig. Auf den Vorderflügeln ist etwas unterhalb der Vorderflügelspitze ein orangerot umrandeter Augenfleck, der dem Großen Schillerfalte *(Apatura iris)* fehlt.

› **Flügelunterseite:** Die hellen Hinterflügel sind recht einheitlich graubraun und weißlich marmoriert. Der größere Verwandte zeigt hier eine deutlich weiße Binde mit einem Zacken zum Flügelrand weisend, der auch oberseits gut sichtbar ist.

› **Fühler:** Die Fühlerspitzen sind selbst bei älteren Tieren deutlich gelb gefärbt. Die des Großen Schillerfalters sind bei frischen und jungen Tieren nur an der äußersten Spitze gelborange und werden mit der Zeit dunkler.

Großer Schillerfalter

Apatura iris

Vorkommen

Der etwas häufigere Große Schillerfalter ist ein Waldbewohner. Er bevorzugt etwas größere Wälder von der Ebene bis ins Bergland mit reichlichen Beständen an Salweiden. Sonnige bis halbschattige Waldwege und -ränder mit geeigneten Saugstellen für die ♂♂ sind sehr wichtig. Da er in einigen Bundesländern „(stark) gefährdet" ist, steht er in Deutschland auf der Vorwarnliste.

Falter

Für die Eiablage sind jüngere, aber kräftige Weidenbüsche an schattigen bis halb schattigen Standorten mit einer gewissen Luftfeuchtigkeit optimal. Zum Erhalt dieser Art sollten die oft als nicht wertvoll erachteten Weidenbüsche erhalten und eine natürliche Bestandsverjüngung gefördert werden.

› **Nahrung:** Blütenbesuche sind sehr selten zu beobachten. Der Falter bevorzugt feuchte Stellen, trockenen Schotter, Kot, Aas und Schweiß. Wird er beim Saugen gestört, setzt er sich weiter entfernt auf dem Boden ab oder fliegt auf ein Blatt. Es lohnt sich zu warten, da er meist kurz darauf zurückkehrt.

› **Eiablage:** Auf der Suche nach einem geeigneten Eiablageplatz fliegt das ♀ oft weite Strecken. Das Ei wird auf die Blattoberseite der Nahrungspflanze, bevorzugt im Schatten abgelegt.

› **Reviere:** Vormittags sonnt sich das ♂ auf Büschen am Wegesrand und kommt immer wieder auf den Boden, um Feuchtigkeit oder Mineralstoffe aufzunehmen. Zur Partnerfindung begibt es sich in die Baumkronen zur Wipfelbalz.

Raupe

Die braunen Jungraupen überwintern sehr gut getarnt an ihrer Pflanze. Die erwachsenen Raupen sind grün und denen des Kleinen Schillerfalters ähnlich. Auch sie tragen die typischen Fortsätze, sind fein hell gekörnt mit gelben Schrägstreifen an den Seiten, von denen die Mittleren auf dem Rücken zusammenlaufen. Von den Fortsätzen am Kopf

Englisch: Purple Emperor

❄ Raupe

ziehen sich ebenfalls gelbe Streifen bis zur Körpermitte. Mit dem Austrieb im Frühjahr verlassen sie ihren Winterplatz und fressen an den Knospen bis sie sich später an der Blattunterseite verpuppen. Da die Raupen die Blätter, die sie benagen, häufig an den Stielen mit dem Zweig verspinnen, bleiben diese im Winter hängen und können Hinweise auf den Lebensraum geben.

› **Nahrung:** Die Hauptnahrung ist die Sal-Weide, aber auch Ohr- und Grau-Weide werden in der Literatur genannt.

Flugzeit

Diese Art bildet eine Generation. Der Hauptflug liegt im Juni/Juli. Je nach Höhenlage und Witterung sind vereinzelt Tiere bereits Ende Mai oder noch im September zu sehen.

	J	F	M	A	M	J	J	A	S	O	N	D

› **Merkmale**

Flügeloberseite: Das ♂ schimmert je nach Lichteinfall teilweise oder ganz blauviolett. Die ♀ zeigen keinen Blauschimmer. Die weiße Binde der Hinterflügel weist mit einem Zacken zum Flügelrand, was den Großen u. a. vom Kleinen Schillerfalter unterscheidet. Ein Augenfleck auf den Vorderflügeln ist, wenn überhaupt, nur angedeutet.

› **Flügelunterseite:** Die hellen Hinterflügel zeigen eine deutlich weiße Binde mit einem Zacken zum Flügelrand hinweisend.

› **Fühler:** Die Fühler des Großen Schillerfalters sind bei frischen und jungen Tieren nur an der äußersten Spitze gelborange und verdunkeln mit der Zeit. Die Fühlerspitzen des Kleinen Schillerfalters sind selbst bei älteren Tieren deutlich gelb gefärbt.

Waldbrettspiel

Waldfalter

Pararge aegeria

♂

orange Form eher im Süden oder an warmen Stellen anzutreffen

♂

Flügeloberseite der Unterart *P. aegeria tircis*

Vorkommen
Dieser recht häufige Falter ist an den Wald gebunden oder an waldähnliche Gebiete wie gehölzreiche Ufer, Parks und Gärten mit Grasbeständen.

Falter
Ein wichtiges Merkmal sind kleine Sonnenflecken im Revier, in denen sich der Falter gern aufhält. Blütenpflanzen sind eher sekundär, dagegen wird er häufiger beim Saugen an Baumwunden, feuchtem oder auch trockenem Boden, morschem Holz sowie an Exkrementen gesehen. In der Literatur werden darüber hinaus Blattlaushonig, Fallobst und überreife Früchte, z. B. Brombeeren, genannt.

› **Nahrung:** ! Der Falter saugt Mineralstoffe, Wasser und Nektar. In der Literatur werden Pflanzen wie Fuchs' Greiskraut, Späte Goldrute, Kriechender Hahnenfuß, blühende Gräser und Blüten vom Pfaffenhütchen genannt. Vorlieben sind keine bekannt.
› **Eiablage:** Das ♀ legt das Ei auf der Oberseite frischer oder dürrer Grashalme ab.
› **Reviere:** Das ♂ verteidigt sein Revier gegenüber Rivalen und anderen Faltern oder auch Prachtlibellen. Es sitzt je nach Temperatur am Boden oder auf Blättern von Sträuchern/Büschen und fliegt sofort auf, wenn sich ein Eindringling nähert, verfolgt und umkreist ihn bis dieser aus dem Revier verschwunden ist, danach kehrt es zu seinem Platz zurück. Dieses Revier kann über Tage hinaus vom gleichen ♂ besetzt sein, in dem es vom frühen Vormittag bis hin zum frühen Abend ausharrt.

Raupe
Die grüne Raupe hat eine dunkelgrüne, hell begrenzte Rückenlinie. An den Seiten befindet sich je eine helle Linie, die auf den vorderen Abschnitten stärker ausgebildet ist. Der Körper ist fein kurz behaart. Die Jungraupe frisst tagsüber, die ältere Raupe frisst nachts. Der Falter überwintert als Puppe, jedoch gibt es die Vermutung, dass auch die Raupe überwintern kann. Die Verpuppung erfolgt

Englisch: Speckled Wood

❄ Puppe

♀

Flügelunterseite der Unterart
P. aegeria tircis

in Bodennähe an Pflanzen und kleinen Zweigen als Stürzpuppe.

› **Nahrung:** Trotz der Häufigkeit des Falters gibt es bezüglich der Nahrungspflanzen noch offene Fragen. Angegeben werden Waldgräser wie z. B. Wald-Zwenke, Wald-Segge, Glatthafer, Straußgräser, Reitgräser und Knäuelgras.

Flugzeit

Diese Art fliegt in mindestens 2 Generationen. Je nach Witterung sind die ersten Falter schon Ende März, die letzten noch im Oktober zu sehen.

	J	F	M	A	M	J	J	A	S	O	N	D

Merkmale

› **Flügeloberseite:** Die braunen Flügeloberseiten zeigen beigefarbene Flecke. Nahe der Vorderflügelspitze befindet sich je ein kleiner Augenfleck. Auf den Hinterflügeln am Außenrand sind weitere Augenflecke. Das ♂ trägt ungefähr in der Mitte der Vorderflügel Duftflecke, die bei frischen Tieren gut erkennbar sind.

› **Flügelunterseite:** Unterseits ist er weißlich, braun, grau marmoriert. Der Augenfleck der Vorderflügel ist deutlich zu erkennen.

› **Flügelrand:** Der Rand ist etwas gewellt und fein weiß gesäumt.

› **Ruhehaltung:** Beim Sonnenbad am Boden oder in der Vegetation werden die Flügel weit aufgeklappt. Dieser Falter versteht es hervorragend, sich auf vertrocknetem Laub oder Streu am Boden abzusetzen, wo er sehr gut getarnt ist.

Mauerfuchs

Lasiommata megera

Vorkommen

Der verbreitete und lokal nicht seltene Mauerfuchs ist von der Ebene bis ins Bergland, besonders in den mittleren Lagen, zu finden. Sein Lebensraum erstreckt sich über extensiv genutzte, magere Grünflächen bis hin zu felsigen Bergkuppen. Wichtig sind spärlicher Bewuchs, geschützte, warme Standorte mit Steinmauern, Felsen, Schotter o. Ä. Waldränder und Wegböschungen mit Schotterwegen oder freien Bodenstellen vorzugsweise in Südlage sind beliebte Sonnen- und Revierplätze. Gelegentlich besucht er Gärten mit Trockenmauern, Steinen o. Ä. Wichtig zur Fortpflanzung sind Gräser, die wind- und regengeschützt stehen, aber nicht von dichter Vegetation umgeben sind. Angrenzende blütenreiche Wiesen sorgen für ausreichend Nahrung der eifrigen Blütenbesucher.

Falter

› **Nahrung:** Der Falter besucht je nach Saison unterschiedliche Nektarpflanzen. Bevorzugt werden rote, blaue, violette und gelbe Blüten. Im Frühjahr sind Löwenzahn, Hornklee, Karthäuser Nelke beliebte Nektarquellen, später Witwenblume, Rot-Klee, Kratzdisteln, Blutweiderich, Dost, Habichtskraut sowie in den Gärten Buddleja, Große Fetthenne, Tagetes und Sonnenhut.

› **Eiablage:** Das ♀ legt das Ei an sehr geschützten Stellen, meist bodennah sowohl an vertrockneten als auch frischen Blättern der Nahrungspflanze ab. Diese Plätze befinden sich oft am Rand von Störstellen.

› **Reviere:** Das ♂ besetzt ein sonniges, windgeschütztes Revier, wo es sich zum Sonnen und zur Geschlechterfindung am Boden absetzt, dazu braucht es „nackte“ Erde, Steine o. Ä. Es stellt anderen Faltern nach und verjagt Rivalen. Ab und zu fliegt es sein oft nur wenige Meter großes Revier ab. Nach kurzem Gerangel mit angrenzenden Rivalen

Englisch: Wall Brown

❄ Raupe

kehrt es zu seinem Platz zurück. Die Paarung erfolgt meist am Boden.

Raupe
Die grüne, fein behaarte Raupe zeichnet sich durch einen hellen Seitenstreifen unterhalb der Atmungsöffnungen aus. Zuerst frisst sie tagsüber, dann nur noch abends oder nachts. Die Verpuppung erfolgt an dürren Stängeln, Steinen oder Holz.

› **Nahrung:** Als Hauptnahrung gelten der Schaf-Schwingel und die Fieder-Zwenke. In der Literatur wird zusätzlich Rispengras genannt.

Flugzeit
Diese Art fliegt in zwei Generationen. Bei sehr warmer Witterung erscheinen die ersten Falter schon im April.

	J	F	M	A	M	J	J	A	S	O	N	D
Falter					■	■	■	■	■	■		

Merkmale

› **Flügeloberseite:** Der braunorangefarbene Falter ist mit seinen dunklen, weiß gekernten Augenflecken, je einem etwas größeren an der Vorderflügelspitze und vier kleinen in der orangefarbenen Binde auf den Hinterflügeln, unverwechselbar. Das ♂ trägt in der Mitte der Vorderflügel einen breiten braunen Duftschuppenstreifen.

› **Flügelunterseite:** Die Hinterflügel sind hellgrauweißlich mit sehr feiner bräunlicher Zeichnung und lassen die Augenflecke der Oberseiten erkennen. Nur von der Unterseite betrachtet, kann er mit dem Braunauge *(Lasiommata maera)* verwechselt werden.

› **Flügelrand:** Der Flügelsaum ist beigebraun gescheckt.

› **Ruhehaltung:** Häufig schiebt der Falter die zusammengeklappten Flügel so übereinander, dass nur die Unterseite der Hinterflügel zu sehen ist.

Braunauge

Rispenfalter, Rispengrasfalter

Lasiommata maera

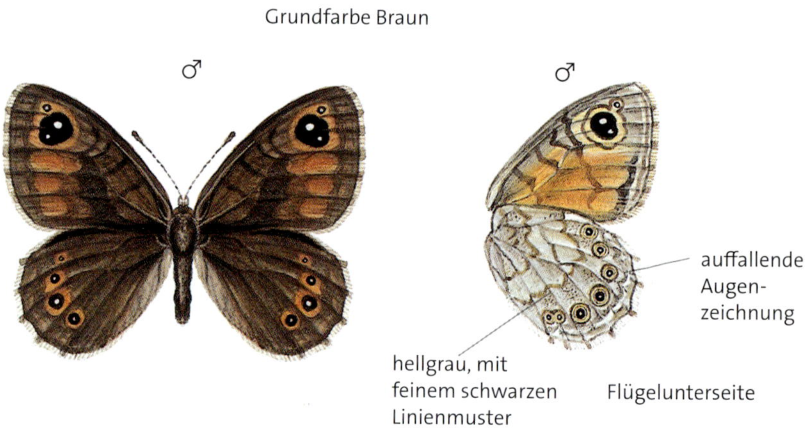

Vorkommen

Das Braunauge besiedelt nahezu die gleichen Lebensräume wie sein Verwandter, der Mauerfuchs *(Lasiommata megera)* nur ist er noch stärker an felsige bzw. steinige Lebensräume gebunden. So ist es nicht selten, dass an geeigneten Standorten beide Falterarten zeitgleich fliegen. Schwerpunktmäßig fliegt das Braunauge in den mittleren bis höheren Lagen, gern auf sonnigen, mit Felsen oder Steinen durchsetzten, großen Waldlichtungen oder an Waldrändern mit angrenzenden Magerwiesen. In der Ebene dagegen kommt es nur sehr lokal vor oder fehlt ganz. In Deutschland steht der Falter auf der Vorwarnliste, besonders in tieferen Lagen mit nur lokal begrenztem Vorkommen werden ihm die nur noch wenigen geeigneten Lebensräume durch intensive Bewirtschaftung oder auch Verbuschung sowie Aufforstung genommen.

Falter

- **Nahrung:** Der eifrige Blütenbesucher nutzt unterschiedliche Blütenpflanzen, sehr häufig sind diese rot bis blauviolett wie Wald- und Wiesen-Witwenblume, Flockenblumen, Kratzdistel, Rot-Klee, Natternkopf, aber auch Habichtskraut und Brombeere werden besucht.
- **Eiablage:** Das ♀ legt das Ei an trockenen, gelegentlich auch frischen Teilen der Nahrungspflanze ab. Dabei scheint es, ähnlich wie der Mauerfuchs, Plätze zu wählen, die besonders versteckt und gut gegen Wind und Regen geschützt sind.
- **Reviere:** Das ♂ wählt vorzugsweise Felsen oder Steine als Revier für die Geschlechterfindung. Dort sonnt es sich und fliegt immer wieder zwischendurch sein Revier ab. Rivalen und andere Falter werden verjagt.

Englisch: Large Wall Brown

❄ Raupe

Raupe

Die grüne, fein behaarte Raupe trägt drei helle Längsstreifen und ein dunklere Rückenlinie. Sie verpuppt sich im Frühjahr gern unter Steinen oder Überhängen versteckt.

- **Nahrung:** Als Nahrung werden Schaf- und Rot-Schwingel, Land-Reitgras und Weiches Honiggras genannt.

Flugzeit

Je nach Klima der Region fliegt das Braunauge in ein bis zwei Generationen. In warmen Jahren erscheint es schon Ende April. In den Höhenlagen verschiebt sich die Flugzeit nach hinten, und es gibt meist nur eine Generation.

	J	F	M	A	M	J	J	A	S	O	N	D

Merkmale

- **Flügeloberseite:** Die Grundfarbe ist stets Braun, je nach Höhenlage variiert der Ton von hell nach dunkel. Der Augenfleck auf den Vorderflügeln ist größer als beim Mauerfuchs *(Lasiommata megera)* auch die Hinterflügel wirken wesentlich dunkler, da sie nur die kleinen Augenflecke und keine Binde haben. Das ♀ ist auf den Vorderflügeln im Bereich des Augenflecks etwas großzügiger orange gefärbt.
- **Flügelunterseite:** Die Hinterflügel sind hellgrauweißlich mit sehr feiner bräunlicher Zeichnung und lassen die Augenflecke der Oberseiten erkennen. Von der Unterseite betrachtet, kann es zur Verwechslung mit dem Mauerfuchs *(Lasiommata megera)* kommen. Die Verwechslung mit dem ähnlichen Braunscheckauge ist in Deutschland, bis auf den Süden Bayerns, nicht gegeben.

Kleines Wiesenvögelchen

Kleiner Heufalter, Kälberauge

Coenonympha pamphilus

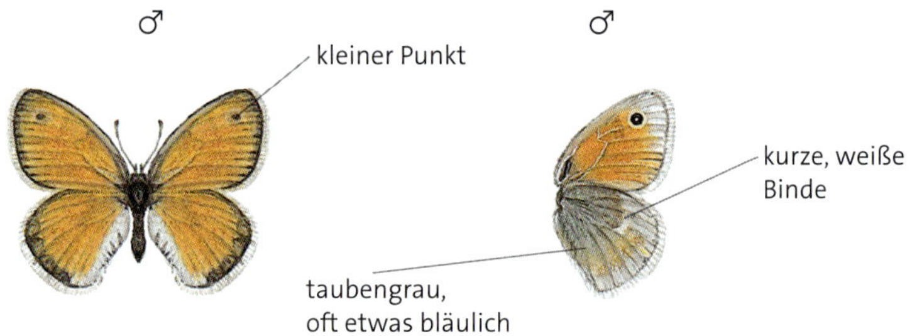

Flügelunterseite

Vorkommen

Dieser kleine Augenfalter ist in Deutschland der häufigste seiner Gattung. Er begegnet uns fast überall auf grasigen Flächen, die extensiv bis mäßig genutzt, d. h. nur wenig gedüngt und nicht allzu häufig gemäht werden. Er fliegt auf Brachen, auf kleinflächigem Grasland an Feldrändern oder Böschungen sowie gelegentlich innerorts an ähnlichen Stellen. Wichtig ist, dass die Vegetation nicht zu dicht und zu hoch ist und somit genügend kahle oder nur spärlich bewachsene Stellen zur Revierbildung und Eiablage zur Verfügung stehen. Dies ist häufig an unbefestigten Feld- und Wiesenwegen oder Trittpfaden der Fall. Er fliegt selten in hoher Dichte und wird, da er sehr unauffällig ist, häufig übersehen oder nicht beachtet, dabei gibt es auch bei ihm noch einiges zu entdecken.

Falter

- **Nahrung:** Je nach Saison werden unterschiedliche Blüten besucht. Kleearten wie Hopfen-, Weiß- und Rot-Klee, Ross-Minze, Blutweiderich, Witwen- und Flockenblumen, Skabiosen, Schafgarbe, Arznei-Baldrian sind nur einige der Nektarpflanzen.
- **Eiablage:** Das ♀ wählt den Platz sehr sorgfältig aus und legt das Ei oft an vertrockneten Grasblättern recht bodennah in der niederen Vegetation am Rande von Pfaden, Wegen oder an anderen spärlich bewachsenen Stellen ab.
- **Reviere:** Das ♂ besetzt sein Revier an Feld- und an Wiesenwegen entweder direkt am Boden oder auf niedrigen Blüten, Halmen und Blättern und wartet auf vorbeifliegende ♀♀. Etwaige Rivalen werden vehement verjagt. Das Revier wird oft über mehrere Tage hinweg immer wieder aufgesucht.

Raupe

Die hellgrüne Raupe hat eine beidseitig hell gesäumte, dunkelgrüne Rückenlinie

Englisch: Small Heath

Raupe

♀

♀

Flügelunterseite

und einen hellgelben Seitenstreifen unter den Atmungsöffnungen. Die kleine Gabel am Ende des Hinterleibes ist leicht rosa gefärbt. Die Raupen leben sehr versteckt und werden nur selten gefunden. Welche Grasarten genau als Nahrungspflanzen im Freiland bevorzugt genutzt werden, ist nicht eindeutig. Die Raupen entwickeln sich unterschiedlich schnell.

› **Nahrung:** Als Eiablagepflanzen werden in der Literatur Rot- und Schaf-Schwingel, Wiesen-Rispengras, Geschlängelte Schmiele, Kammgras- und Straußgrasarten u. a. genannt.

Flugzeit

Der Falter fliegt in zwei Generationen. In warmen Jahren oder in wärmebegünstigten Regionen kann er bereits Ende April erscheinen, ab und zu gibt es noch frische Falter im September; evtl. eine teilweise dritte Generation.

	J	F	M	A	M	J	J	A	S	O	N	D

Merkmale

› **Flügeloberseite:** Die orangefarbenen Flügel mit den schmalen braunen Randbinden und dem braunen Fleck im Bereich der Vorderflügelspitzen bleiben in der Regel unserem Blick verborgen.

› **Flügelunterseite:** Die Hinterflügel sind mehr oder weniger graubraun mit einer nur schwach ausgebildeten, hellen Binde. Mehrere Augenflecke sind, wenn überhaupt sichtbar, nur angedeutet, was ihn von anderen Arten seiner Gattung unterscheidet.

› **Ruhehaltung:** Diesen Augenfalter sehen wir nur selten mit geöffneten Flügeln. Ähnlich den Gelblingen legt er sich zum Sonnen schräg zur Sonne, dabei schiebt er die Vorder- und Hinterflügelpaare etwas auseinander, sodass möglichst viel Fläche besonnt wird.

Rotbraunes Ochsenauge

Rostbraunes Ochsenauge

Pyronia tithonus

Vorkommen

Das Rotbraune Ochsenauge fliegt vorwiegend im Tief- und Hügelland in mäßig feuchten bis trockenen und eher warmen Gebieten. In einigen Bundesländern fehlt es ganz, in anderen sind seine Vorkommen lokal sehr begrenzt, dann gibt es Regionen, in denen es nahezu flächendeckend anzutreffen ist. Intensiv bewirtschaftete Agrarflächen und dichte Wälder werden gemieden, ansonsten kann es sowohl im Offenland als auch in lichten Wäldern angetroffen werden. Wichtig sind in beiden Fällen strukturierte Gebiete mit besonnten Hecken und Büschen für die Revierbildung und als Rückzugsgebiet sowie ein ausreichendes Nektarangebot und Bestände an Nahrungspflanzen.

Falter

› **Nahrung:** Eine Vorliebe für Ackerkratzdisteln und weiße Doldenblütler ist bei den eifrigen Blütenbesuchern erkennbar, aber es werden auch andere Pflanzen wie Späte Goldrute, Gewöhnlicher Wasserdost, Ross-Minze, Feld-Thymian, Brombeere u. a. genutzt.

› **Eiablage:** [!] Das ♀ legt die Eier einzeln ab. Es scheint zwei Techniken der Ablage zu geben: zum einen das Anheften des Eis an die Nahrungspflanze, zum anderen das Fallenlassen des Eis, während das ♀ an der Pflanze sitzt.

› **Reviere:** Das ♂ patrouilliert in seinem Revier und sucht sich spät nachmittags als Ansitz besonnte, meist nach Süden oder Südwesten ausgerichtete Plätze in Sträuchern oder Büschen und wartet auf vorbeifliegende ♀♀. Rivalen werden verjagt. Diese Plätze sollen auch als Schlafplätze genutzt werden.

Englisch: Gatekeeper

❄ Raupe

Raupe
Die gräulichen oder grünlichen Raupen sind leicht behaart und tragen eine gestreifte Zeichnung am Kopf. Sie leben ziemlich versteckt und werden nur selten gefunden. Sie überwintern als Jungraupen und verpuppen sich erst im Spätfrühling.

› **Nahrung:** In der Literatur werden folgende Süßgräser genannt: Rot-Schwingel, Zartes Straußgras und Ausdauernder Lolch.

Flugzeit
Diese Art bildet eine Generation. Die ♂♂ erscheinen früher als die ♀♀, die in der Regel als letzte im August und gelegentlich noch Anfang September fliegen.

	J	F	M	A	M	J	J	A	S	O	N	D

Merkmale

› **Flügeloberseite:** Sowohl die Vorder- als auch die Hinterflügel sind großflächig orangefarben, was diesen Falter vom Großen Ochsenauge *(Maniola jurtina)* unterscheidet. Der Augenfleck im Bereich der Vorderflügelspitze ist doppelt weiß gekernt, was bei dem Großen Ochsenauge eher selten vorkommt. Das ♂ trägt zudem auf den Vorderflügeln einen breiten Duftschuppenfleck.

› **Flügelunterseite:** Die doppelte Kernung des Augenflecks ist ebenfalls auf der Unterseite der Vorderflügel zu sehen. Auch die graubraunen Hinterflügel zeigen kleine, weiß gekernte Flecke, die dem Großen Ochsenauge *(Maniola jurtina)* fehlen.

› **Ruhehaltung:** Die Falter suchen an heißen Tagen Schutz im Schatten der Sträucher und Hecken, die auch nachts als Schlafplatz dienen.

Schornsteinfeger

Brauner Waldvogel

Aphantopus hyperantus

einheitlich dunkelbraun, mit einer Reihe Augenflecke

♂

♂

Flügelunterseite

Vorkommen

Der überall verbreitete und recht häufige Augenfalter verdankt seiner Anpassungsfähigkeit dem Umstand, dass er unterschiedliche Lebensräume zu nutzen vermag. Wir können ihn nicht nur in mäßig genutzten, trockenen bis feuchten Graslandschaften, sondern auch an Waldrändern oder im lichten Wald, an sonnigen Waldwegen, Lichtungen, Kahlschlägen oder gehölzreichen Offenlandschaften beobachten. Nektargebiete und Fortpflanzungsgebiete müssen nicht übereinstimmen, da er bei der Nahrungssuche sehr mobil ist, kommt er gelegentlich auch in naturnahe Gärten, um an Buddleja zu naschen. Für die Raupenentwicklung scheint ein gewisser Grad an Luftfeuchtigkeit eine wichtige Rolle zu spielen.

Falter

› **Nahrung:** Je nach Lebensraum nutzt der Falter unterschiedliche Blütenpflanzen und kann gelegentlich auch an feuchter Erde saugend beobachtet werden. Gern nascht er an weißen Doldenblütlern, insbesondere an Baldrian, Engelwurz, Wilder Möhre, aber auch an Schafgarbe, Acker-Kratzdistel, Wasserdost, Rot-Klee und Dost sowie im Garten an Buddleja und Ringelblume.
› **Eiablage:** Das ♀ setzt sich an der Pflanze ab und lässt ein einzelnes Ei zu Boden fallen.
› **Reviere:** Das ♂ fliegt die Fortpflanzungsgebiete ab, um frische ♀♀ aufzuspüren. Gelegentlich setzt es sich in der Vegetation ab, um Wärme oder Nektar zu tanken.

Raupe

Die beige, braungrau gefärbte Raupe hat eine dunkle Rückenlinie und eine etwas struppig wirkende Behaarung. Sie ähnelt den Raupen der Mohrenfalter. Ihre Nahrung besteht vorwiegend aus Süß-,

Englisch: Ringlet

❄ Raupe

♀

aber auch aus einigen Sauergrasarten. Sie ist hauptsächlich nachtaktiv. Zur Verpuppung baut sie eine Unterkunft aus Gras und Spinnfäden bodennah am Grasbüschel.

› **Nahrung:** Aufgrund der Flexibilität der Raupe können je nach Lebensraum unterschiedliche Gräser als Nahrung dienen wie z. B. Wiesen-Knäuelgras, Land-Reitgras, Rot-Schwingel, Wiesen-Rispengras sowie einige Seggenarten.

Flugzeit

Der Schornsteinfeger fliegt in einer Generation. Die Hauptflugzeit liegt im (Juni) Juli/August. Je nach Höhenlage kann sich die Flugzeit etwas verschieben.

	J	F	M	A	M	J	J	A	S	O	N	D
						■	■	■				

Merkmale

› **Flügeloberseite:** Die stumpfbraune Oberseite zeigt kleine Augenflecke, die beim etwas heller gefärbten ♀ deutlicher ausgeprägt sind als beim ♂.

› **Flügelunterseite:** Die einheitlich braunen Unterseiten zeigen die typisch gelb umrandeten und weiß gekernten schwarzen Augenflecke. Die Anordnung der Augenflecke und das Fehlen jeglicher weiterer Zeichnung machen den Schornsteinfeger eindeutig bestimmbar.

› **Ruhehaltung:** Als Schlafplatz dienen oft Stängel in höherer dichter Vegetation, z. B. in angrenzenden Getreidefeldern oder auch in Sträuchern oder Büschen. Selbst tagsüber sitzen sie oft weiter unten in der Vegetation, wenn sie nicht gerade auf Partnersuche sind oder Blüten besuchen.

Großes Ochsenauge

Maniola jurtina

Vorkommen

Dieser anpassungsfähige Augenfalter besiedelt viele halb offene und offene, gras- und blütenreiche Landschaften im Tief- und Bergland. Ebenso kann er an sonnigen Waldrändern und -wegen beobachtet werden. Intensiv bewirtschaftete Agrarlandschaften meidet er, es sei denn, es befinden sich gras- und nektarreiche Randbereiche wie Böschungen, Dämme oder ähnlich geeignete Plätze in der Nähe. Naturnahe Gärten am Rand von Ortschaften werden gelegentlich auch aufgesucht. Aufgrund der Mobilität des Großen Ochsenauges, vor allem der ♀♀, sowie des relativ breiten Spektrums der Nahrungs- und Nektarpflanzen ist diese Art noch relativ häufig und überall in Deutschland anzutreffen.

Falter

› **Nahrung:** Dieser Falter ist ein eifriger Blütenbesucher. Ab und zu saugt er an feuchtem Boden, Kot oder auch Schweiß. Gern besucht er Flockenblume, Witwenblume, Skabiose, Kratzdistel, Wasserdost, Blutweiderich, aber auch Baldrian, Schafgarbe sowie in Gärten Buddleja, Ringelblume und Zinnie.

› **Eiablage:** Das ♀ legt das Ei meist bodennah an verdorrten oder auch frischen Grasblättern ab. Oft sucht es dazu gemähte Wiesen auf oder kriecht hinab in die Vegetation. Gelegentlich lässt es das Ei zu Boden fallen.

› **Reviere:** Das ♂ fliegt die Entwicklungsgebiete auf der Suche nach frischen ♀♀ ab, oder es sucht sich bodennah auf einem Blatt oder Halm einen Platz und wartet auf vorbeifliegende ♀♀.

Englisch: Meadow Brown

❄ Raupe

Raupe
Die grüne, leicht behaarte Raupe ist tagaktiv. Nach der Überwinterung wird sie in den letzten Stadien nachtaktiv. Obwohl der Falter so häufig ist, werden nur selten Raupen gefunden. Die Verpuppung erfolgt bodennah, oft an verdorrten Halmen.

› **Nahrung:** Als Nahrung dienen u. a. Aufrechte Trespe, Wiesen-Knäuelgras, Wiesen-Rispengras, Wiesen-Lieschgras, Schwingelarten.

Flugzeit
Trotz der langen Flugzeit gibt es nur eine Generation. In manchen Jahren erscheinen die ersten Falter schon Ende Mai; es sind meist ♂♂, da diese früher schlüpfen als ♀♀, vereinzelt gibt es im September noch ♀♀.

	J	F	M	A	M	J	J	A	S	O	N	D
🦋						■	■	■				

Merkmale

› **Flügeloberseite:** Das dunkelbraune ♂ trägt auf den Vorderflügeln einen sehr dunklen Duftschuppen- und nahe der Flügelspitze einen schwarzen Augenfleck, der meist weiß gekernt und fein gelborange umrandet ist. Das ♀ trägt auf den Vorderflügeln eine unterschiedlich ausgeprägte gelborangefarbene Binde. Die Hinterflügel sind einheitlich braun.

› **Flügelunterseite:** Die Augenflecke sind einfach weiß gekernt und gut sichtbar, das ♂ zeigt auf den einheitlich braunen Hinterflügeln schwarze Punkte, das ♀ eine helle Binde.

› **Flügelrand:** Die Flügel sind fein hell gesäumt, die Hinterflügel leicht gewellt.

Verwechslungsarten Mohrenfalter

Weißbindiger Mohrenfalter
(Erebia ligea)

Flügelunterseite

Graubindiger Mohrenfalter
(Erebia aethiops)

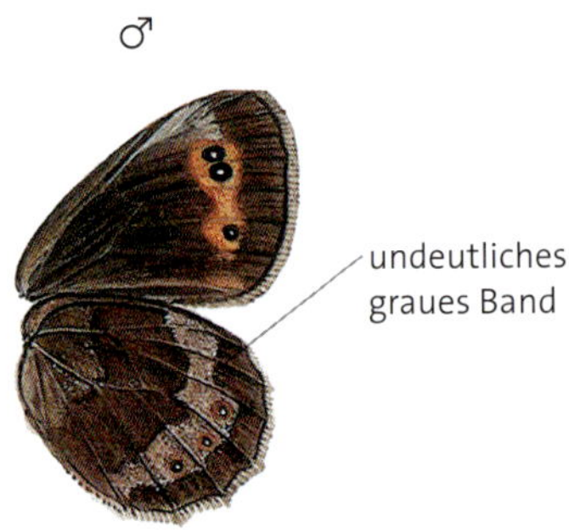

Flügelunterseite

Frühlings-Mohrenfalter
(Erebia medusa)

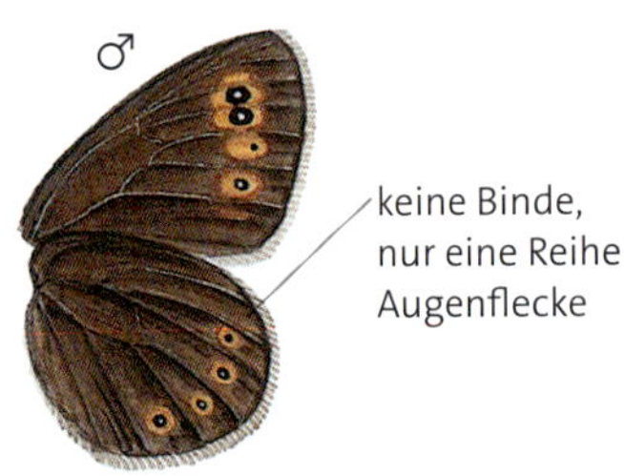

Flügelunterseite

♀

♀

♀

♀

Band deutlicher als bei ♂

Band deutlicher als bei ♂

Flügelunterseite

Flügelunterseite

♀

♀

Flügelunterseite

Weißbindiger Mohrenfalter

Weißfleckiger Mohrenfalter, Milchfleck

Erebia ligea

Flügelunterseite

Vorkommen

Der Weißbindige Mohrenfalter ist außer im Saarland, im äußersten Norden und Nordosten Deutschlands, wo er fehlt, unterschiedlich stark vertreten. Er fliegt im Hügel- bis ins hohe Bergland und ist an lichte, sonnige Wälder mit blütenreichen Waldrändern und -wegen oder angrenzenden Wiesen gebunden. Eine Tendenz zu eher feuchten Gebieten ist erkennbar. Die Entwicklungsgebiete liegen hauptsächlich im Wald, während die Falter auf Nektarsuche diesen durchaus verlassen.

Falter

- **Nahrung:** Der Weißbindige Mohrenfalter ist ein eifriger Blütenbesucher, wobei violette und gelbe Blüten bevorzugt aufgesucht werden. Habichtskräuter, Flocken- und Witwenblumen, Skabiosen sowie Kratzdisteln sind häufig besuchte Nektarspender.
- **Eiablage:** Das ♀ legt das Ei bodennah an den Gräsern meist an lichten Stellen im Wald ab.

Reviere: Auf der Suche nach ♀♀ fliegt das ♂ recht niedrig über den Grasflächen oder entlang der Gebüschsäume.

Raupe

Die helle graubeige-braun gestreifte Raupe überwintert zunächst im Ei und schlüpft erst im folgenden Frühjahr. Im Laufe ihrer Entwicklung wechselt sie von Tag- zur Nachtaktivität und überwintert ein zweites Mal bodennah im Gras, bis sie sich im zweiten Jahr im Frühling verpuppt.

- **Nahrung:** Als Nahrungspflanzen werden unterschiedliche Gräser wie z. B. Aufrechte Trespe, Blaugras, Pfeifengras, Reitgras- und Rot-Schwingel angegeben.

Flugzeit

Dieser Falter bildet eine Generation. Die ♂♂ erscheinen einige Tage früher als die ♀♀.

Englisch: Arran Brown

❄ erst als Ei, dann als Raupe

♀

Mohrenfalter (Gattung *Erebia*)

Einige Vertreter dieser Gattung fliegen nur in den Alpen. Es gibt ein Nord-Süd-Gefälle, das eine Tendenz zum Lebensraum im Hügel- bis Bergland oder darüber hinaus erkennen lässt. In den nördlichen Bundesländern fehlen sie teilweise oder ganz, nach Süden hin sind die Vorkommen manchmal lokal begrenzt, je nach Region können sie aber auch häufig angetroffen werden. Die nachfolgend beschriebenen Mohrenfalter sind die etwas „häufigeren" Arten. Einige sehen sich besonders von der Oberseite her sehr ähnlich, aus diesem Grund ist die Unterseite der Flügel für die Bestimmung sehr wichtig.

	J	F	M	A	M	J	J	A	S	O	N	D
🦋							■	■				

Merkmale

- **Flügeloberseite:** Das ♀ ist etwas größer, das ♂ hat auf den Vorderflügeln Duftschuppen, die nur bei günstigem Licht sichtbar sind.
- **Flügelunterseite:** Die Vorderflügel tragen eine zur Basis hin abgrenzte orangefarbene Binde mit weiß gekernten Augenflecken. Die Hinterflügel zeigen vor dem äußeren Flügelrand eine unregelmäßig angedeutete weiße Binde und kleine orangerot umsäumte Augenflecke. Diese Merkmale machen ihn unverwechselbar.
- **Flügelrand:** Der Fransensaum ist dunkelbraun-weiß gescheckt.

Graubindiger Mohrenfalter

Waldteufel

Erebia aethiops

Flügelunterseite

Vorkommen

Der als „gefährdet" eingestufte Graubindige Mohrenfalter fliegt von der Ebene bis ins Bergland. In Norddeutschland fehlt er teilweise oder ganz, während seine Standorte nach Süden hin zunehmen. Er lebt in sehr lichten, sonnigen Wäldern mit hohen Grasbeständen sowie in den Übergangsbereichen zu extensiv genutzten und blütenreichen Wiesen oder in ähnlich strukturierten Gebieten. Er scheint kalkhaltigen Boden sowie das Hügel- und Bergland zu bevorzugen.

Falter

› **Nahrung:** Der Graubindige Mohrenfalter besucht u. a. gern Distel- und Kratzdistelarten, Flockenblumen, Witwenblumen, Dost. Besonders die ♂♂ saugen an feuchten Bodenstellen, Kot oder Aas.

› **Eiablage:** Das ♀ legt das Ei bodennah an dürren oder auch frischen Teilen der Nahrungspflanze ab.

› **Reviere:** Das ♂ fliegt über Grasbestände oder entlang der Wald- und Gebüschsäume auf der Suche nach frisch geschlüpften ♀♀.

Englisch: Scotch Argus

Raupe

Raupe

Die kurz behaarte braun, beige, gräulich gezeichnete Raupe frisst bis zur Überwinterung tagsüber. Im kommenden Frühjahr wird sie in den letzten Stadien nachtaktiv. Sie verpuppt sich am Boden zwischen Pflanzenteilen.

› **Nahrung:** Aufrechte Trespe, Land-Reitgras und Fieder-Zwenke sind laut Literatur neben einigen anderen die bevorzugten Grasarten.

Flugzeit

Der Falter bildet eine Generation aus. In höheren Lagen kann er vereinzelt noch im September fliegen.

	J	F	M	A	M	J	J	A	S	O	N	D
							■	■				

Merkmale

› **Flügeloberseite:** Die braunen Flügel haben eine gelborange bis orangerote Binde mit weiß gekernten Augenflecken. Das ♂ hat auf den Vorderflügeln dunkle Duftschuppen. Je nach Höhe der Standorte können Zeichnung und Farbintensität variieren.

› **Flügelunterseite:** Die Vorderflügel zeigen die zur Flügelbasis hin abgegrenzte, orangefarbene Binde mit den weiß gekernten Augenflecken. Die Hinterflügel haben eine gräuliche (♂) oder bräunliche (♀), manchmal etwas schwach ausgeprägte Binde, häufig mit weißen Punkten. Die Zeichnung kann variieren. Die Flugzeit des ähnlichen Frühlings-Mohrenfalters *(Erebia medusa)* ist meist vorbei, wenn der Graubindige Mohrenfalter erscheint. Zu eventuellen Überschneidungen kann es höchstens Anfang Juli kommen.

› **Flügelrand:** Die Flügel sind fein hell umsäumt, die der ♀♀ meist hell-dunkel gescheckt.

Frühlings-Mohrenfalter

Früher Mohrenfalter, Rundaugen-Mohrenfalter, Blaugrasfalter

Erebia medusa

Flügelunterseite

Vorkommen

Dieser im Gegensatz zu seinen Verwandten sehr früh fliegende und ziemlich dunkle Mohrenfalter ist in unterschiedlichen Lebensräumen zu finden. Wichtig sind extensiv genutzte Graslandschaften sowie jüngere Brachen in Waldnähe oder lichte Wälder mit ihren Randgebieten. Er fliegt sowohl in feuchten als auch in trockenen Bereichen. Seine Vorkommen liegen schwerpunktmäßig im Hügelland auf mageren, blütenreichen Wiesen in der Nähe des Waldes. In intensiv genutzten und ausgeräumten Landschaften sowie in dichten Wäldern fehlt er. In den nördlichen und östlichen Bundesländern ist er als „gefährdet“ oder „stark gefährdet“ eingestuft, in einigen fehlt er ganz.

Falter

› **Nahrung:** Der Frühlings-Mohrenfalter ist ein eifriger Blütenbesucher und saugt gern an feuchten Bodenstellen. Je nach Lebensraum werden unterschiedliche Blüten angeflogen. Zu den Nektarpflanzen gehören u. a. Acker-Witwenblume, Kuckucks-Lichtnelke, Scharfer Hahnenfuß, Wiesen-Bocksbart, Brombeerblüten.

› **Eiablage:** Das ♀ legt das Ei an Grasblättern ab.

› **Reviere:** Das ♂ unternimmt rastlose Flüge auf der Suche nach geeigneten ♀♀. In den Pausen sitzt es gern bodennah auf vertrocknetem Halmen oder Stängeln sowie auf kahler Erde.

Englisch: Woodland Ringlet

❄ Raupe

♀

♀

Flügelunterseite

Raupe

Die leicht behaarte Raupe gibt es in der grünen und der braunen Form. Die dunkle Rückenlinie ist von beiden Seiten hell eingefasst. Sie überwintert tief unten in Grasbüscheln versteckt als Raupe. Im Frühjahr verpuppt sie sich am Boden zwischen Pflanzenteilen. In höheren Lagen wird eine zweijährige Entwicklungszeit angenommen.

- **Nahrung:** In der Literatur werden Aufrechte Trespe, Rot- und Schaf-Schwingel, Rasen-Schmiele, Pfeifen- und Borstgras genannt.

Flugzeit

Der Frühlings-Mohrenfalter bildet eine Generation. Die Falter erscheinen Mitte Mai und fliegen bis in die zweite Junihälfte. In höheren Lagen können Tiere vereinzelt noch im Juli gesichtet werden.

	J	F	M	A	M	J	J	A	S	O	N	D

Merkmale

- **Flügeloberseite:** Die unterbrochene, orangefarbene Binde auf den dunklen Flügeln zeigt jeweils in ihrer Mitte liegend weiß gekernte Augenflecke.
- **Flügelunterseite:** Die oberseits angelegten Augenflecke sind auf der Unterseite deutlich erkennbar und orangerot oder gelb umsäumt. Ansonsten ist die Unterseite einheitlich dunkelbraun ohne jegliche Zeichnung.
- **Fühler:** Die Unterseiten der Fühlerkolben sind gelblich.
- **Flügelrand:** Der Flügelsaum ist in der Grundfarbe der Flügel gefärbt.

Schachbrettfalter

Damenbrett

Melanargia galathea

♀

Art unverwechselbar

♀

Flügelunterseite

Vorkommen

Der Schachbrettfalter, der seinen Namen aufgrund seiner Zeichnung trägt, ist recht verbreitet und häufig anzutreffen. Seine Standorte befinden sich in offenen bis halb offenen Landschaften. Dies sind magere oder mäßig genutzte Wiesen mit den Lieblingsnektarpflanzen oder blütenreiche, sonnige Waldränder, Dämme und Böschungen.

Falter

- **Nahrung:** Das Schachbrett ist ein eifriger Blütenbesucher und zeigt eine Vorliebe für Wiesen-Flockenblume, Skabiosen- und Schwarze Flockenblume, Acker-Witwenblume und Wilde Karde. Wenn vorhanden, wird der gelb blühende Weidenblättrige Alant besucht. Weitere besuchte Blüten sind die des Rot-Klees oder der Acker-Kratzdistel. Gelegentlich saugen sie an menschlichem Schweiß.
- **Eiablage:** Das ♀ setzt sich in der etwas höheren Vegetation, in Altgrasbeständen oder in noch nicht gemähten Wiesen z. B. an ein Grasblatt und lässt meist nur ein einzelnes Ei zu Boden fallen. Diese Eiablageplätze sind besonnt und eher trocken.
- **Reviere:** Das ♂ fliegt immer wieder geeignete Grasflächen nach frischen ♀♀ suchend ab.

Raupe

Die Raupe gibt es in zwei Farbvarianten, die braune und die grüne Form mit braunem Köpfchen, und ist fein längs gestreift und behaart. Das Jungräupchen überwintert. Wie die Raupen vieler Augenfalter ist sie zunächst tagaktiv und wird gegen Ende ihrer Entwicklung nachtaktiv. Zur Verpuppung fertigt sie sich einen Unterschlupf am Grund des Grases aus Pflanzenteilen und gesponnenen Fäden an.

Englisch: Marbled White

❄ Raupe

› **Nahrung:** Als Nahrung dienen unterschiedliche Gräser wie Aufrechte Trespe, Wiesen-Rispengras, Fieder-Zwenke, Wiesen-Knäuelgras, Schwingel-Grasarten u. a.

Flugzeit

Das Schachbrett bildet nur eine Generation. Die Flugzeit beginnt Ende Juni, die Hauptflugzeit liegt im Juli. In etwas höheren Lagen können die Falter noch Anfang September fliegen.

	J	F	M	A	M	J	J	A	S	O	N	D
Falter							■	■	■			

Merkmale

› **Flügeloberseite:** Die dunkelbraunen Flügel mit der weißen Binde und den weißen Flecken machen den Schachbrettfalter unverwechselbar.

› **Flügelunterseite:** Neben den gelbbräunlichen Tieren gibt es Falter mit eher weißen, (dunkel)grau gezeichneten Hinterflügeln, die dadurch wesentlich kontrastreicher wirken.

› **Flügelrand:** Der Flügelsaum ist helldunkel gescheckt, die Hinterflügel etwas gewellt.

Blauäugiger Waldportier

Blaukernauge, Blauauge, Riedteufel

Minois dryas

Vorkommen

Dieser recht große und sehr seltene Falter mit den blauen Augen kommt nur noch an ganz wenigen Standorten in Deutschland vor. In den meisten Regionen ist er bereits ausgestorben. Obwohl einzelne Populationen ganz unterschiedliche Gebiete besiedeln: zum einen Feuchtgebiete, wie in Randgebieten von Mooren, lichten Auenwäldern oder Flusstälern mit reichem Vorkommen an Pfeifengras, zum anderen trockene, offene Flächen wie kalkreiche Mager- und Trockenrasen mit langwüchsigen Gräsern, haben Lebensraumverluste in beiden Bereichen zu starken Bestandseinbußen geführt. Nur mit entsprechenden Schutzmaßnahmen kann diese Art vor dem Aussterben bewahrt werden.

Falter

- **Nahrung:** Diese Falter sind eifrige Blütenbesucher. Blaue, violette und rote Blüten wie Wasserdost, Sumpf-Kratzdistel, Blutweiderich, Wiesen-Flockenblume, Acker-Witwenblumen, Tauben-Skabiose u. a. gehören zu den bevorzugten Blütenpflanzen.
- **Eiablage:** Das ♀ setzt sich an einem Halm ab und lässt das Ei nahe der Nahrungspflanze zu Boden fallen.

Englisch: Dryad

❄ Raupe

Raupe
Die helle Raupe ist in verschiedenen Brauntönen gestreift. Die dunkle Rückenlinie ist unterbrochen, an den Seiten oberhalb der Atmungsöffnungen befindet sich ein weiterer dunkler Streifen. Auch das hellbraune Köpfchen ist dunkel gestreift. Die Raupe überwintert noch jung und frisst im folgenden Frühjahr erst tagsüber, dann nachts. Sie verpuppt sich in einem Grasbüschel.

- **Nahrung:** In der Literatur werden folgende Süß- und Sauergräser aufgeführt: Blaues Pfeifengras, Land-Reitgras, Buntes Reitgras, Roter Schwingel, Aufrechte Trespe sowie Weiße Segge, Sumpf-Segge und Hirse-Segge.

Flugzeit
Dieser Falter fliegt in einer Generation. Die Hauptflugzeit liegt im Monat August.

	J	F	M	A	M	J	J	A	S	O	N	D
🦋							■	■	■			

Merkmale

- **Flügeloberseite:** Das kleinere ♂ ist dunkelbraun, das ♀ ist etwas heller. Die beiden schwarzen, blau gekernten Augenflecke auf den Vorderflügeln sind beim ♀ größer. Die Hinterflügel tragen nur einen kleinen Augenfleck, der auch fehlen kann.
- **Flügelunterseite:** Die Unterseiten des ♂ sind fast einheitlich braun, mit einer angedeuteten hellen Binde. Die des ♀ sind heller, wirken etwas marmoriert und zeigen eine etwas deutlichere helle Binde. Die Augenflecke sind auf der Unterseite gut sichtbar.
- **Flügelrand:** Der Flügelsaum ist etwas heller. Der Rand der Hinterflügel ist beim ♂ leicht, beim ♀ stark gewellt.
- **Ruhehaltung:** Bei starker Hitze und zum Schlafen ziehen sie sich in Büsche oder Gehölze zurück. Sonnenbäder werden mit weit geöffneten Flügeln genommen.

Großes Jungfernkind

Birken-Jungfernkind

Archiearis parthenias

♂

♀

Vorkommen

Der Spanner lebt vorwiegend an Waldrändern, in lichten Wäldern, Heidelandschaften und Mooren mit Birkenbeständen. Das ähnlich aussehende Mittlere Jungfernkind *(Archiearis notha)* benötigt dagegen Zitterpappelbestände. Der Spanner ist recht verbreitet und häufig, wird aber oft übersehen.

Falter

Nach den ersten frostfreien Tagen fliegen sie bei Sonne in den Wipfeln der Birken, setzen sich aber gerne am Boden ab, um ein Sonnenbad zu nehmen.

› **Nahrung:** [!] Am Boden saugen sie an feuchten Stellen und holen sich z. B. an Exkrementen Mineralstoffe. Beobachtet wurden sie bisher an blühenden Sal-Weiden. Ob sie sonstige Frühblüher aufsuchen, wäre zu beobachten.
› **Eiablage:** Das ♀ legt die Eier an Knospen und Verzweigungen, dabei soll es rückwärtslaufen, bis es mit dem Hinterleib auf eine Knospe oder Gabelung stößt, um dort einige Eier abzulegen, die es mit wenigen Haarschüppchen bedeckt.

Englisch: Orange Underwing

❄ Puppe

Raupe
Im Gegensatz zur Raupe anderer Spannern, verfügt sie über 4 Paar Bauchfüße. Sie ist grün, mit hellen Längslinien, von denen die untere an den Seiten kräftiger ausgebildet ist. In diesem Streifen sind die schwarzen Atmungsöffnungen gut sichtbar. Sie frisst zunächst an den Kätzchen, bis diese verblüht sind, danach begnügt sie sich mit frischen Birkenblättchen. Als Verpuppungsort wählt sie gerne Totholz.

› **Nahrung:** Hauptsächlich Birkenarten.

Flugzeit
Dieser Spanner fliegt in einer Generation. Er erscheint in den ersten warmen Tagen im Jahr.

	J	F	M	A	M	J	J	A	S	O	N	D
🦋			■	■								

Merkmale

› **Flügeloberseite:** Durch die weißen Flecke am äußeren Rand und die hell-dunklen Binden ist es etwas kontrastreicher als das seltenere Auen-Jungfernkind *(Archiearis notha)*. Die Flecke können fehlen oder bei älteren Tieren undeutlich sein, dann ist die Verwechselungsgefahr größer. Die Hinterflügel sind gelborange, an der Basis dunkelbraun, im orangegelben Bereich befindet sich ein brauner Fleck. Die Randbinde ist braun.

› **Flügelrand:** Die Flügelränder tragen einen hell-dunkel gescheckten Saum.

› **Fühler:** Die Fühler der ♂♂ sind leicht gezähnt. Die der ♀♀ fadenförmig.

› **Ruhehaltung:** In Ruhestellung sehen wir ein wenig die gelborangefarbenen Hinterflügel mit der Randbinde. Die dunkelbraune Zeichnung an der Basis bleibt oft verborgen.

Ampferspanner

Rotrandspanner

Timandra comae

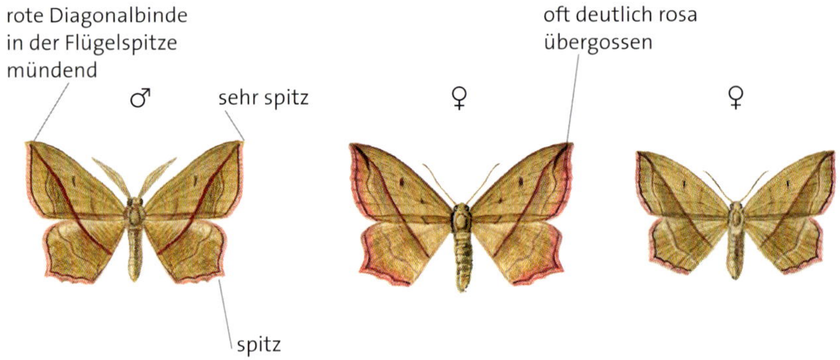

Sehr variable Art

Vorkommen
Der ziemlich häufige und manchmal recht leicht zu übersehende Spanner ist nahezu überall zu finden. Er bevorzugt milderes Klima und meidet entsprechend höhere Lagen. Alle Gebiete, in denen Ampfer- und Knötericharten wachsen, können aufgesucht werden. So ist er sowohl im Offenland, im Wald und seinen Randbereichen, in Brachen, an Gewässern und in Siedlungen zu sehen.

Falter
Der Ampferspanner ist dämmerungs-/nachtaktiv und fliegt zum Licht. Auch tagsüber flattert er manchmal umher, besonders wenn er aufgescheucht wird.

- **Nahrung:** [!] Bisher gibt es nur wenige Beobachtungen u. a. an Natternkopf und Kanadischer Goldrute.
- **Eiablage:** Die Eiablage erfolgt an unterschiedlichen Stellen der Nahrungspflanzen.

Englisch: Blood-vein

Raupe

Raupe
Die Raupe ist rötlich braun mit dunkeln und wenig hellen Zeichnungselementen auf dem Rücken, sodass sie am Ampfer hervorragend getarnt ist. Sie überwintert halb erwachsen als Raupe. Die Puppe hängt wie in einer Hängematte im leichten Gespinst frei zwischen Pflanzenteilen.

- **Nahrung:** Als Nahrung dienen Ampferarten wie Sauerampfer, Sumpfblättriger Ampfer sowie Vogel- und Ampfer-Knöterich.

Flugzeit
Er fliegt in zwei, bei sehr günstiger Wetterlage in drei Generationen.

	J	F	M	A	M	J	J	A	S	O	N	D

Merkmale

- **Flügeloberseite:** Die Grundfarbe reicht von Grauweiß über Gelblich, Ocker zu fast Rosa. Die feine dunkle Binde der Flügel bildet in der Ruhehaltung eine Linie, die von einer Spitze der Vorderflügel zur anderen fast gerade verläuft. Die Hinterflügel laufen spitz aus. Trotz unterschiedlicher Färbungen, ist er aufgrund seiner Zeichnung unverwechselbar. Die ähnliche Art *(Timandra griseata)* ist bei uns nicht vertreten.
- **Flügelrand:** Der gefranste Saum ist von nahezu gleicher Farbe wie die schmale Mittelbinde.
- **Fühler:** Die Fühler des ♂ sind beidseitig gekämmt, die des ♀ fadenförmig.
- **Ruhehaltung:** Der Spanner ruht gern versteckt im höheren Gras, in Stauden und Büschen. Er hat die Flügel am Leib anliegend gespreizt, sodass Körper, Flügel, Vorder- und Hinterflügel zu einer Fläche verschmelzen und ihm eine gute Tarnung verleihen.

Marmorierter Kleinspanner

Sandgrauer Heide-Kleinspanner, Sandgrauer Grasheiden-Kleinspanner

Scopula immorata

♂

♂

Vorkommen

Sonnige, nicht zu trockene, blumenreiche, nicht intensiv bewirtschaftete Wiesen oder staudenreiche Ufer sind Gebiete, die er gerne aufsucht. Höhere Lagen und dichtere Wälder werden weitgehend gemieden. Diese Art scheint besonders empfindlich auf Umwelteinflüsse zu reagieren. Galt sie früher an ihren Standorten als häufig, so sind einige Populationen in manchen Gebieten in den letzten Jahren verschwunden. Ihr Vorkommen ist über ganz Deutschland verstreut, das heißt, nur lokal begrenzt und oft in nicht zusammenhängenden Gebieten, was sie sehr anfällig für den Fortbestand macht. In einigen Bundesländern ist sie bereits als „stark gefährdet" eingestuft.

Falter

Es gibt eine sehr ähnliche Art, den Mosaik-Kleinspanner *(Scopula tessellaria)* der bisher allerdings nur im Saarland nachgewiesen wurde, sie fliegt ab Ende Mai bis Juli.

› **Nahrung:** Zu den wenig bekannten Nektarpflanzen gehören Schafgarbe und Breitblättriger Thymian.
› **Eiablage:** Das ♀ legt die zunächst noch hellgrünen Eier meist einzeln an der Nahrungspflanze ab.

Raupe

Auf hellbraunem, manchmal hellgrauem Grund erstrecken sich helle und dunklere Längslinien. Zwei dunkelbraune oder rötlich braune Nebenrückenlinien zieren den Körper. Die Atmungsöffnungen sind schwarz. Sie frisst an welkem Pflanzenmaterial. Wird sie gestört, nimmt sie ihre Schreckhaltung ein, indem sie sich vom Kopf her mehr oder weniger einrollt und nur noch mit ihren hinteren Beinchen festhält, sodass sie an eine Schnecke erinnert.

Englisch: Lewes Wave

❄ Raupe

› **Nahrung:** In der Literatur werden Besenheide, Dost und Breitblättriger Thymian, im Internet Esparsette, Habichtskräuter, Löwenzahn, Schafgarbe, Vogelknöteriche, Heidekräuter, u. a. genannt.

Flugzeit
Nur in wärmeren Regionen fliegt diese Art in zwei Generationen. Je nach Standort und Witterung erscheint sie bereits Ende April oder fliegt noch im August.

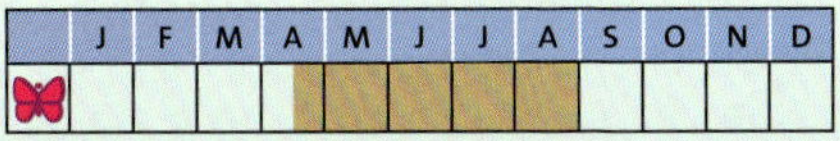

Merkmale

› **Flügeloberseite:** Die Grundfarbe ist hell, das kann weißgelblich oder auch gräulich sein. Selten sind die Binden und gezackten Linien klar als solche zu erkennen. Oft sind diese Zeichnungselemente unterbrochen oder wirken verschwommen, sodass der Falter eher meliert oder marmoriert (Name!) aussieht. Viele dunkle Schüppchen, versprenkelt auf den Flügeln, verstärken noch das unruhige Flügelmuster.
› **Flügelrand:** Der Saum ist gefranst und hell-dunkel gescheckt.
› **Ruhehaltung:** Die Flügel werden flach ausgebreitet, manchmal etwas nach vorn durchgedrückt, als wolle er auch mit diesen die Unterlage umklammern. Die Hinterflügel sind sichtbar. Der Körper ist ebenfalls hell und dunkel gesprenkelt. Durch seine diffuse Musterung verschmilzt er mit seiner Umgebung, sodass wir genau hinschauen müssen, um ihn zu sehen, wenn er in der Vegetation versteckt ruht.

Purpurspanner

Purpurbindenspanner

Lythria cruentaria

Sehr variable Art

Vorkommen
Dieser wärmeliebende Spanner bevorzugt trockene, offene, natürliche Landschaften, z. B. Heideflächen, Halbtrocken- oder Trockenrasen, sandige oder steinige Flächen mit reichem Nahrungspflanzenangebot. Im Gegensatz zum selteneren Knöterich-Purpurspanner *(L. purpuraria)* der ähnliche Gebiete besiedelt, meidet der Purpurspanner landwirtschaftlich bearbeitete oder genutzte Flächen. Häufig sind seine Vorkommen lokal begrenzt.

Falter [!]
Der tagaktive Falter fliegt gern an sonnigen Stellen meist dicht über dem Boden, bei Bewölkung oder Regen versteckt er sich in der Vegetation. Die enge Verwandtschaft zu den Schwesternarten, wollen wir an dieser Stelle nicht vertiefen, denn *L. sanguinaria* fehlt in Deutschland, und der Knöterich-Purpurspanner *(L. purpuraria)* ist überall recht selten, zum Teil bereits „verschollen“ oder „vom Aussterben bedroht“ und wird in Deutschland als stark gefährdet eingestuft, aber auch der Purpurspanner ist in einigen Bundesländern stark zurückgegangen und in seinen Beständen gefährdet.

- **Nahrung:** Da der Spanner einen reduzierten Saugrüssel hat und keine Beobachtungen zu Blütenbesuchen vorliegen, besteht die Möglichkeit, dass er gar nicht zur Nahrungsaufnahme fähig ist.
- **Eiablage:** Die hellgrünen Eier werden einzeln oder in kleinen Gruppen an die Pflanzen geheftet.

Englisch: ——

❄ Puppe

Raupe
Die schlanke Raupe kann farblich variieren, sie sieht zweifarbig aus, meist sind der Bauch und die Seiten grün, der Rücken braun. Sie frisst offen an ihrer Pflanze und scheint Blüten sowie Früchte zu bevorzugen. Die zweite Generation überwintert als Puppe.

› **Nahrung:** Bisher gilt der Kleine Sauerampfer als einzige Nahrungsquelle der Raupen. Der Knöterich-Purpurspanner bevorzugt Vogelknöterich.

Flugzeit
Dieser Spanner fliegt in 2 Generationen, je nach Witterung können sich die Flugzeiten verschieben.

	J	F	M	A	M	J	J	A	S	O	N	D

Merkmale

› Die Sommergeneration ist oft kräftiger gefärbt und etwas größer als die Frühjahrsgeneration.

› **Flügeloberseite:** Die Falter sind in Farbe und Zeichnung sehr variabel. Wichtiges Merkmal sind drei rosarote Binden, von denen die beiden äußeren ganz oder teilweise miteinander verschmelzen können. Sie reichen bis zum Flügelrand. Der Flügelsaum hat die gleiche Farbe wie die Binden.

› **Fühler:** Die Fühler der ♂♂ sind doppelt gekämmt, die der ♀♀ fadenförmig.

› **Ruhehaltung:** Die Vorderflügel werden flach ausgebreitet und verdecken die Hinterflügel fast ganzflächig.

Braunbinden-Wellenstriemenspanner

Scotopteryx chenopodiata

Sehr variable Art

Vorkommen
Dieser Falter mit dem gewichtigen Namen gilt als der häufigste seiner Gattung, so ist er zwar weniger auf intensiv bewirtschafteten Flächen zu finden, nutzt dafür kleine Nischen mit Gebüsch sowie Wald-, Feld-, Weg-, Straßenränder und Uferböschungen. Ansonsten sind blütenreiche trockene bis feuchte Wiesen begehrt. Naturnahe Gärten in Ortschaften oder an Stadträndern werden auch aufgesucht.

Falter
Er fliegt tagsüber, aber am häufigsten finden wir ihn ruhend im Gras, aus dem er sich leicht aufscheuchen lässt. Während einige andere Nachtfalter vom Licht magisch angezogen werden, ist dieser Falter nicht so häufig an nächtlichen Lichtquellen zu sehen.

› **Nahrung:** In der Dämmerung und manchmal tagsüber können wir den Falter bei der Nektarsuche beobachten. Die Liste der besuchten Pflanzen ist recht lang. Der Spanner saugt u. a. an Flockenblumen, Witwenblumen, Skabiosen, Disteln, Wasserdost und Buddleja.
› **Eiablage:** Das ♀ legt die Eier einzeln oder paarweise an der Nahrungspflanze ab. In der Literatur wird berichtet, dass es die Eier auch frei auf dem Boden nahe der Pflanze ablegt.

Raupe
Die graubraune, manchmal rötlich oder gelblich braune, gestreifte Raupe hat größere schwarze Atmungsöffnungen. Schwarze Wärzchen, aus denen kurze Borsten herauskommen, sind besonders auf der Afterklappe und dem Kopf verstärkt zu sehen. Insgesamt wirkt sie etwas gedrungen. Die Raupe frisst nachts und versteckt sich tagsüber in der Vegetation am Boden. Aus diesem Grund wird sie nicht häufig gesehen. Sie überwintert, um sich im folgenden Frühjahr in der Erde zu verpuppen.

Englisch: Shaded Broad-Bar

❄ Raupe

Nahrung: Hauptsächlich werden Schmetterlingsblütler wie Vogelwicke, Zaunwicke, Viersamige Wicke, Wiesen-Platterbse und Färber-Ginster genannt, wahrscheinlich gibt es noch weitere Pflanzen, die als Nahrung begehrt sind.

Flugzeit
Je nach Witterung können einzelne Tiere schon ab Ende Mai fliegen. Die Hauptflugzeit liegt im Juli/August. Trotz der langen Flugzeit gibt es nur eine Generation.

	J	F	M	A	M	J	J	A	S	O	N	D
🦋						■	■	■ (bis Mitte)				

Merkmale

› **Flügeloberseite:** Die Zeichnung der Binden und die Farben sind wie so oft sehr variabel. Die vorherrschenden Töne sind Gelb-, Grau- oder Rotbraun. Die dunkle Binde ist von schmaleren helleren Binden begrenzt. Alle verlaufen mehr oder weniger wellenförmig, so wie auch die meisten Querlinien. Ein weiteres Merkmal ist ein dunkler, kurzer, nicht unbedingt gerade, aber diagonal verlaufender Strich, der in die Vorderflügelspitze mündet.
› **Flügelrand:** Der Rand ist in der Grundfarbe der Flügel gesäumt.
› **Fühler:** Die Fühler der ♂♂ sind doppelt gekämmt, die der ♀♀ fadenförmig.
› **Ruhehaltung:** Die Flügel sind selten so weit ausgebreitet, dass die Hinterflügel sichtbar sind.

Dunkler/Heller Rostfarben-Blattspanner

Xanthorhoe spadicearia/ferrugata

Beide Arten sind sehr schwer zu bestimmen

Vorkommen

Beide Arten sind relativ häufig und besiedeln die gleichen Gebiete, vorausgesetzt, es gibt dort genügend Nahrungspflanzen. Sie bevorzugen sowohl trockene als auch feuchte Offenlandschaften. Aber auch in lichten Wäldern und in nicht allzu intensiv bewirtschafteten Gebieten, an Wegen und Straßenrändern, oder in Gärten können wir sie finden.

Falter !

Sie fliegen gelegentlich am Tag und lassen sich leicht aufscheuchen. Am häufigsten sehen wir sie ruhend an Hauswänden, Fensterscheiben oder in der Nähe von nächtlichen Lichtquellen. Ihre Ruheplätze suchen sie sich in der Vegetation, an Baumstämmen oder auch Holzstapeln. Beide Falter sehen sich sehr ähnlich. Anhand der helleren und fast schwarzen Binde in Verbindung mit den Hinterflügeln könnte man sie auseinanderhalten, wenn es nicht so viele Farbvarianten gäbe. So liefert oftmals nur die Genitaluntersuchung die eindeutige Bestätigung. Allgemein ist recht wenig über das Verhalten der Falter und das Leben der Raupen bekannt.

- **Nahrung:** Blütenbesuche sind bisher kaum genannt.
- **Eiablage:** Die Eier werden oft einzeln an die Blätter der Pflanze abgelegt.

Englisch: Red Twin-Spot Carpet/
Dark-barred Twin-spot Carpet

❄ Puppe

Raupe
Die braunen oder grünen Raupen mit dunklen Zeichnungselementen und hellen Längslinien sind nur selten zu beobachten. Sie überwintern als Puppe.

› **Nahrung:** Als Nahrung werden vorrangig für beide Spanner Labkrautarten genannt, andere krautige Pflanzen sind nicht ausgeschlossen.

Flugzeit
Beide Arten fliegen in zwei Generationen.

	J	F	M	A	M	J	J	A	S	O	N	D

Merkmale

› **Flügeloberseite:** Ist die Binde fast schwarz, kann man davon ausgehen, dass es der Dunkle Rostfarben-Blattspanner ist. Bei den Faltern mit rotbraunen Binden könnten die Hinterflügel, die bei dem Dunklen Rostfarben-Blattspanner einheitlicher grau erscheinen, einen Hinweis geben, sofern die Hinterflügel sichtbar sind, ansonsten sind die beiden Arten nicht unterscheidbar.

› **Fühler:** Die Fühler der ♂♂ sind gekämmt, die der ♀♀ fadenförmig.

› **Ruhehaltung:** Die Spanner legen die Flügel meist so am Körper an, dass die Hinterflügel verdeckt sind.

Schwarzbraunbinden-Blattspanner

Bergwald-Spanner

Xanthorhoe montanata

Vorkommen
Im Hügel- und Bergland ist das Vorkommen dieses Spanners etwas stärker als in der Ebene und oberhalb von ca. 1000 m. Intensiv genutzte oder bewirtschaftete Flächen werden gemieden. Ansonsten finden wir ihn an trockenen sowie feuchten Standorten, in Laub-, Misch- und Nadelwäldern, in strukturierten Randbereichen, an Uferböschungen oder in naturnahen Gärten.

Falter
Die Falter werden von nächtlichen Lichtquellen angezogen, so können wir sie gelegentlich an Fensterscheiben oder Hauswänden ruhen sehen, ansonsten setzen sie sich gern sowohl bodennah in der Vegetation als auch im Laub der Bäume und an Baumstämmen ab. Werden sie aufgescheucht, fliegen sie kurze Strecken um sich dann erneut niederzulassen.

- **Nahrung:** Die Falter sind häufiger an feuchten Stellen am Boden oder auch an Kot saugend zu beobachten, ab der Dämmerung sollen sie auch Blüten aufsuchen.
- **Eiablage:** Das ♀ heftet die hellen Eier an die Blätter der Nahrungspflanze.

Raupe
Die Jungraupe ist hell und wirkt fast transparent. Später sind der Bauch und die Seiten gelblich braun, der Rücken dunkler mit feinen hellen Nebenlinien und dunklen Zeichnungselementen. Das Paar Bauchfüße ist im Gegensatz zu den Brustbeinchen meist hell gefärbt. Die

Englisch: Silver-ground Carpet

Raupe

Raupen ruhen tagsüber nahe über dem Boden in der Vegetation. Nach der Überwinterung fressen sie im Frühjahr wieder an den Pflanzen, bis sie sich etwas später unter der Erdoberfläche verpuppen. Sie leben versteckt und werden selten gefunden.

› **Nahrung:** Als Nahrung der Raupe werden vor allem Sauerampfer, Schlüsselblume, Brombeere, Echte Nelkenwurz, Wald-Storchschnabel, Labkraut und andere angegeben.

Flugzeit

Der Spanner fliegt in einer Generation bis in den August hinein.

	J	F	M	A	M	J	J	A	S	O	N	D

Merkmale

› **Flügeloberseite:** Die dunkle Binde auf dem hellen Vorderflügel fällt sowohl farblich als auch in der Ausprägung sehr unterschiedlich aus, im Extremfall kann sie fehlen. Die Farbvarianten reichen von Hell- über Dunkelbraun bis hin zu Schwarz. Überdies kann sie von schwach bis zu sehr lebhaft gezeichnet sein. Meistens reicht sie jedoch von einem Flügelrand zum anderen. Die Hinterflügel tragen helle Querlinien.

› **Flügelrand:** Der Saum hat die gleiche Farbe wie der Flügel, bei frischen Tieren ist er leicht gescheckt.

› **Ruhehaltung:** Die Vorderflügel sind so ausgebreitet, dass sie die Hinterflügel fast ganz verdecken.

Garten-Blattspanner

Gemeiner Blattspanner

Xanthorhoe fluctuata

Vorkommen
Der Garten-Blattspanner ist in ganz Deutschland verbreitet. Wie finden ihn im Wald, an Waldrändern, in offenen Landschaften an Wegen, in Ackerrandbereichen und in Gärten. Da sich diese Art mit Kreuzblütlern begnügt, fliegt sie fast überall.

Falter
Der dämmerungs-/nachtaktive Falter fliegt nächtliche Lichtquellen an, sodass wir ihn des Öfteren an Fensterscheiben, Hauswänden und u. U auch als verirrten Gast in der Wohnung vorfinden. Gelegentlich fliegt er auch am Tag, meist jedoch ruhen sie zu dieser Tageszeit an Baumstämmen oder in dunklen Ecken und Winkeln sowie im Gebüsch oder in der Bodenvegetation versteckt. Sie lassen sich leicht aufscheuchen.

- **Nahrung:** Bisher sind kaum Nektarpflanzen bekannt, allerdings wurde auch er an Buddleja, dem Schmetterlingsstrauch, beobachtet.
- **Eiablage:** Die hellen Eier werden einzeln oder zu mehreren an unterschiedlichen Pflanzenteilen abgelegt.

Englisch: Garden Carpet

❄ Puppe

Raupe
Die hellen Jungraupen wirken fast transparent. Die etwas älteren, markant gezeichneten Raupen erscheinen im grünen oder braunen Kleid. Der Bauch und die Seiten sind heller, wobei sich die obere Grenze wie ein Strich vom Kopf bis zu den Nachschiebern erstreckt. Der Rücken ist dunkler, was sie auf den ersten Blick zweifarbig erscheinen lässt.

- **Nahrung:** Zur Nahrung gehören Kreuzblütler, insbesondere die Knoblauchsrauke, in den Gärten finden sich Raupen gelegentlich an Steinkraut, Goldlack und Kapuzinerkresse.

Flugzeit
Der Spanner fliegt meist in zwei Generationen. Ab und zu sind noch Anfang Oktober einzelne Falter zu sehen.

	J	F	M	A	M	J	J	A	S	O	N	D

Merkmale

- **Flügeloberseite:** Die Grundfarbe ist Weißgrau oder Hellbraun, die Zeichnung ist dunkelbraun oder fast schwarz. Am äußeren Rand der Vorderflügel sind die drei dunklen Flecke, von denen der mittlere der größte ist und fast bis zur Flügelmitte reicht, charakteristisch.
- **Flügelrand:** Der Flügelsaum ist selten dunkler als die Grundfarbe und, wenn überhaupt, nur schwach gescheckt.
- **Ruhehaltung:** Der Falter breitet die Flügel so aus, dass die Hinterflügel nur etwas oder gar nicht zu sehen sind. Sie haben die gleiche Grundfarbe wie die Vorderflügel und lassen nur ansatzweise in feines Muster erkennen.

Fleckleib-Labkrautspanner

Epirrhoe tristata

Vorkommen
Wir finden ihn nicht ganz so häufig wie den Graubinden-Labkrautspanner, aber auch er fliegt in fast allen Landschaften, oft parallel mit seiner verwandten Art. Er meidet zu intensiv bewirtschaftete Gebiete. Das Wiesen-Labkraut ist ein wichtiger Bestandteil seiner Standorte.

Falter
Der Fleckleib-Labkrautspanner ist tag-/nachtaktiv. Er ruht gern bodennah auf Blättern und fliegt bei Störung leicht auf. Zwei weitere Verwandte, *E. hastulata* und *E. pupillata*, sehen diesem Spanner ebenfalls ähnlich, sind jedoch nicht so häufig.

- **Nahrung:** Er saugt auch tagsüber an verschiedenen Blütenpflanzen wie Gewöhnlicher Goldrute, Fuchs-Greiskraut, Dost, Schlangen-Knöterich u. a.
- **Eiablage:** Das ♀ legt die Eier meist einzeln an der Nahrungspflanze oder in ihrer unmittelbaren Nähe ab.

Englisch: Small Argent & Sable

❄ Puppe

Raupe
Die bräunliche Raupe trägt feine dunkle und helle Längslinien. Sie lebt sehr versteckt. Sie überwintert als Puppe.
Nahrung: Als Nahrung gilt nur das Wiesen-Labkraut als sicher. Die Frage, ob noch weitere Labkraut-Arten oder andere Pflanzen angenommen werden, ist noch offen.

Flugzeit
Der Spanner fliegt je nach Witterung in ein bis zwei Generationen.

	J	F	M	A	M	J	J	A	S	O	N	D
🦋				■	■	■	■	■	■			

Merkmale

- **Flügeloberseite:** Die dunkle Mittelbinde wird von zwei hellen, schmalen, innen gepunkteten Binden begrenzt. Es besteht Verwechslungsgefahr mit dem Graubinden-Labkrautspanner *(Epirrhoe alternata)* dessen weiße Binden von einer Linie durchzogen sind, die unterbrochen sein kann und dadurch auch gepunktet wirkt. Eine wellenartige weiße Linie zwischen der weißen Binde und dem Außenrand ist oft nur angedeutet, während sie bei der verwandten Art durchgehend ist. Insgesamt erscheint der Fleckleib-Labkrautspanner kontrastreicher und dunkler. Es gibt jedoch auch helle Varianten.
- **Flügelrand:** Der gefranste Saum der Flügel ist kontrastreich hell-dunkel gescheckt, während der Saum des Graubinden-Labkrautspanners nur schwach gescheckt ist.
- **Ruhehaltung:** Die Flügel werden flach ausgebreitet. Die Hinterflügel sind etwa bis zur Hälfte sichtbar.

Graubinden-Labkrautspanner

Epirrhoe alternata

Vorkommen
Dieser Spanner ist der häufigste seiner Gattung und, wie auch sein Verwandter, der Fleckleib-Labkrautspanner, fast überall zu finden, vorzugsweise in offenen Landschaften. Darüber hinaus finden wir ihn in Auenwäldern. Selbst kleine Flächen genügen oft den Ansprüchen dieser Art, sofern Labkraut in der Nähe wächst.

Falter
Er ist tag-/nachtaktiv und fliegt auch bei kühler Witterung. Er ruht gern bodennah auf Blättern oder Blüten und lässt sich leicht aufscheuchen. Zwei weitere Verwandte, *E. hastulata* und *E. pupillata,* sehen diesem Spanner ebenfalls ähnlich, sind jedoch nicht so häufig.

- **Nahrung:** Dieser Spanner ist auch tagsüber an Blüten, blühenden Gräsern, an feuchter Erde oder auch Kot saugend zu beobachten. Als Nektarquelle dienen u. a. Weißklee, Rainfarn, Wasserdost, Kanadische Goldrute, Besenheide oder Weidelgras.
- **Eiablage:** Das ♀ legt die gelben Eier in der Regel einzeln an den jungen Blättchen des Labkrauts ab.

Englisch: Common Carpet

❄ Puppe

Raupe

Die Raupe ist bräunlich. Auf dem Rücken sind Zeichnungselemente, die aussehen wie kleine, helle Ecken oder Rauten, deren Spitzen nach vorn zeigen. Die Brust und das Ende des Hinterleibes zeigen mittig oben eine dunkle sowie beidseitig jeweils eine helle Linie. Es besteht Verwechslungsgefahr mit der Raupe einer anderen verwandten Art.

› **Nahrung:** Die Raupe frisst Blüten, Blätter und Stiele von Wald-Labkraut, Wiesen-Labkraut und Klett-Labkraut.

Flugzeit

An wärmebegünstigten Standorten kann er in 3 Generationen fliegen.

	J	F	M	A	M	J	J	A	S	O	N	D
🦋				■	■	■	■	■	■			

Merkmale

› **Flügeloberseite:** Die dunkle Mittelbinde wird von zwei schmalen, hellen, mit einer feinen Linie durchzogenen Binden begrenzt. Ist diese Linie unterbrochen, ist die Gefahr der Verwechslung mit dem ähnlichen Fleckleib-Labkrautspanner *(Epirrhoe tristata)* gegeben, der in den weißen Binden eine schwarze Punktlinie zeigt. Die wellenartige, helle Linie zwischen der weißen Binde und dem Rand ist meist durchgängig, während sie bei der verwandten Art nur angedeutet ist. Im Gesamtbild erscheint der Graubinden-Labkrautspanner fahl und verwaschen.

› **Flügelrand:** Der gefranste Saum ist nicht so kontrastreich hell-dunkel gescheckt wie beim Fleckleib-Labkrautspanner.

› **Ruhehaltung:** Die Flügel werden flach und etwas abgewinkelt ausgebreitet. Die Hinterflügel, sind nur teilweise sichtbar.

Ockergelber Blattspanner

Gelber Linienspanner, Löwenzahnspanner, Brennnesselspanner

Camptogramma bilineata

♂

leuchtend ledergelb, zahlreiche feine schwarze und weiße Linien

Vorkommen
Der Ockergelbe Blattspanner ist in allen trockenen bis feuchten Gebieten, in eher tieferen Lagen, verbreitet und teilweise sehr häufig. Er fliegt sowohl im offenen Gelände als auch im Wald.

Falter
Der Falter ist tag- und dämmerungsaktiv, fliegt aber auch gelegentlich nachts. Er ruht in der Nähe des Bodens auf Blättern in Hecken und Sträuchern am Waldrand oder an Wegen, aber auch in offenen Landschaften und Gärten, wobei er sich gern unter den Blättern versteckt.

- **Nahrung:** Er saugt an Blüten und blühenden Gräsern. Bisher wurde er an Besenheide, Wasserdost, Kanadischer Goldrute, sowie Flatterbinse, Weidel- und Reitgräsern und Buddleja beobachtet.
- **Eiablage:** Die Eier werden einzeln oder zu mehreren an der Nahrungspflanze abgelegt.

Englisch: Yellow Shell

❄ Raupe

Raupe
Die meist hellgrünen oder bräunlichen Raupen haben eine dunklere Rückenlinie und eine etwas hellere Seitenlinie. Sie fressen nachts. Tagsüber verstecken sie sich am Boden bei ihrer Nahrungspflanze. Sie verpuppen sich in einem lockeren Gespinst in oder auf der Erde.

› **Nahrung:** Mehrere krautige Pflanzen dienen als Nahrung, darunter Straußblütiger Sauerampfer, Kriechender Hauhechel, Weißes Labkraut und Sonnenröschen.

Flugzeit
Dieser Spanner fliegt in ein bis zwei Generationen.

	J	F	M	A	M	J	J	A	S	O	N	D

Merkmale

› **Flügeloberseite:** Obwohl die Flügel sehr unterschiedlich gefärbt sein können, von sehr hell bis sehr dunkel, ist er durch seine weißen Querlinien in der Regel unverwechselbar.

› **Flügelrand:** Die Flügelränder sind leicht gewellt, der Saum ist entweder einheitlich oder im Wechsel hell-dunkel gefranst.

› **Ruhehaltung:** In Ruhestellung mit den etwas ausgebreiteten Flügeln wirkt er dreieckig.

Prachtgrüner Bindenspanner

Colostygia pectinataria

Vorkommen
Dieser Bindenspanner ist recht verbreitet. Er bevorzugt Wälder und gebüschreiche Gebiete, zuweilen kommt er auch in die Gärten.

Falter
Der Prachtgrüne Bindenspanner ist dämmerungs-/nachtaktiv und fliegt nächtliche Lichtquellen an. Ansonsten ruht er gut getarnt in der Vegetation oder an Baumstämmen, lässt sich aber leicht aufscheuchen.

- **Nahrung:** [!] Als Nektarpflanzen wurden bisher Wasserdost und Zwergmispel beobachtet.
- **Eiablage:** Die Eier werden einzeln oder paarweise an den Blättern abgelegt.

Englisch: Green Carpet

❄ Raupe

Raupe
Die bräunliche, zunächst transparent wirkende Raupe zeigt auf dem Rücken kleine, helle Dreiecke und dunkle Pünktchen. Sie ist nicht häufig zu finden. Sie verpuppt sich in einem Kokon in der Erde.

› **Nahrung:** Als Nahrungspflanzen werden Labkrautarten, Waldmeister und Weißdorn angegeben, von denen die Raupe Labkraut zu bevorzugen scheint.

Flugzeit
Dieser Spanner fliegt in ein bis zwei Generationen.

	J	F	M	A	M	J	J	A	S	O	N	D

Merkmale

› **Flügeloberseite:** Die auffällige Mittelbinde in Verbindung mit den schwarzen Flecken macht ihn unverwechselbar, auch wenn die Grundfarbe eine andere ist als Grün oder bei älteren Faltern schon verblasst sein sollte.

› **Flügelrand:** Der Saum am hinteren und äußeren Rand der Flügel ist schwach gescheckt.

› **Fühler:** Die Fühler der ♂♂ sind gekämmt, die der ♀♀ sind fadenförmig.

› **Ruhehaltung:** Die Vorderflügel sind in der Regel zu beiden Seiten des Hinterleibs angelegt, sodass die Hinterflügel bedeckt sind.

Kleiner Frostspanner

Operophtera brumata

Art kaum von *Operopthera fagata* unterscheidbar

Vorkommen
Der Kleine Frostspanner stellt keine großen Ansprüche an seinen Lebensraum. Er ist nur an seine Nahrungspflanzen gebunden und entsprechend häufig, besonders in Laubmischwäldern und Obstanbaugebieten.

Falter
Als Schädling spielt der Kleine Frostspanner eine größere Rolle als sein Verwandter oder der Große Frostspanner *(Erannis defolaria)*. Leimringe an den Obstbäumen verfehlen ihre Wirkung nicht, sodass sowohl die flugunfähigen ♀♀, als auch die ♂♂, auf der Suche nach ♀♀ dort haften bleiben.

Raupe
Die hellgrünen, gelblich gestreiften Raupen mit dem dunkelgrünen Rückenstreifen fressen zunächst an den Knospen, dann an Blüten, Blättern und Früchten, besonders an Kirschen und Äpfeln. Sie verursachen so manchen Kahlfraß. Ist die Nahrungsquelle versiegt, seilen sie sich ab und lassen sich mit dem Wind treiben, um andere Pflanzen zu finden. Sie verpuppen sich in einem Kokon dicht unter der Erde.

› **Nahrung:** Die Liste der Nahrungspflanzen ist lang: Obstbäume, andere Laubbäume und Sträucher wie z. B. Ahorn, Eiche, Buche, Hasel und Schlehe.

Englisch: Winter Moth

❄ Ei

Flugzeit
Sie fliegen in einer Generationen. Der Flug ist vom Frost abhängig. Die Falter schlüpfen im Herbst je nach Witterung ab mind. +5 °C. Seltener sind sie noch im Januar sehen.

	J	F	M	A	M	J	J	A	S	O	N	D

Merkmale

- **Flügeloberseite:** Die Grundfärbung der Vorderflügel ist gräulich oder bräunlich mit undeutlichen oft verwaschen wirkenden, dunkleren Querlinien und Binden. Der Buchen-Frostspanner ist oft etwas heller, was allerdings kein sicheres Unterscheidungsmerkmal ist, hier hilft nur eine Genitaluntersuchung.
- **Flügelrand:** Der Flügelsaum ist gleich dem helleren Ton und etwas gefranst.
- **Ruhehaltung:** Die Flügel der ♂♂ sind flach über den Körper gelegt und verdecken die Hinterflügel. Beide Arten ruhen an Stämmen oder versteckt in der Vegetation.

Buchen-Frostspanner

Operophtera fagata

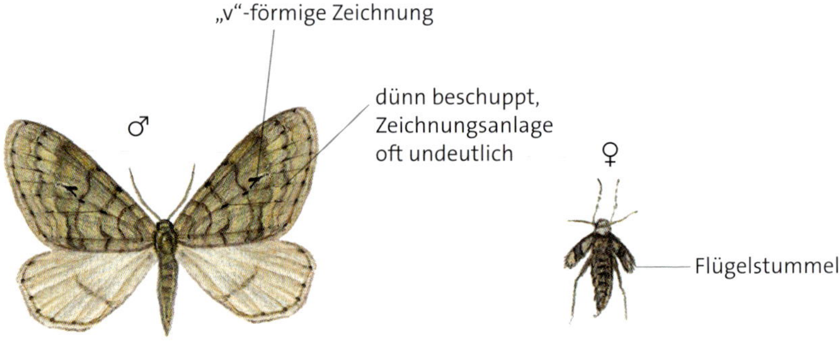

Art kaum von *Operopthera brumata* unterscheidbar

Vorkommen
Der nicht so häufige Buchen-Frostspanner bevorzugt lichte Buchenwälder.

Falter
Als Schädling spielt er keine große Rolle. Das ♀ hat etwas größere Flügelstummel, auf denen eine dunkelbraune Binde angedeutet ist.

Raupe
Die Raupe ähnelt der des Kleinen Frostspanners, hat jedoch einen dunkelbraunen Kopf. Sie lebt versteckt zwischen etwas zusammengesponnenen Blättern.

› **Nahrung:** Der Buchen-Frostspanner bevorzugt Birke, Rotbuche, Feld-Ahorn und Eberesche.

Englisch: Northern Winter Moth

❄ Ei

Flugzeit
Sie fliegen in einer Generation. Der Flug ist vom Frost abhängig. Die Falter schlüpfen im Herbst je nach Witterung ab mind. +5 °C. Seltener sind sie noch im Januar sehen.

	J	F	M	A	M	J	J	A	S	O	N	D
🦋										■	■	■

Merkmale

- **Flügeloberseite:** Die Grundfärbung der Vorderflügel ist gräulich oder bräunlich mit undeutlichen, oft verwaschen wirkenden, dunkleren Querlinien und Binden. Der Buchen-Frostspanner ist oft etwas heller, was allerdings kein sicheres Unterscheidungsmerkmal ist, hier hilft nur eine Genitaluntersuchung.
- **Flügelrand:** Der Flügelsaum ist gleich dem helleren Ton und etwas gefranst.
- **Ruhehaltung:** Die Vorderflügel der ♂♂ sind flach über den Körper gelegt und verdecken die Hinterflügel. Beide Arten ruhen an Stämmen oder versteckt in der Vegetation.

Schwarzspanner

Rußspanner, Kaminfegerle

Odezia atrata

Vorkommen
Der Schwarzspanner fliegt vorzugsweise auf blütenreichen Wiesen meist unweit des Waldes, auf Waldlichtungen, an gebüschreichen und staudenreichen Ufern von Weihern, Tümpeln, Gräben und Bächen. Seine Standorte sind vorrangig etwas kühler und luftfeucht. In manchen Regionen wurde er in der Vergangenheit als massenhaft auftretend beschrieben. Heute hat die Häufigkeit dieses Spanner deutlich abgenommen, da ihm der Lebensraum durch Bereinigung, häufiges Mähen der Wiesen oder Düngung entzogen wird.

Falter
Der meist tagaktive Falter mag es nicht all zu warm und trocken. Ist ihm zu warm, sucht er schattige Plätze auf. Wir finden ihn im höheren Gras, unstet flatternd, selbst beim Blütenbesuch wippt er häufig mit den Flügeln auf und ab. Sogar bei trübem Wetter oder Nieselregen ist er unterwegs. Auf der Suche nach Nektar verlassen die Falter ihre Fortpflanzungsgebiete.

› **Nahrung:** Dieser Spanner besucht gern Blüten, saugt an feuchten Stellen und Kot, um Mineralstoffe aufzunehmen. Die Liste der besuchten Nektarpflanzen ist sehr umfangreich: Weiß-Klee, Acker-Witwenblume, Jakobs-Greiskraut, Wiesen-Wucherblume, Esparsette, Gewöhnlicher Hornklee, Schlangen-Knöterich, Wiesen-Kerbel, Kratzdisteln, einige Orchideenarten u. a.

› **Eiablage:** Die Eiablage erfolgt hauptsächlich in der Nähe der Nahrungspflanzen. Das ♀ lässt sie im Flug fallen.

Englisch: Chimney Sweeper

❄ Ei

Raupe
Nach einer langen Überwinterungsphase im Ei schlüpft die Raupe im Frühjahr. Von März bis Juni lebt die unauffällige, grünliche, fein längs gestreifte Raupe sehr versteckt und ist selten zu sehen. Sie verpuppt sich am Boden.

- **Nahrung:** In der Literatur werden zum einen ausschließlich Kälberkropf-Arten genannt, zum anderen wird Kerbel angegeben.

Flugzeit
Der Schwarzspanner fliegt in einer Generation. Die Hauptflugzeit liegt im Juni/ Juli.

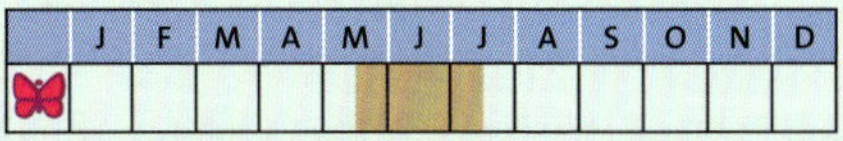

Merkmale

- **Flügeloberseite:** Die dunkle Färbung mit den weißen Vorderflügelspitzen macht ihn unverwechselbar. Frische Falter haben einen bräunlich oder bläulich samtigen Schimmer.
- **Flügelrand:** Die Flügelsäume sind dunkel gefranst, nur an den Vorderflügelspitzen sind sie weiß. Bei älteren Tieren können die weißen Fransen fehlen.
- **Ruhehaltung:** Die Flügel sind beim Sonnenbad ausgebreitet oder leicht angehoben. Er verharrt nur selten längere Zeit an einem Ort.

Hohlzahn-Kapselspanner

Perizoma alchemillata

♂

Viele ähnliche Arten!

Vorkommen
Der Hohlzahn-Kapselspanner lebt in allen Gebieten und Höhenlagen. Selten oder gar nicht ist er in bereinigten, landwirtschaftlich intensiv genutzten Flächen oder auf reinen Kalkböden zu finden. Wichtig ist das Vorhandensein seiner Nahrungspflanze, auch in naturbelassenen Gärten innerorts.

Falter
Dieser Spanner ist dämmerungs-/nachtaktiv. Er ruht tagsüber versteckt in der Vegetation, lässt sich aber leicht aufscheuchen. Nachts fliegt er Lichtquellen an, sodass wir ihn ebenso an Fensterscheiben oder Hauswänden sehen können.

- **Nahrung:** Der Blütenbesuch beginnt erst in der Dämmerung. Einige wenige Beobachtungen berichten von Doldenblütlern und Fuchs-Greiskraut.
- **Eiablage:** Das ♀ legt die Eier an den Kelchblättchen der Nahrungspflanze ab.

Englisch: Small Rivulet

❄ Puppe

Raupe
In den ersten Stadien lebt die Raupe in der Kapsel der Nahrungspflanze. Danach ist die grün oder weißlich rot längs gestreifte Raupe mit dem dunkel glänzenden Köpfchen im Fruchtstand oder an den Blättern der Pflanze zu sehen.

› **Nahrung:** Die Nahrungspflanzen gehören zur Familie der Lippenblütler. Bevorzugt werden Gewöhnlicher Hohlzahn, Heil- und Wald-Ziest, aber auch an Gefleckter Taubnessel und Goldnessel sind bisher Raupen gefunden worden.

Flugzeit
Er fliegt je nach Blütezeit der Nahrungspflanze meist in einer Generation.

	J	F	M	A	M	J	J	A	S	O	N	D
🦋												

Merkmale

› **Flügeloberseite:** Die beiden dicht nebeneinanderliegenden dunklen Ausbuchtungen, die in die helle Binde der Vorderflügel hineinreichen, sind ein Unterscheidungsmerkmal zum Dunklen Lichtnelken-Kapselspanner *(Perizoma affinitata)*. Der Letztere ist etwas größer, an Lichtnelkengewächse gebunden und nicht ganz so häufig vertreten.

› **Flügelrand:** Der gefranste Saum der Flügel hat die gleiche Grundfarbe wie die Flügel, kann aber leicht gescheckt sein.

› **Ruhehaltung:** Die Flügel werden so angelegt, dass die Hinterflügel verdeckt sind.

Weißer Blütenspanner

Mondfleckiger Blütenspanner

Eupithecia centaureata

Vorkommen

Der Weiße Blütenspanner ist fast überall zu finden, wo das Blütenangebot stimmt, z. B. in blumenreichen Gärten und auf sonnigen, trockenen Wiesen. Die Raupen sind auf Blüten (Name!) angewiesen. Die große Anzahl der angenommenen Nahrungspflanzen ermöglicht ihm die Nutzung vieler Lebensräume.

Falter

Der Spanner ist hauptsächlich dämmerungs-/nachtaktiv und fliegt gern zum Licht.

› **Nahrung:** Unterschiedliche Blüten werden auch tagsüber als Nektarquelle genutzt. Dazu gehören Echtes Labkraut, Distel, Flockenblume, Einjähriges Berufkraut u. a.

› **Eiablage:** Das ♀ legt die Eier an den Blüten der Nahrungspflanze ab.

Englisch: Lime-speck Pug

❄ Puppe

Raupe
Die Vielfalt der Farben und Formen ist groß: von hellem bis weißlichem Grün, mit einer etwas dunkleren Rückenlinie, über Weiß oder Gelb mit dunkelroten bis hin zu violetten Zeichnungselementen scheint sie sich den Blüten in der Farbe anzunähern. Sie ernährt sich von den Blüten und Samen der Nahrungspflanzen.

- **Nahrung:** Bevorzugt werden Doldenblütler wie Wiesen-Bärenklau, Wald-Engelwurz, Wilde Möhre, Korbblütler wie Wiesen-Flockenblumen und Goldrute. Die Raupe sucht auch Lippenblütler wie z. B. Wiesen-Salbei und Dost auf.

Flugzeit
Dieser Blütenspanner fliegt je nach Region in ein bis zwei Generationen.

	J	F	M	A	M	J	J	A	S	O	N	D

Merkmale

- **Flügeloberseite:** Dank seiner kontrastreichen Flügelzeichnung können wir ihn, im Gegensatz zu den anderen Arten seiner Gattung, relativ leicht bestimmen.
- **Flügelrand:** Der Saum der Hinterflügel und der Außenrand der Vorderflügel sind leicht gefranst und gescheckt.
- **Ruhehaltung:** Die Vorderflügel sind flach ausgebreitet und verdecken die Hinterflügel. Auf einem Blatt ruhend erweckt er den Anschein von Vogelkot, was ihn für Feinde uninteressant machen soll. Diese Tarnung ist nahezu perfekt.

Stachelbeer-Spanner

Stachelbeer Harlekin

Abraxas grossulariata

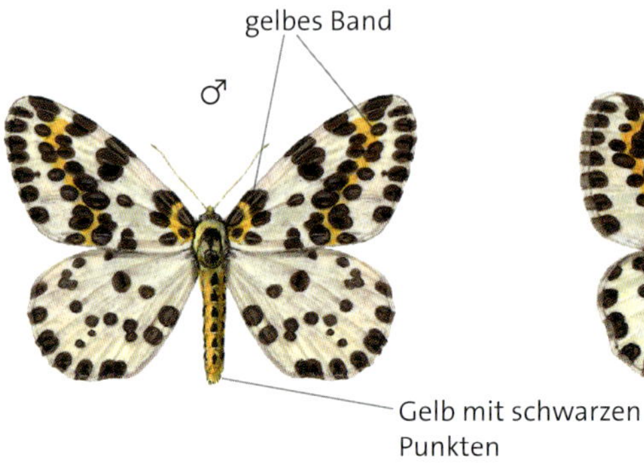

Ausprägung der schwarzen Punkte individuell verschieden

Vorkommen
Auenwälder und eher feuchte Gebiete mit vielen Sträuchern wie Hasel, Holunder, Heckenkirsche, Schlehe, Hartriegel, Traubenkirsche u. a. gehören zu seinen Lebensräumen. Besonders in Gärten mit Stachelbeersträuchern galt er früher als Schädling. Er kommt überall in Deutschland vor, ist aber unterschiedlich stark vertreten, in Mittel und Norddeutschland eher als im Süden. Die Bestände können von Jahr zu Jahr stark schwanken. Während dieser Falter in älteren Quellen als sehr häufig beschrieben wurde, steht er in Deutschland heute bereits auf der Vorwarnliste und ist in einigen Regionen als „gefährdet" eingestuft.

Falter
Der Stachelbeer-Spanner ist nachtaktiv und fliegt nächtliche Lichtquellen an. Tagsüber ruht er offen auf Blättern in der Vegetation oder an Stämmen. Er lässt sich leicht aufscheuchen.
› **Nahrung:** Keine Angaben.
› **Eiablage:** Das ♀ legt mehrere Eier an der Blattunterseite der Nahrungspflanze ab.

Englisch: Magpie

❄ Raupe

Raupe
Die Raupe ist wie der Falter sehr auffällig gezeichnet und lässt bereits vermuten, dass sie ein Stachelbeer-Spanner ist. Sie frisst überwiegend nachts. Die Puppe liegt in einem feinen Gespinst zwischen Blättern oder an Zweigen nahe über dem Boden. Auch sie ist sehr auffällig schwarz-gelb gefärbt, sodass man meinen könnte, eine Wespe sei im Spinnennetz gefangen. Häufig ist noch das letzte Larvenhäutchen der Raupe im Gespinst.

› **Nahrung:** Vorzugsweise werden Schwarzdorn, Traubenkirsche, Stachelbeere und Hasel genutzt, aber auch Weide, Weißdorn und Johannisbeere sollen als Nahrung dienen.

Flugzeit
Dieser Falter fliegt in einer Generation. Die Hauptflugzeit liegt im Juli.

	J	F	M	A	M	J	J	A	S	O	N	D
Falter						▒	▒	▒				

Merkmale

› **Flügeloberseite:** Die Flügel sind sehr auffällig gefärbt. Obwohl die orangebraunen und dunklen Zeichnungselemente auf den weißen Flügeln mehr oder weniger stark ausgeprägt sein können, ist er nahezu unverwechselbar. Bei flüchtiger Betrachtung kann er unter Umständen mit dem Brennnessel-Zünsler *(Anania hortulata)* verwechselt werden, der hauptsächlich an den Blattunterseiten ruht.

› **Flügelrand:** Entlang der Flügelränder sind sowohl ober- als auch unterseits dunkle, eher runde Flecke in unterschiedlicher Ausprägung. Beim Brennnessel-Zünsler sind die Flecke im Randbereich eher länglich rechteckig und liegen oft so nah beieinander, dass sie wie eine Binde aussehen, zudem hat er längere Fransen.

› **Ruhehaltung:** Er sitzt in einer für Spanner typischen Haltung auf Blättern. Von Weitem sieht er oftmals aus wie Vogelkot.

Schwarzrand-Spanner

Vogelschmeiß-Spanner, Saumspanner

Lomaspilis marginata

♂ ♂ ♂

Sehr variable Art, selten ganz weiße oder ganz schwarze Individuen

Vorkommen

Der weit verbreitete und sehr häufige Spanner bevorzugt eher feuchte- gebüschreiche Gebiete mit Weiden und Pappeln, den Nahrungspflanzen der Raupen. Wir finden ihn z. B. im Wald, am Waldrand, in der Nähe von Gewässern, aber auch in Siedlungen, wo wir ihn, nachts vom Licht angezogen, manchmal an der Hauswand oder Fensterscheibe sitzen sehen können.

Falter

Der Schwarzrand-Spanner ist hauptsächlich dämmerungs-/nachtaktiv. Gelegentlich fliegt er bei Sonnenschein und lässt sich leicht aufscheuchen. Eine weitere deutsche Bezeichnung, Vogelschmeiß-Spanner, spricht für sich. Er sitzt gut getarnt offen auf Blättern niederer Pflanzen, an Grashalmen, aber auch an Baumstämmen.

- **Nahrung:** [!] Nektarpflanzen sind bisher nicht beobachtet worden, allerdings sitzt der Falter des Öfteren auf dem Boden, um im feuchten Moos oder an feuchter Erde zu saugen.
- **Eiablage:** Das ♀ legt die grünlichen Eier meist in kleinen Grüppchen auf die Blätter der Nahrungspflanze.

Englisch: Clouded Border

❄ Puppe

♀

♀

Raupe

Die Raupe ist eher unscheinbar grün, lässt sich dennoch aufgrund der braunen Zeichnung auf dem Kopf, die aussieht wie ein „V", von anderen unterscheiden. Beim Fressen sind sie leicht zu beobachten, da sie offen an den Blättern sitzen.

› **Nahrung:** Als Nahrung dienen Weiden- und Pappelarten. Ob und welche weiteren Laubhölzer, wie z. B. Haselnuss und Birke, in Betracht kommen, bliebe zu prüfen.

Flugzeit

Er fliegt in zwei Generationen. In kühlen Gebieten oder höheren Lagen bildet er nur eine Generation aus.

	J	F	M	A	M	J	J	A	S	O	N	D

Merkmale

› **Flügeloberseite:** Die Grundfarbe ist Weiß bis Gelblich. Die charakteristische braune oder dunkelbraune bis schwarze Randbinde beider Flügelpaare sowie die gleichfarbigen Flecke an der Basis und dem äußeren Rand der Vorderflügel machen ihn unverwechselbar, selbst wenn die Zeichnung der einzelnen Falter stark variiert. So kann die Binde auf den Hinterflügeln zu Flecken reduziert sein, oder aber die Flecke können in der Mitte der Flügel zu einer Binde zusammenlaufen.

› **Flügelrand:** Die Hinterränder der Flügel zeigen einen dunklen Fransensaum.

› **Ruhehaltung:** Die Hinterflügel sind häufig komplett sichtbar. Manchmal sind sie etwas hochgeklappt. Der Körper ist dunkel gefärbt.

Pfaffenhütchen-Harlekin

Pfaffenhütchenspanner, Spindelbaumspanner, Pfaffenspanner

Ligdia adustata

Vorkommen
Alle Gebiete von mäßig trocken bis feucht, die nicht intensiv bewirtschaftet werden und in denen das Gewöhnliche Pfaffenhütchen vorkommt, werden als Lebensraum genutzt. In Auenwäldern, an Waldrändern, in Feldgehölzen, an Uferböschungen und auch in Gärten ist er anzutreffen.

Falter
Der Pfaffenhütchen-Harlekin ist hauptsächlich dämmerungs-/nachtaktiv. Nur gelegentlich fliegt er auch tagsüber. Seine Ruheplätze befinden sich hauptsächlich im Gebüsch und in Hecken auf Blättern oder an Baumstämmen.

- **Nahrung:** Beobachtet wurden bisher Blütenbesuche an Wasserdost und Stachelbeere.
- **Eiablage:** Das ♀ legt die hellen Eier, die sich später rot verfärben, meist einzeln an die Blätter oder Zweige des Pfaffenhütchens.

Englisch: Scorched Carpet

❄ Puppe

Raupe
Die Raupe ist grün. Auffallend ist ein dunkelbrauner Fleck, der von zwei anliegenden hellbraunen Flecken begrenzt wird. Sie befinden sich seitlich in der Mitte Körpers. Die Raupe überwintert als Puppe in einem leichten Gespinst am Boden.

- **Nahrung:** Die Raupe ernährt sich vom Gewöhnlichen Pfaffenhütchen.

Flugzeit
Er fliegt je nach Witterung und klimatischen Bedingungen des Standortes in ein bis zwei Generationen. Erste Falter können schon Ende März erscheinen.

	J	F	M	A	M	J	J	A	S	O	N	D

Merkmale

- **Flügeloberseite:** Obwohl die Grundfärbung in unterschiedlichen Schattierungen auftreten kann: weiß, gelb oder rötlich, ist die dunkle Binde stets durchgängig, und die Flügelspitzen sind weiß.
- **Ruhehaltung:** Die Vorderflügel sind flach ausgebreitet, sodass die hellen Hinterflügel teilweise sichtbar sind. Der Kopf und die Brust sind, so wie die Basis der Vorderflügel, dunkel gefärbt und wirken zusammen fast wie ein rechteckiger, großer Kragen.

Klee-Gitterspanner

Kleespanner, Gitterspanner

Chiasmia clathrata

Vorkommen

Als typischen Wiesenfalter, treffen wir ihn meist auf offenen Wiesen, die nicht oder kaum gedüngt werden, Waldwiesen oder Brachen. Das reiche Angebot an Nahrungspflanzen lockt die Falter zu Klee- oder Luzernefeldern. Von intensiv bewirtschafteten Offenlandschaften zieht er sich zurück, sodass bei diesem sehr häufigen Falter ebenfalls ein Rückgang zu verzeichnen ist.

Falter

Der Klee-Gitterspanner fliegt tagsüber. Gelegentlich wird er nachts vom Licht angezogen. Den Falter können wir in der Vegetation an Halmen und Blättern ruhend oder auch an Blüten saugend beobachten.

› **Nahrung:** Dieser Falter besucht die Blüten von Vogel-Wicke, Schlangen-Knöterich, Großem Wiesenknopf, Wiesen-Margerite, Einjährigem Berufkraut, Riesen-Goldrute, Wilder Möhre u. a. Gelegentlich saugt er an Exkrementen.

› **Eiablage:** Das ♀ legt die Eier paarweise oder in Grüppchen auf der Blattunterseite ab.

Englisch: Latticed Heath

Puppe

Raupe
Die unauffällige Raupe gibt es in 2 Farbvarianten: in grünlichem oder braunviolettem Ton mit hellen feinen Linien und einem etwas kräftiger ausgebildeten weißen Seitenstreifen. Sie überwintert als Puppe am Boden in lockerer Erde.

- **Nahrung:** Schmetterlingsblütler wie Luzerne, Kleearten, Vogel-Wicke und Ginster gehören zu ihren Nahrungspflanzen.

Flugzeit
Je nach Klima der Region fliegt er schon Ende März oder bis in den Oktober hinein. Es sind mindestens 2 Generationen.

	J	F	M	A	M	J	J	A	S	O	N	D

Merkmale

- **Flügeloberseite:** Das auffällige braune Gittermuster auf weißlichem oder gelblichem Grund beider Flügel macht ihn unverwechselbar. Nur bei sehr flüchtiger Betrachtung kann es passieren, dass er mit dem hellen ♀ des Heide-Spanners *(Ematurgia atomaria)* verwechselt wird; hier fehlen jedoch die braunen Längslinien, die das Gitter ausmachen.
- **Flügelrand:** Der Flügelsaum ist kräftig braun-weiß gescheckt.
- **Fühler:** Die Fühler sind bei beiden Geschlechtern fadenförmig.
- **Ruhehaltung:** Häufig stellt er, ähnlich einem Tagfalter, die Flügel etwas hoch, dabei ist die Gitterzeichnung auf der Unterseite der Flügel gut zu sehen.

Gelber Fleckenspanner

Pantherspanner, Fleckenspanner, Tigerle

Pseudopanthera macularia

Art unverwechselbar

Vorkommen
Der Gelbe Fleckenspanner ist recht häufig und fliegt hauptsächlich im Wald oder in Waldnähe, Bruch- oder Auenwald werden jedoch gemieden. Er bevorzugt strukturierte und blütenreiche Waldwege, Waldränder, Lichtungen sowie nicht intensiv genutzte blütenreiche Wiesen unweit des Waldes.

Falter
Er ist tagaktiv, fliegt aber auch zum Licht. An heißen Tagen verkriecht er sich im Schatten von Bäumen, Büschen und Sträuchern.

- **Nahrung:** Der Spanner nutzt sehr viele Blütenpflanzen als Nektarspender. Sumpf-Vergissmeinnicht, Gänseblümchen, Taubnesseln, Bachbunge, Ehrenpreis, Ruprechtskraut, Wucherblume, Wiesen-Salbei, verschiedene Doldenblütler u. a. gehören dazu. Manchmal können wir ihn beim Saugen an feuchten Stellen am Boden oder an Kot beobachten. Ab und zu setzt er sich an Spaziergängern ab, um etwas Schweiß zu ergattern.
- **Eiablage:** Das ♀ legt die grünen Eier einzeln oder in kleinen Häufchen hauptsächlich an der Blattunterseite der Nahrungspflanze ab.

Raupe
Die Jungraupe ist noch ganz hell und wirkt transparent. Später ist sie hellgrün mit weißlichen Längslinien. An den

Englisch: Speckled Yellow

Puppe

Seiten ist ein etwas breiterer und kräftiger, weißgelb gezeichneter Streifen, der oberhalb von einer grünen Linie begrenzt wird. Auf dieser Grenze liegen die weißen, dunkel umrandeten Atmungsöffnungen. Nur der helle Seitenstreifen erstreckt sich über den Kopf und die Nachschieber. Sie überwintern als Puppe am Boden, geschützt unter Laub und Pflanzenteilen.

- **Nahrung:** Als Nahrungspflanzen sind Goldnessel, Weiße und Rote Taubnessel, Wald- und Aufrechter Ziest, Ross-Minze, Dorniger Hauhechel und Wiesen-Salbei beobachtet worden.

Flugzeit

Dieser Falter fliegt in einer Generation. Die ersten Tiere können gelegentlich schon im April erscheinen.

	J	F	M	A	M	J	J	A	S	O	N	D

Merkmale

- **Flügeloberseite:** Die gelbe Grundfarbe mit den braunen Flecken ist unverwechselbar.
- **Flügelrand:** Der etwas gefranste Saum ist unregelmäßig gelb-braun gescheckt.
- **Ruhehaltung:** Alle vier Flügel sind ausgebreitet und gut sichtbar. Manchmal sind sie auch etwas hochgestellt.

Gelbspanner

Zitronenspanner

Opisthograptis luteolata

Vorkommen
Dieser hübsche und auffällige Spanner ist in ganz Deutschland verbreitet und recht häufig. Er kommt überall von der Ebene bis zum Bergland vor. Laubbäume, Sträucher, Büsche auf Lichtungen, im Wald, am Waldrand oder auch innerorts in Parks oder Gärten bieten dem anpassungsfähigen Falter Lebensraum.

Falter
Der Gelbspanner ist nachtaktiv und fliegt gern ans Licht. Bei Sonnenschein fliegt er gelegentlich auch tagsüber. Ansonsten versteckt er sich in der Vegetation unter den Blättern.
Nahrung: [!] Ab der Dämmerung begibt er sich auf Nektarsuche. Bisher sind lediglich Blütenbesuche an Buddleja und blühender Berberitze beobachtet worden.
Eiablage: Das ♀ heftet die grünlichen Eier, wie auf einer Perlenschnur aufgereiht, an das Blatt der Nahrungspflanze.

Raupe
Die Raupe zeigt sich in verschiedenen Grün- oder Brauntönen. Auffällig ist eine zapfenähnliche Erhebung etwa in der Mitte des Rückens. Trotz unterschiedlicher Ausprägung eignet sich dieses Merkmal gut zur Bestimmung. Das Hinterleibsende ist etwas dicker. Die beiden Bauchfüßchen sind stämmig. Der untere Rand zwischen diesen Füßen und dem Nachschieber sieht oft etwas zerfranst

Englisch: Brimstone Moth

❄ Puppe/Raupe

aus. Die Puppe liegt in einem dichteren Gespinst zwischen Pflanzenteilen. Normalerweise überwintert die Puppe, nur gelegentlich überwintern bei günstiger Witterung auch die Raupen.

› **Nahrung:** Die bevorzugten Nahrungspflanzen sind u. a. Vogelbeere, Weißdorn, Schwarzdorn, Rote Heckenkirsche, Hasel und Sal-Weide.

Flugzeit

Dieser Falter fliegt je nach Region und Witterung in ein bis zwei Generationen.

	J	F	M	A	M	J	J	A	S	O	N	D
🦋				■	■	■	■	■	■			

Merkmale

› **Flügeloberseite:** Obwohl sowohl die Färbung von fast weiß bis zu zitronengelb als auch die Zeichnungselemente variieren können, ist der Spanner unverwechselbar mit seinen braunen Flecken am Vorderflügelrand.

› **Flügelrand:** Die Hinterflügel laufen ein wenig spitz zusammen.

› **Ruhehaltung:** Die Hinterflügel bedecken den Körper, die Vorderflügel verdecken die Hinterflügel ganz oder teilweise. Ab und zu stellt er die Flügel auch etwas auf.

Weißgrauer Breitflügelspanner

Agriopis leucophaearia

♂ oft schwarz-weiß gefärbt

Vorkommen
Dieser Breitflügelspanner ist überall von der Ebene bis ins Hügelland verbreitet und in Laubmischwäldern sowie an Waldrändern mit Sträuchern zu finden. Mancherorts ist sie recht häufig.

Falter
Obwohl dieser Spanner nicht selten ist, weiß man recht wenig über sein Verhalten und seine Nahrungspflanzen. Die ♂♂ sind dämmerungs- und nachtaktiv und fliegen zum Licht. Vereinzelt fliegen sie kurz bei mildem, sonnigem Wetter. Ansonsten ruhen sie tagsüber an Baumstämmen. Die flügellosen ♀♀ sind unscheinbar und selten zu sehen, es sei denn, wir machten uns nachts mit der Taschenlampe auf den Weg und suchten die Stämme bzw. Stämmchen der Nahrungspflanzen ab, die sie spätestens nach der Befruchtung erklettern, um dort Eier abzulegen.

- **Nahrung:** Als im blütenarmen Spätwinter fliegende Art sind sie zur Nahrungsaufnahme unfähig.
- **Eiablage:** Das ♀ legt die Eier meist im oberen Bereich der Nahrungspflanze an den Blattknospen oder in ihrer Nähe ab.

Englisch: Spring Usher

❄ Falter schlüpft bereits im Januar

Raupe
Die Raupe ist hell olivgrün, feine Längslinien erstrecken sich über den gesamten Körper. Auf dem Rücken befinden sich schwarze Flecke, die ihr durch den Wechsel von hell-dunkel ein gebändertes Aussehen verleihen. Eine Farbvariante ist hellgrün mit nur einer schwach ausgebildeten hellen Seitenlinie. Sie ernährt sich von den frischen Blättchen ihrer Nahrungspflanze. Zur Verpuppung fertigt sie ein leichtes Gespinst im oder am Boden an.

› **Nahrung:** Ihre Nahrungspflanzen sind Eiche, Buche, Weide und Schlehe.

Flugzeit
Dieser Falter fliegt in einer Generation. Je nach Witterung erscheint er im Januar und ist einer der ersten Spanner im Jahr.

	J	F	M	A	M	J	J	A	S	O	N	D
🦋												

Merkmale

› **Flügeloberseite:** Die Flügel der ♀♀ sind stark reduziert. Die Flügel der ♂♂ können farblich stark variieren. Entsprechend gibt es ganz helle oder dunkle Falter.

› **Ruhehaltung:** Die ♂♂ ruhen an Baumstämmen mit flach an den Körper gelegten Vorderflügeln, welche die Hinterflügel überdecken. Die ♀♀ sind unscheinbar grau bis fast schwarz gefärbt und sehr gut auf der Rinde getarnt.

Graugelber Breitflügelspanner

Agriopis marginaria

Vorkommen
Der Graugelbe Breitflügelspanner bevorzugt lichte Laubmischwälder, Streuobstwiesen, Gebüsche und Hecken. In Siedlungen lebt er dort, wo Laubhölzer, die zu seinen Nahrungspflanzen gehören, zu finden sind. Dieser Spanner ist recht häufig.

Falter
Bei Sonne und milden Temperaturen fliegt das ♂ ab und zu einige Meter über den Boden, um sich kurz darauf wieder im Laub abzusetzen. Ansonsten ruht es auf dem Laub am Boden, wo es durch seine gute Tarnung nur selten entdeckt wird. Im Allgemeinen ist es dämmerungs- und nachtaktiv. Das ♀ hat nur Stummelflügel. Früh morgens sitzt es häufig am Fuße der Nahrungspflanze oder an deren Stamm, wo es in den Rindenvertiefungen ebenfalls bestens getarnt ist.

› **Nahrung:** Sie haben einen ausgebildeten Saugrüssel. Als Nektarpflanze dienen die zeitig im Jahr blühenden Weidenkätzchen.
› **Eiablage:** Das ♀ legt die Eier in der Nähe oder direkt an den Blattknospen oft im oberen Bereich der Nahrungspflanze ab.

Englisch: Dotted Border

❄ Falter schlüpft bereits im Januar

Raupe
Bei den Raupen gibt es zwei Farbvarianten: Sie sind entweder braun oder grün. Die Zeichnung ist ebenfalls sehr variabel. Gelegentlich sind sie auf dem Rücken dunkel gezeichnet.

› **Nahrung:** Etliche Laubbäume und Sträucher dienen als Nahrung. Einige davon sind Rotbuche, Eiche, Weide, Apfelbaum, Weißdorn, Schwarzdorn.

Flugzeit
Der Falter fliegt in einer Generation. Das Erscheinen der Falter wird von Frostperioden beeinflusst. Er ist einer der ersten Spanner im Jahr.

	J	F	M	A	M	J	J	A	S	O	N	D

Merkmale

› **Flügeloberseite:** Die Vorderflügel des ♂ tragen eine dunklere Randbinde, die kurz hinter der Mitte fast rechtwinklig zum äußeren Flügelrand hin abknickt. Direkt am äußeren Flügelrand verläuft auf beiden Flügelpaaren eine dunkle Punktreihe. Der Grundton der Hinterflügel der ♂♂ ist heller als beim Vorderflügel. Die Färbung kann stark variieren, sodass bei dunklen Faltern, die Punktreihe kaum oder nicht mehr sichtbar ist. Die stummelartigen Flügel der ♀♀ sind größer als die der anderen Winterspanner. Verschiedenartige Zeichnung und Färbung treten hier ebenfalls auf.

› **Ruhehaltung:** Die Stummelflügel des ♀ sind flach angelegt, so sieht es aus wie ein spitzwinkliges Dreieck, dessen Spitze das Hinterleibsende bildet. Das ♂ legt seine Vorderflügel so an, sodass die Hinterflügel überdeckt sind.

Großer Frostspanner

Erannis defoliaria

Vorkommen

Der Große Forstspanner ist überall dort anzutreffen, wo Bäume und Sträucher wachsen.

Falter

Der Große Frostspanner gilt als Schädling, wobei er oft zu Unrecht des Kahlfraßes bezichtigt wird, denn der Kleine Frostspanner *(Operophtera brumata)*, der einer anderen Unterfamilie angehört, ist häufig gemeinsam mit ihm anzutreffen und verursacht diesen Kahlfraß. Auf der Suche nach ♀♀ bleibt das ♂ auch an Leimringen kleben. Das ♀ sitzt hauptsächlich an Stämmen oder Zweigen der Nahrungspflanze, und wartet auf ein ♂, weshalb es selten gesehen wird. Das ♂ ruht tagsüber an Stämmen, auf Blättern, auf Laub oder, durch nächtliches Licht angezogen, an Hauswänden oder in der Nähe der Lichtquellen. Es ist dämmerungs-/nachtaktiv.

- **Nahrung:** Der Saugrüssel ist verkümmert.
- **Eiablage:** Das ♀ klettert mit seinen langen Beinchen an den Gehölzen hoch, um die Eier einzeln oder in Häufchen an den Knospen der Nahrungspflanze abzulegen.

Raupe

Die weißen Atmungsöffnungen liegen auf einem gelben Seitenstreifen, umgeben von rotbraunen Flecken, ein Kennzeichen, das die meisten Raupen aufweisen. Die Grundfarbe kann je nach Alter und auch Individuum variieren. Da die Raupen keine sehr großen Ansprüche an ihre Nahrungspflanze stellen, sind sie sehr häufig an unseren heimischen Laubhölzern zu finden. Sie verpuppt sich am Boden und schlüpft ab April.

- **Nahrung:** Zu den Nahrungspflanzen gehören u. a. Pappel, Weide, Buche, Eiche, Ulme, Ahorn, Apfel- und Birnbaum, Walnuss, Hasel, Weißdorn, Hundsrose, Schlehe, Traubenkirsche, Hartriegel, Liguster sowie das Große Mädesüß.

Englisch: Mottled Umber

❄ Ei

Flugzeit

Der Große Frostspanner fliegt in einer Generation und erscheint nach den ersten Nachtfrösten.

	J	F	M	A	M	J	J	A	S	O	N	D
🦋										■	■	■

Merkmale

- **Flügeloberseite:** Die Grundfärbung der Vorderflügel ist ockergelb oder rötlich braun. Wenn die dunklen Binden und der dunkle Punkt gut sichtbar sind, besteht kaum Verwechslungsgefahr mit anderen Faltern. Andererseits gibt es Individuen, deren Zeichnung nur schwach zu erkennen ist. Hier müssen wir genau hinsehen.
- **Flügelrand:** Die Flügel sind am hinteren und äußeren Rand fransig gesäumt und leicht gescheckt. Bei dunklen Faltern ist der Saum einheitlich.
- **Ruhehaltung:** Die Vorderflügel des ♂ sind flach am Körper angelegt und verdecken die Hinterflügel. Das ♀ ist flügellos, es ist hell und schwarz gefleckt. Diese kontrastreiche Färbung macht es unverwechselbar.

Heidespanner

Heideland-Spanner, Heideland-Tagspanner, Heidekrautspanner

Ematurga atomaria

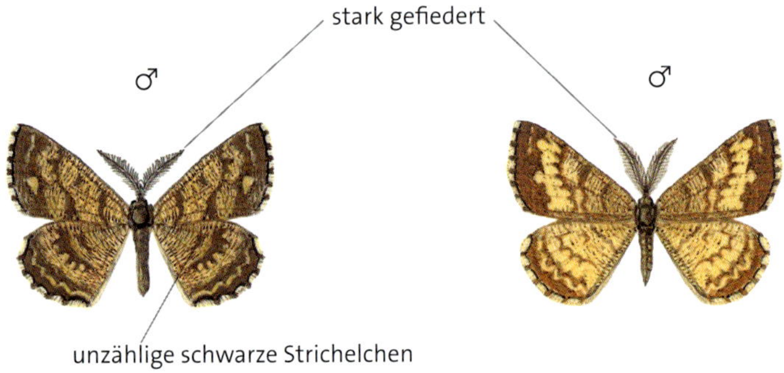

Sehr variable Art

Vorkommen
Obwohl dieser Falter auch Heideland-Tagspanner genannt wird, nutzt er nicht nur Heideflächen, sondern alle naturnahen Gebiete mit geeigneten Nektarblüten und Nahrungspflanzen. Er ist auffällig anpassungsfähig und daher noch häufig und verbreitet, sodass wir ihn fast überall antreffen können.

Falter
Der Heidespanner ist morgens und abends am aktivsten. Er versteckt sich gern in der Vegetation auf Blättern oder an Halmen. An der Baumrinde ist er bestens getarnt.

› **Nahrung:** Er besucht etliche Blütenpflanzen sowie blühende Sträucher. Einige der Nektarpflanzen sind Habichtskräuter, Löwenzahn, Schlangen-Knöterich, Wiesen-Kerbel, Tauben-Skabiose, Luzerne, sowie Brombeere, Holunder, Liguster u. a.
› **Eiablage:** Das ♀ legt die Eier in Häufchen an oder auf den Blättern ab.

Englisch: Common Heath

❄ Puppe

♀

Raupe

So wie der erwachsene Falter ist auch die Raupe sehr variabel. Sie ist unauffällig, mal gelblich, bräunlich, gräulich oder grauviolett gefärbt. Von den bekannten Nahrungspflanzen gehören die meisten zu den Schmetterlingsblütlern.

- **Nahrung:** Zu den bevorzugten Schmetterlingsblütlern gehören einige Ginsterarten, Gewöhnlicher Hornklee, Luzerne. Aber auch Pflanzen aus anderen Familien werden genutzt, z. B. Gewöhnlicher Beifuß, Wiesen-Schafgarbe, Besenheide, Kleiner Sauerampfer u. a.

Flugzeit

Der Falter fliegt je nach Witterung und Höhenlage in ein bis zwei Generationen.

	J	F	M	A	M	J	J	A	S	O	N	D

Merkmale

- **Flügeloberseite:** Die ♂♂ unterscheiden sich nicht nur von den ♀♀ durch ihre Fühler, sondern auch durch eine andere Grundfärbung ihrer Flügel. Die häufigste Grundfarbe der ♂♂ ist Ockergelb, die der ♀ Weiß. Die Zeichnung, die aus unterschiedlich verlaufenden oder verschmelzenden Binden besteht, ist bei beiden braun bis dunkelbraun. Daneben gibt es unterschiedliche Farbvarianten: z. B. grauweiße Grundfärbung mit rotbrauner Zeichnung beim ♂ oder auch ziemlich dunkle ♀♀. Bei genauer Betrachtung ist der Spanner in der Regel eindeutig zu bestimmen.
- **Fühler:** Die Fühler der ♂♂ sind gefiedert, die der ♀♀ fadenförmig.
- **Ruhehaltung:** Die Vorderflügel sind etwas vorgeschoben, sodass die Hinterflügel teilweise sichtbar sind.

Weißstirn-Weißspanner

Cabera pusaria

Vorkommen
Der Weißstirn-Weißspanner ist überall verbreitet und häufiger als der ähnliche Braunstirn-Weißspanner (*Cabera exanthemata)*. Er fliegt in Laubwäldern, in gehölz- und strauchreichen Gebieten sowie in Siedlungen.

Falter
Dieser Spanner ist nachtaktiv. Nur bei Bewölkung können wir ihn gelegentlich auch tagsüber fliegen sehen. Wird er in seiner Ruhe gestört, fliegt er auf. Durch das nächtliche Licht angezogen, sitzt er des Öfteren an Fenstern oder Hauswänden.

- **Nahrung:** Wohl durch seine Nachtaktivität bedingt, sind nur wenige Nektarpflanzen wie die Gewöhnliche Sumpfbinse und der Gewöhnliche Wasserdost bekannt.
- **Eiablage:** Das ♀ legt die Eier vorwiegend an Erlen, Hänge-Birken und Weiden ab.

Englisch: Common White Wave

❄ Puppe

Raupe

Die Farbgebung der schlanken Raupen variiert von Hellgrün bis Braun. Auf dem Rücken befinden sich längliche dunkle Flecke mit anliegenden kleinen weißen Zeichnungselementen. Sie überwintert als Puppe in einem feinen Gespinst am Boden.

› **Nahrung:** Zu den Nahrungspflanzen zählen Erlenarten, Hänge-Birke, Weidenarten, Hainbuche, Traubenkirsche u. a.

Flugzeit

Dieser Spanner fliegt je nach Witterung in ein bis zwei Generationen. In wärmebegünstigten Gebieten erscheint er bereits im April.

	J	F	M	A	M	J	J	A	S	O	N	D

Merkmale

› **Flügeloberseite:** Die Grundfarbe ist Weiß mit drei fast gerade verlaufenden, grauen Linien auf den Vorderflügeln und zwei Linien auf den Hinterflügeln. Die Oberfläche ist mit feinen schwarzen Schüppchen gesprenkelt.

› **Fühler:** Die Fühler der ♂♂ sind, im Gegensatz zu denen der ♀♀ doppelseitig gekämmt.

› **Ruhehaltung:** Die Vorderflügel sind so ausgebreitet, dass die Linien der Hinter- und Vorderflügel zusammentreffen. Die Stirn ist ganz weiß (Name!), während die des sehr ähnlichen Braunstirn-Weißspanners (*Cabera exanthemata*) oberhalb bräunlich ist.

Weißer Hartheuspanner

Weißer Schwarzaderspanner, Schwarzader-Spanner, Hartheu-Spanner

Siona lineata

Vorkommen
In Norddeutschland ist der Hartheu-Spanner seltener anzutreffen. Dort steht er auf der Roten Liste oder ist als „extrem selten“ eingestuft. Ansonsten ist er weit verbreitet und mancherorts sehr häufig. Er bevorzugt nicht intensiv genutzte, blütenreiche Magerwiesen in wärmebegünstigten Lagen und besiedelt sowohl trockene als auch feuchtere Gebiete sowie Waldränder und -lichtungen mit krautigen Pflanzen.

Falter
Der Weiße Hartheuspanner ist sowohl tag- als auch dämmerungs-/nachtaktiv. Er ruht an Halmen im höheren Gras, bei Bewölkung versteckt er sich gern in der krautigen Vegetation. Gelegentlich können wir ihn an Blüten saugend beobachten. Bei Störung fliegt er schnell auf, um sich einige Meter weiter wieder in der Vegetation niederzulassen.

- **Nahrung:** Etliche Blütenpflanzen, wie Witwenblumen, Flockenblumen, Kratzdisteln, Habichtskräuter, Klee, Vogelwicke u. a., werden von ihm als Nektarquelle genutzt.
- **Eiablage:** Das ♀ fliegt oder klettert hinab in die Krautschicht ungemähter Wiesen und legt die zylindrischen Eier in Reihen am Stängel oder Halm der Nahrungspflanze ab.

Englisch: Black-veined Moth

❄ Raupe

Raupe

Die helle, gestreifte, Raupe, die wir am ehesten nach der Überwinterung zu Gesicht bekommen, ruht gern an Halmen. Gelegentlich kringelt sie sich schneckenartig ein und hält sich nur mit dem Paar Bauchfüßen und den Nachschiebern an der Unterlage fest. Zur Verpuppung baut sie sich zwischen Pflanzen an Stängeln oder Halmen einen Kokon, der dem der Blutströpfchen *(Zygaeninae)* sehr ähnlich sieht.

› **Nahrung:** Als Nahrung dienen Wegerich, Kleearten, Beifuß, Ginster, Süßgräser u. a.

Flugzeit

Der Weiße Hartheuspanner fliegt in nur einer Generation. Die Hauptflugzeit liegt im Juni.

	J	F	M	A	M	J	J	A	S	O	N	D

Merkmale

› **Flügeloberseite:** Die Flügel sind weiß, mit schwacher dunkler Aderzeichnung, die von der Unterseite her betrachtet wesentlich kontrastreicher ist und zudem eine, mehr oder weniger deutliche, dunkle querbindenartige Zeichnung zeigt. Von Weitem und bei nur flüchtigem Blick könnte er von der Unterseite her mit einem Weißling verwechselt werden. Die Fühler allerdings sind faden- und nicht, wie bei den Tagfaltern üblich, keulenförmig.

› **Flügelrand:** Der Saum ist weiß gefranst.

› **Ruhehaltung:** Die Flügel sind meist ausgebreitet, können aber, einem Tagfalter gleich, halb oder ganz nach oben gestellt sein. Der Körper ist weiß, am Bauch mit dunklen Längsstreifen.

Seideneulchen

Rivula sericealis

Sehr variable Art. Die hier gezeigte dunkle Form ist selten.

Vorkommen
Das Seideneulchen ist fast überall zu finden, außer auf intensiv bewirtschafteten Flächen und in sehr trockenen Gebieten. Wichtig sind Süßgräserbestände.

Falter
Der Falter ist hauptsächlich dämmerungs-/nachtaktiv, lässt sich aber sehr leicht in seiner Ruhe stören. Häufig finden wir ihn in Uferbereichen mit dem Kopf nach unten an Halmen oder Stängeln sitzend.

- **Nahrung:** [!] Nektar holt es sich an krautigen Pflanzen wie Witwenblume, Dost, Goldrute, Wasser-Minze sowie an blühenden Gräsern.
- **Eiablage:** Das ♀ legt mehrere Eier an den Gräsern ab.

Englisch: Straw Dot

❄ Raupe

Raupe

Über die Lebensweise ist nicht viel bekannt. Die grüne Raupe ist weiß gestreift. Die schwarzen, etwas längeren, aber spärlichen Härchen verleihen ihr ein struppiges Aussehen. In der Vegetation ist sie gut getarnt und wird nur selten gefunden. Sie verpuppt sich in einem lockeren Gespinst an Pflanzenteilen.

› **Nahrung:** Als Nahrung dienen diverse Süßgräser wie Wiesen-Lieschgras, Fieder-Zwenke u. a.

Flugzeit

Das Seideneulchen fliegt in mindestens zwei Generationen.

	J	F	M	A	M	J	J	A	S	O	N	D

Merkmale

› **Flügeloberseite:** Die Grundfarbe reicht von Weißlich über Gelblich bis zu Bräunlich. Noch junge Tiere glänzen oft seidig.

› **Flügelrand:** Der äußere Flügelrand ist dunkler als die Grundfärbung und gesäumt. Der sogenannte Nierenfleck ist dunkelbraun und doppelt schwarz gekernt, das heißt, in der Mitte des Fleckes befinden sich zwei schwarze Punkte. Etwaige vorhandene Querlinien sind meist dunkler.

› **Ruhehaltung:** In der Ruhehaltung sind die Flügel flach dachartig zusammengelegt, oft hebt das Seideneulchen den Vorderkörper etwas von der Unterlage ab. Meist sitzt es kopfüber am Halm oder Stängel, die Flügel gelegentlich etwas steiler dachförmig zusammengelegt.

Nessel-Schnabeleule

Gemeine Nessel-Zünslereule

Hypena proboscidialis

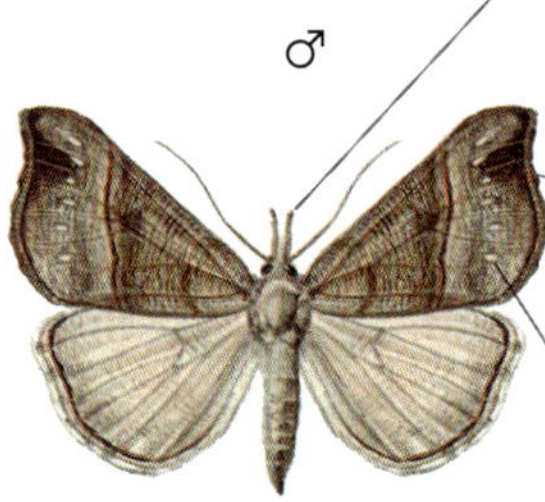

Vorkommen
Die Nesselschnabel-Eule ist recht häufig und überall dort zu finden, wo die Große Brennnessel wächst. Bevorzugt werden mäßig trockene bis feuchte Gebiete, so ist sie besonders in Uferregionen von Gräben, Bächen, Flüssen, Tümpeln und Weihern zu beobachten, aber auch in lichten Wäldern, auf Wiesen, in Gärten und Parks.

Falter
Dieser hauptsächlich dämmerungs-/nachtaktive Falter fliegt bei trübem Wetter gelegentlich auch tagsüber. Er lässt sich von seinen Ruheplätzen leicht aufscheuchen. Nachts fliegt er zum Licht.

- **Nahrung:** Diese Schnabeleule saugt an Blüten, aber auch an überreifen Früchten. Bisher wurde sie an Greiskraut, Goldrute und Efeu beobachtet.
- **Eiablage:** Die Eiablage ist nur an der Großen Brennnessel bekannt. Ob weitere Nahrungspflanzen infrage kommen, ist ungewiss.

Raupe
Die erwachsenen grünen Raupen haben eine dunkelgrüne Rückenlinie und dünne, weißliche Nebenrückenlinien sowie eine etwas stärker ausgebildete weiße Seitenlinie. Die Hinterleibsabschnitte sind deutlich durch feine gelbe Ringe abgeteilt. Das vordere Bauchbeinpaar ist reduziert. Sie ist sehr spärlich behaart. Gelegentlich befinden sich mehrere Raupen an einer Pflanze.

Englisch: Snout

❄ Raupe

› **Nahrung:** Die Große Brennnessel gilt als Hauptnahrungspflanze.

Flugzeit

In wärmebegünstigten Gebieten fliegen sie in zwei Generationen von Ende Mai bis September. In kühleren Regionen erscheinen die ersten Falter erst ab Juni.

	J	F	M	A	M	J	J	A	S	O	N	D
Falter					■	■	■	■	■			

Merkmale

› **Flügeloberseite:** Die Grundfärbung ist gelb- oder graubraun. Die Querbinden sind etwas dunkler. Die äußere wellenförmige Linie ist unterschiedlich stark ausgeprägt.

› **Flügelrand:** Die Vorderflügelränder laufen zu einer nach hinten etwas abgebogenen Spitze zusammen. Die Außenränder sind gesäumt.

› **Ruhehaltung:** Die Form der ruhenden Nessel-Schnabeleule erinnert an ein fast gleichschenkliges Dreieck. Die Lippentaster sind sehr lang, sodass das Eulchen aussieht, als habe es einen Schnabel (Name!)

Rotkragen-Bär

Rotkragen-Flechtenbärchen, Rothals

Atolmis rubricollis

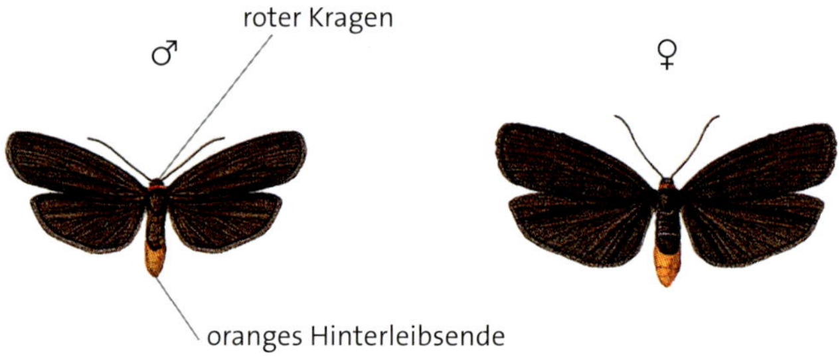

Vorkommen
Der Rotkragen-Bär kommt sowohl im Tief- als auch im Bergland in feuchten Nadel- und Laubmischwäldern vor. Er ist überall verbreitet, fliegt aber oft nur lokal.

Falter
Der Rotkragen-Bär ist vorwiegend nachtaktiv. Er ruht gern an Blättern, Halmen und Baustämmen. Er lässt sich leicht aufscheuchen. Ab und zu fliegt er tagsüber im Sonnenschein. Sein heller Rüssel ist gut ausgebildet und ermöglicht ihm, Nektar zu saugen.

- **Nahrung:** Er besucht blühende Sträucher, Doldenblütler und Schlangen-Knöterich.
- **Eiablage:** Das ♀ legt die hellgrünen Eier in Gruppen an den mit Flechten bewachsenen Bäumen ab.

Raupe
Die grün, braun, schwarz und etwas weiß gesprenkelte Raupe mit den orangefarbenen Wärzchen ist an den Zweigen und Flechten bestens getarnt. Auf der Brust und am Hinterleibsende sind die Härchen mehr als doppelt so lang wie in der Mitte. Typisch ist der weiße Scheitel auf dem Kopf, der sich in der Mitte teilt, zu beiden Seiten winklig ausläuft und ein schwarzes Dreieck bildet. Besonders

Englisch: Red-necked Footman

❄ Puppe

gern frisst sie die Flechten an Fichten. Die Überwinterung erfolgt in einem Gespinst als Puppe.

› **Nahrung:** Zur Hauptnahrung gehören unterschiedliche Flechtenarten. Zudem wird vermutet, dass auch Algen und Moose eine Rolle spielen.

Flugzeit

Diese Art fliegt in einer Generation. Der Hauptflug kann sich je nach Witterung verschieben.

	J	F	M	A	M	J	J	A	S	O	N	D
🦋						■	■					

Merkmale

› **Flügeloberseite:** Sowohl die Vorder- als auch die Hinterflügel sind einfarbig schwarz. Besonders die Vorderflügel sind recht schmal. ♂ und ♀ unterscheiden sich äußerlich nicht.

› **Fühler:** Die Fühler sind bei ♂♂ und ♀♀ fadenförmig.

› **Ruhehaltung:** Die Flügel werden über dem Körper zusammengelegt, wodurch er sehr schmal wirkt. Der Halskragen ist gelb, orangefarben oder hellrot, der Hinterleib gelborange. Diese Merkmale machen ihn unverwechselbar.

Rotrandbär

Diacrisia sannio

♂

♂

Sehr variable Art, aber unverwechselbar

Vorkommen
Der hübsch gefärbte Rotrandbär ist zwar überall in Deutschland vertreten, tritt aber eher vereinzelt auf. Seine Bestände sind rückläufig. In einigen Bundesländern ist er bereits als „gefährdet" eingestuft, oder steht auf der Vorwarnliste. Als Lebensraum eignen sich extensiv genutzte, trockene bis nasse Wiesen oder auch Lichtungen und Moore. Gedüngte und mehrfach gemähte Wiesen werden gemieden.

Falter
Der Rotrandbär zeigt einen ausgeprägten Geschlechterunterschied, was die Färbung betrifft. ♂♂ und ♀♀ sind so unterschiedlich, dass sie oft für verschiedene Arten gehalten werden. Die Entwicklung und das kurze Leben der Falter finden überwiegend in der Krautschicht statt. Das ♂ fliegt auch am Tag. Das flugträge ♀ versteckt sich in der Vegetation, es zeigt sich nur selten. Werden sie aufgescheucht, verstecken sie sich sogleich wieder in der Vegetation. Die Nahrungsaufnahme ist wegen des verkümmerten Rüssels nicht möglich.

› **Eiablage:** Das ♀ legt mehrere helle Eier an der Nahrungspflanze ab.

Raupe
Die erwachsene Raupe ist dunkelbraun behaart, mit einer weißgelblichen Rückenlinie. Die Atmungsöffnungen sind weiß, das Köpfchen und die Brustbeinchen glänzend schwarz, die Bauchbeinchen hellbraun. Die Raupen sind nachtaktiv und leben sehr versteckt. Sie

Englisch: Clouded Buff

❄ Raupe

♂

♀

überwintern im Inneren der Stängel von Doldenblütlern und Disteln. Im Frühjahr verlassen sie ihren Unterschlupf, halten sich weiterhin nahe am Boden auf und fressen nachts, bis sie sich im Frühjahr auf die Suche nach einem Verpuppungsplatz machen. Zwischen Moos und Blättern fertigen sie sich ein leichtes Gespinst an, in dem sie sich verpuppen. Werden sie gestört, können sie sehr flink verschwinden.

› **Nahrung:** Als Nahrung dienen krautige Pflanzen wie Brenn- und Taubnesseln, Labkraut, Spitz-Wegerich, Heidelbeere, Besenheide.

Flugzeit

Je nach Höhenlage und wärmebegünstigten Gebieten fliegt er in ein bis zwei Generationen.

	J	F	M	A	M	J	J	A	S	O	N	D
🦋					(■)	■	■	■				

Merkmale

› **Flügeloberseite:** ♂: Die Vorderflügel sind hellgelb. In der Mitte befindet sich ein dunkelgrauer, rosarot überlagerter Fleck, der zum Flügelrand hin rosarot auslaufen kann. Die Flügel sind rosarot gesäumt. Die Hinterflügel sind weißlich gelb mit brauner Zeichnung. ♀: Die Vorderflügel sind orangebraun. In der Mitte ist die Querader breit rotbraun überlaufen. Die Hinterflügel sind orangefarben mit schwarzbrauner Zeichnung.

› **Fühler:** Die Fühler der ♂♂ sind rosa und gekämmt, die der ♀♀ sind orangebraun und fein sägezähnig.

› **Ruhehaltung:** Die Vorderflügel werden flach dachförmig zusammengelegt, sodass Körper und Hinterflügel meist verdeckt sind.

Zimtbär

Rostflügelbär, Rostbär, Zaunbär

Phragmatobia fuliginosa

Vorkommen
Der sehr anpassungsfähige Zimtbär ist weit verbreitet und einer unserer häufigsten Bärenspinner. Als recht anspruchsloser Falter, dessen Raupen nahezu überall Nahrung finden, können wir ihm in unterschiedlichen Lebensräumen begegnen außer auf sehr intensiv genutzten Landwirtschaftsflächen und in gründlich aufgeräumten Gärten. Sowohl der Falter als auch die Raupen leben bodennah und sind auf mit Stauden und niederen Pflanzen bewachsene Flächen angewiesen.

Falter
Die vorrangig nachtaktiven Falter verbergen sich tagsüber in der Krautschicht und fliegen bei Störung schnell auf, um sich kurz darauf wieder zu verstecken. Gelegentlich fliegen sie auch am Tag. Besonders an warmen Herbsttagen können wir die Raupen auf (Rad-)Wegen und Straßen auf der Suche nach einem Überwinterungsplatz beobachten. Selbst im Winter werden sie ab und zu suchend umherwandernd gesehen.

- **Nahrung:** Keine.
- **Eiablage:** Das ♀ legt die hellen Eier in Eispiegeln an der Blattunterseite der Nahrungspflanze ab.

Raupe
Die erwachsenen Raupen haben eine eher fahlbraune Behaarung, die von hell zu ganz dunkel variieren kann. Der Kopf und die Brustbeine sind schwarz. Nicht zu verwechseln ist die rotbraune Variante mit der Raupe vom Gelben Tigerbär (*Spilosoma lutea)* die ein hellbraunes Köpfchen und hellbraune Brustbeinchen hat. Aufgrund der starken Behaarung ist die helle Rückenlinie nur schwach zu erkennen. Ab September/Oktober machen sie sich, schon fast ausgewachsen, auf den Weg, um einen Überwinterungsplatz zu finden. Ab und zu findet man sie unter der Rinde oder im morschen Holz von Baumstümpfen. Im Frühjahr verpuppen sie sich in einem festen Kokon am Boden zwischen Grashalmen und Pflanzenteilen oder auch unter Steinen. Wenn

Englisch: Ruby Tiger

❄ Raupe

♀

dunkle Zeichnung,
sehr variabel

♀

wir die Raupe berühren, kringelt sie sich ein und verharrt bewegungslos.

- **Nahrung:** Die Raupen fressen an unterschiedlichen krautigen Pflanzen wie Brennnesseln, Wegerich, Disteln, Greiskraut, Löwenzahn, Mädesüß und einigen anderen.

Flugzeit

Der Zimtbär fliegt in zwei Generationen.

	J	F	M	A	M	J	J	A	S	O	N	D
🦋				■ (ab Mitte)	■	■	■	■ (bis Mitte)				

Merkmale

- **Flügeloberseite:** Die rostrote Vorderflügelfarbe gab dem Falter seinen Namen. Die Farbintensität kann variieren, wobei die noch frischen Falter deutlich intensiver gefärbt sind. Auf allen Flügeln befindet sich in der Mitte einer kleiner schwarzer Fleck. Die Hinterflügel sind rot mit schwarzen Flecken entlang des Außenrandes. Die Färbung der Hinterflügel und die des Körpers machen ihn unverwechselbar.
- **Fühler:** Sowohl sie ♂♂ als auch die ♀♀ tragen helle, fadenförmige Fühler.
- **Ruhehaltung:** Die Flügel werden etwas steil dachförmig über dem Körper zusammengelegt, sodass die Hinterflügel und der rote, schwarz gefleckte Hinterleib verdeckt sind. Die Warntracht, die rotschwarze Färbung der Hinterflügel und des Körpers, geben dem Fressfeind zu verstehen, dass er ungenießbar ist.

Brauner Bär

Arctia caja

Vorkommen
Dieser nachtaktive Falter ist einer unserer bekanntesten Bärenspinner und war früher sehr häufig. Inzwischen steht er in Deutschland auf der Vorwarnliste. Er bevorzugt naturnahe, krautige Vegetation mit Hochstauden und Sträuchern oder Hecken in frischen bis feuchten Gebieten. Er ist in Auenwäldern, an Wald- und Wegrändern, an vegetationsreichen Ufer- und Straßenböschungen, in Gärten und Parks zu finden.

Falter
Die ♂♂ fliegen nach Mitternacht ans Licht. Tagsüber verstecken sie sich in der Vegetation oder an Baumstämmen. Häufiger als die Falter sind die Raupen zu sehen.

› **Nahrung:** Mit dem reduzierten Rüssel kann er nur Wasser oder Feuchtigkeit aufnehmen.
› **Eiablage:** Das ♀ legt die hellgrünen Eier in größeren Eispiegeln meist an der Blattunterseite der Nahrungspflanze ab.

Raupe
Die erwachsene Raupe ist auf dem Rücken dunkelbraun bis schwarz behaart, die Seiten und die Brustabschnitte dagegen sind fuchsrot. An den Seiten sind die Wärzchen mit den Haarbüscheln weiß und schimmern oft bläulich, die Wärzchen auf dem Rücken sind schwarz. Jüngere Raupen sind hell- oder rostbraun behaart. Die sehr langen Härchen haben weiße Spitzen. Nach der Überwinterung können wir sie an den unterschiedlichsten Pflanzen fressen oder ein Sonnenbad nehmen sehen. Im Mai/Juni wandern sie häufiger auf Wegen oder Straßen auf der Suche nach einem Verpuppungsplatz umher. Leider werden auch viele überfahren. Sie verpuppen sich in einem leichten Gespinst mit eingesponnenen Haaren zwischen Pflanzenteilen am Boden. Raupen, denen einige Büschel fehlen und deren nackte Haut zu sehen ist, sind parasitiert. Bei Störung kringelt sie sich ein und verharrt bewegungslos.

Englisch: Garden Tiger

❄ Raupe

♀

› **Nahrung:** Nicht nur krautige Pflanzen wie Brennnessel, Wiesen-Storchschnabel, Wegerich, Löwenzahn, sondern auch Sträucher wie Brombeere oder Bäume wie Sal-Weide werden als Nahrung genutzt.

Flugzeit

Der Braune Bär fliegt in einer Generation. Die Hauptflugzeit liegt im Juli/ August.

	J	F	M	A	M	J	J	A	S	O	N	D
Falter						■	■	■	■			

Merkmale

› **Flügeloberseite:** Die Grundfarbe und die Zeichnung können variieren. Es gibt Farbvarianten, die entweder ganz hell oder ganz braun sind. Diese kommen jedoch selten vor. Die hellroten Hinterflügel zeigen blaue, schwarz umrandete oder auch gänzlich schwarze, größere Flecke. Eine seltenere Variante hat gelbe statt rote Hinterflügel. Alles in allem ist er nicht zu verwechseln.

› **Fühler:** Die Fühler sind weiß. Beim ♂ sind die Fühler bräunlich gekämmt, beim ♀ sind sie fein sägezähnig.

› **Ruhehaltung:** Der Braune Bär legt die Flügel flach dachförmig zusammen und verdeckt meist den rot-schwarz gefleckten Körper und die roten Hinterflügel. Werden die Falter vom Fressfeind angegriffen oder berühren wir sie, schieben sie die Vorderflügel vor und zeigen ihre Hinterflügel, zusätzlich sondern sie eine übel riechende Flüssigkeit ab, die zwischen Kopf und Brust austritt.

Schönbär

Callimorpha dominula

♂

Vorkommen
Der Schönbär ist zwar in ganz Deutschland verbreitet und kommt in allen Höhenlagen vor, steht aber inzwischen auf der Vorwarnliste und ist in einigen Bundesländern als „gefährdet" oder „stark gefährdet" eingestuft. Besonders halbschattige, feuchte, aber nicht zu kühle Bereiche wie lichte, feuchtere Wälder, Auen und Auenwälder, Waldränder und -wege mit reichlich Blütenangebot werden besiedelt. Einen weiteren Lebensraum bieten dichter bewachsene Gewässer, wo er sich zwar sonnen und Blüten besuchen kann, die Luftfeuchtigkeit für ihn jedoch hoch genug ist. Halbschattige Bereiche mit Stauden, vielen krautigen Pflanzen, Sträuchern und Bäumen und natürlich eine gewisse Luftfeuchtigkeit sind ebenso für die Raupen ideal.

Falter
Dieser Bärenspinner fliegt nicht nur nachts ans Licht, sondern saugt auch tagsüber an Blüten. Er hat einen gut ausgebildeten Saugrüssel. Bei Störung fliegt er meist hoch in einen Strauch oder Baum.

- **Nahrung:** Nektarquellen sind blühende Pflanzen seiner Umgebung wie Kratzdisteln, Brombeere, Doldenblütler, Greiskräuter u. a.
- **Eiablage:** Das ♀ legt die grünlichen Eier zu mehreren an der Blattunterseite der Pflanze ab.

Raupe
Die erwachsene Raupe ist schwarz und trägt kurze, schwarz-weiß gemischte Haarbüschel auf den schwarzen Wärzchen. Die gelbweiße Zeichnung, die sich wie ein Streifen entlang des Rückens und der Seiten zieht, erinnert an die Raupen des Kleinen Fuchses. Unterhalb dieses Streifenmusters zum Bauch hin, ist sie grau gefärbt. Kopf und Brustbeinchen sind schwarz, Bauchbeinchen und

Englisch: Scarlet Tiger

❄ Raupe

♀

seltene Form mit gelborangen Hinterflügeln

Nachschieber hellbraun. Die Raupe verpuppt sich im späten Frühjahr in einem Gespinst zwischen Pflanzenteilen am Boden.

- **Nahrung:** Als Nahrung dienen krautige Pflanzen bis hin zu Jungbäumen. Darunter fallen z. B. Brenn- und Taubnesseln, Him- und Brombeere, Wasserdost, Kratzdisteln, Haselnuss und Weide.

Flugzeit

Der Schönbär fliegt in einer Generation. Die Hauptflugzeit ist in wärmeren Gebieten im Juni/Juli, in kühleren erst im Juli/August.

	J	F	M	A	M	J	J	A	S	O	N	D

Merkmale

- **Flügeloberseite:** Die schwarz glänzenden Vorderflügel tragen weiße und/oder gelbe bis orangefarbene Flecke, deren Anzahl und Größe variieren können. Die Hinterflügel, die besonders im Flug bei Sonnenschein auffallend rot leuchten, zeigen mittig einen schwarzen, sowie am äußeren Rand mehrere schwarze Flecke, die zu einer Binde verschmelzen können. Die seltene Variante hat gelbe Hinterflügel.
- **Fühler:** Die schwarzen Fühler sind fadenförmig. Mit bloßem Auge ist kein Unterschied zwischen ♂♂ und ♀♀ zu erkennen.
- **Ruhehaltung:** Die Vorderflügel werden flach dachförmig zusammengelegt, sodass die Hinterflügel und der rote, schwarz gefleckte Hinterleib verdeckt sind. Bei Störung schiebt er die Vorderflügel vor und zeigt die roten Hinterflügel.

Russischer Bär

Spanische Fahne, Spanische Flagge

Euplagia (Callimorpha) quadripunctaria

Vorkommen
Die Vorkommen dieser Falter schwanken von Jahr zu Jahr. Auch sie stehen auf der Vorwarnliste. Der Russische Bär ist fast in ganz Deutschland, außer im Norden und Osten, verbreitet, tritt aber meist nur lokal auf. Wir finden ihn im lichten Wald, an Waldwegen und -rändern sowie auf halb offenen Flächen in Waldnähe, sofern er ein reichliches Blütenangebot, insbesondere Gewöhnlichen Wasserdost vorfindet. Seine Lebensräume liegen häufig in feuchten oder auch kalkreichen Gebieten.

Falter
Der Russische Bär ist tag- und nachtaktiv. Er sonnt sich gern auf Sträuchern und Bäumen sowie in der Vegetation, bei zu starker Hitze zieht er sich in den Schatten zurück. Beim Saugen wirkt er oft sehr gierig oder hektisch, da er permanent sein Köpfchen mit dem Rüssel bewegt. Er reagiert auf Geräusche.

- **Nahrung:** Der Falter ist ein eifriger Blütenbesucher sowohl tagsüber als auch nachts. Die beliebteste Pflanze ist sicherlich der Wasserdost, gefolgt von Engelwurz, Ross-Minze, Goldrute und Disteln u. a. Eine weitere begehrte Pflanze ist die Buddleja, welche so manchen Falter in den Garten lockt.
- **Eiablage:** Das ♀ legt die weißlichen Eier zu mehreren an der Blattunterseite der Pflanze ab.

Raupe
Die Jungraupen werden selten gefunden. Auch nach der Überwinterung sind sie nicht häufig zu sehen, da sie ziemlich versteckt in der niedrigen Vegetation leben und nachts fressen. Erst fast erwachsen oder auf der Suche nach einem Verpuppungsplatz zeigen sie sich häufiger. Die erwachsene Raupe ist unverwechselbar mit ihrem auffällig intensiv gelben Rückenstreifen und den hellen Flecken entlang der Seiten. Die gelblich bis hellbraun gefärbten Wärzchen tragen helle Haarbüschel. Kopf und Brustbeinchen sind schwarz, Bauchbeinchen und Nachschieber hellbraun. Im späten Frühjahr

Englisch: Jersey Tiger

❄ Raupe

verpuppen sie sich in einem lockeren Gespinst am Boden unter dem Laub oder zwischen Pflanzen.

› **Nahrung:** Als Nahrung werden hauptsächlich niedere und krautige Pflanzen gewählt. Himbeere, Fuchs' Greiskraut und Taubnesseln gehören zu den Favoriten, aber auch an Natternkopf und Klee wurden Raupen beobachtet.

Flugzeit

Der Russische Bär hat seine Hauptflugzeit im Juli/August, ist aber vereinzelt noch bis in den September hinein zu beobachten.

	J	F	M	A	M	J	J	A	S	O	N	D
🦋							■	■				

Merkmale

› **Flügeloberseite:** Der Falter ist unverkennbar mit seinen dunklen glänzenden Flügeln und dem hellen Streifenmuster. Die Hinterflügel sind leuchtend rot mit schwarzen Flecken. Auch hier gibt es eine seltene Variante mit gelben Hinterflügeln.

› **Fühler:** ♂♂ und ♀♀ haben lange, fadenförmige Fühler.

› **Ruhehaltung:** Die Flügel werden flach dachförmig geschlossen. Dort, wo die Flügel am Außenrand zusammenstoßen, sind große schwarze Punkte zu sehen. Der gelbe, schwarz gepunktete Hinterleib und die roten, schwarz gefleckten Hinterflügel sind verdeckt und werden nur bei Störung gezeigt oder gelegentlich beim Saugen.

Rotes Ordensband

Catocala nupta

Hinweis: Es gibt zahlreiche, sehr ähnliche Arten

Vorkommen
Das Rote Ordensband ist der häufigste unserer heimischen Ordensbänder. Es ist überall verbreitet und stellenweise nicht selten. Wir finden es in Weiden- und Pappelbeständen, sehr oft an Gewässern, in Auenwäldern oder im Randbereich von feuchteren Laubmischwäldern und auf Lichtungen.

Falter
Dieser Nachtfalter mag es gern feucht und warm. An schwülwarmen Tagen fliegt er auch tagsüber und macht Abstecher in angrenzende Siedlungsräume, wo er sich gelegentlich an Hauswänden absetzt.

› **Nahrung:** Der Falter saugt gern an überreifem/faulem Obst sowie an austretenden Baumsäften.
› **Eiablage:** Das ♀ legt ein bis mehrere Eier in die Rindenritzen der Nahrungsbäume.

Englisch: Red Underwing

❄ Ei

Raupe
Die schlicht gräuliche, gelegentlich bräunliche Raupe trägt eine kleine Erhebung auf dem achten Hinterleibsabschnitt. Sie frisst nachts und ruht am Tag versteckt in Rindenritzen oder unter loser Rinde wo sie aufgrund ihrer Färbung nahezu unsichtbar ist. Sie verpuppt sich gut geschützt zwischen versponnen Blättern.

- **Nahrung:** Als Nahrung dienen die Blätter unterschiedlicher Weiden- und Pappelarten, auch die der Hybridpappeln bzw. Kanadapappeln.

Flugzeit
Das Rote Ordensband fliegt in einer Generation. Vereinzelt sind Falter noch Anfang Oktober zu sehen.

	J	F	M	A	M	J	J	A	S	O	N	D

Merkmale

- **Flügeloberseite:** Die Vorderflügeloberseite sollte genau betrachtet werden. Die Zeichnung ist wenig kontrastreich, und die äußere Binde verläuft sehr unruhig. Auch die anderen Zeichnungselemente sind nicht klar abgegrenzt und vermitteln ein eher diffuses und schwach entwickeltes Muster. Auf den roten Hinterflügeln befinden sich eine dunkelbraune Mittel- und Randbinde, die mehr oder weniger unregelmäßig verlaufen.
- **Flügelrand:** Der Hinterflügelrand ist weiß gesäumt.
- **Ruhehaltung:** In Ruhe sind die Vorderflügel dachförmig geschlossen und die Hinterflügel verdeckt. Beim Saugen, kurz vor dem Abflug oder bei einer Störung streckt es die Vorderflügel vor, sodass seine roten Hinterflügel sichtbar werden.

Scheck-Tageule

Euclidia mi

Vorkommen
Die Scheck-Tageule ist noch recht häufig. Wie ihre nahe Verwandte, die Braune Tageule *(Euclidia glyphica)*, ist sie auf intensiv landwirtschaftlich genutzten Flächen, im dichten Wald und in stark bebauten Gebieten selten zu finden. Sie bevorzugt blütenreiche, eher trockene, magere Wiesen. In ungemähten blütenreichen Randgebieten, wie an Wald- und Wegrändern ist sie ebenfalls zu finden, vorausgesetzt, dort wachsen die Nahrungspflanzen der Raupen. Aufgrund der intensiven Landwirtschaft mit Düngung und Einsatz von Herbiziden ist in den letzten Jahren auch ihr Bestand stark zurückgegangen.

Falter
Dieser hübsche Falter ist tag- und dämmerungsaktiv. Ab und zu sitzt er an kahlen Stellen am Boden, ansonsten ruht er gern versteckt in der Vegetation an Gräsern.

› **Nahrung:** Diese kleine Tageule nutzt die gesamte Palette der ihr zur Verfügung stehenden Nektarpflanzen wie Weiß-, Rot-, Hornklee, Futter-Esparsette, Wicken, Margeriten, Witwenblumen u. a.
› **Eiablage:** Das ♀ legt die grünlichen Eier meist einzeln etwas tiefer in der Vegetation ab.

Englisch: Mother Shipton

❄ Puppe

Raupe
Die hellbräunliche, fein dunkel gestreifte Raupe ist mit nur zwei Bauchbeinpaaren ausgestattet und ähnelt einer Spannerraupe. Ihr Köpfchen ist gestreift. Sie ruht gern an Gräsern. Bei Berührung lässt sie sich eingeringelt fallen. Sie überwintert als Puppe in einem Kokon bodennah zwischen Pflanzen.

› **Nahrung:** Zu ihrer Nahrung gehören hauptsächlich Schmetterlingsblütler, wie Rot-Klee, Echter Steinklee, Vogelwicke, Flügel-Ginster u. a.

Flugzeit
Sie fliegt meist in einer Generation von Ende April bis Juli. Vereinzelt können Falter noch im August/September fliegen, was auf eine teilweise zweite Generation hindeuten könnte.

	J	F	M	A	M	J	J	A	S	O	N	D
🦋					■	■	■	■				

Merkmale

› **Flügeloberseite:** Die Vorder- und Hinterflügel sind in der Regel kontrastreich und für die Bestimmung eindeutig gezeichnet.

› **Flügelrand:** Der Flügelsaum ist hell-dunkel gescheckt.

› **Ruhehaltung:** Ähnlich der Braunen Tageule *(Euclidia glyphica)* legt sie die Flügel entweder flach dachförmig zusammen oder spreizt sie etwas ab, sodass die Hinterflügel teilweise sichtbar sind.

Braune Tageule

Luzerneule

Euclidia glyphica

Vorkommen

Die Braune Tageule ist eine der häufigsten tagaktiven Eulenarten. Sie ist in nahezu allen Naturräumen und Höhenlagen anzutreffen, außer in dichten Wäldern, auf intensiv bewirtschafteten Flächen und innerhalb dicht bebauter Siedlungen. Leider sind ihre Bestandszahlen rückläufig, aber dank ihrer eher anspruchslosen Lebensweise kann sie auch kleinflächige Lebensräume nutzen. Strukturierte Wald-, Weg- und Straßenränder sind solche Gebiete. Ansonsten sind extensiv genutzte, blütenreiche, trockene bis nasse Wiesen mit einem reichlichen Angebot an Schmetterlingsblütlern als Nahrung der Raupen und angrenzenden Hecken, Sträuchern oder Büschen der geeignete Lebensraum.

Falter

Die Falter sonnen sich gern an Gräsern und sind eifrige Blütenbesucher. Ab und zu wird das Eulchen mit dem Hornkraut-Tageulchen *(Panemeria tenebrata)* oder mit dem Großen Jungfernkind *(Archiearis parthenias)*, S. 258, verwechselt.

- **Nahrung:** Bei Sonnenschein nutzt der Falter das sich ihm bietende Blütenspektrum. Hahnenfuß, Rot- und Weiß-Klee, Kronwicken, Witwenblumen, Flockenblumen, Wilde Möhre, Dost u. a. sind willkommene Nektarquellen.
- **Eiablage:** Das ♀ legt die grünen Eier einzeln oder zu mehreren in kleinen Reihen an der Nahrungspflanze oder in ihrer Nähe ab. Gelegentlich werden sie auch an verdorrte Grashalme geheftet.

Englisch: Burnet Companion

❄ Puppe

Raupe
Die nackte, gelblich bis grünlich, fein dunkel gestreifte Raupe hat drei Bauchbeinpaare, von denen das erste Paar etwas reduziert ist. Bei der Fortbewegung erinnert sie an eine Spannerraupe. Das Köpfchen ist hell gestreift, an der Seite verläuft eine etwas hellere Linie. Tagsüber ruht sie an der Nahrungspflanze oder in der Nähe an Gräsern. Sie überwintert als Puppe in einem Kokon am Boden oder unterhalb der Nahrungspflanze.

› **Nahrung:** Bevorzugt werden Schmetterlingsblütler wie Rot-Klee, Vogelwicke, Horn-Klee, Hufeisen-Klee, Platterbse, Luzerne u. a.

Flugzeit
Je nach Standort und Witterung fliegt die Braune Tageule in ein bis zwei Generationen. Erste Falter erscheinen gelegentlich Ende April.

	J	F	M	A	M	J	J	A	S	O	N	D
🦋												

Merkmale

› **Flügeloberseite:** Die Grundfarbe kann von Gelblich über Graubraun zu Rötlichbraun variieren. Aufgrund der meist recht einheitlichen Flügelzeichnung ist der Falter relativ einfach zu bestimmen. Hinzu kommt der gelborange und braun gebänderte Randbereich der Hinterflügel. Diese hellen Binden sind durch die braune Äderung unterbrochen. Ältere Falter können farblich ausbleichen, sodass sie etwas verwaschen aussehen.

› **Flügelrand:** Der Saum ist leicht braun gefranst.

› **Ruhehaltung:** Je nachdem, wie weit die Vorderflügel zurückgeschoben werden, sind die Hinterflügel mit den gelblichen Binden entweder verdeckt oder teilweise sichtbar. Die Brust ist besonders bei noch jungen Tieren etwas stärker rötlich braun behaart.

Messingeule (Artenkomplex)

Diachrisia chrysitis/stenochrysis

Vorkommen
Die hauptsächlich dämmerungs-/nachtaktive Messingeule ist recht häufig. Sie ist in fast allen offenen und halboffenen, waldnahen Gebieten anzutreffen. Randbereiche mit Gebüsch, Sträuchern, Hecken und Hochstauden an eher frischen bis feuchten Standorten werden scheinbar bevorzugt, vor allem für die Entwicklung der Raupen. Auch Parks und Gärten können für sie attraktiv sein.

Falter
Die Messingeule fliegt gern künstliche Lichtquellen an. Tagsüber ruht der Falter an Zweigen, Stämmen oder in der Vegetation. Ab der Dämmerung, gelegentlich auch tagsüber, begibt er sich auf Nektarsuche.

› **Nahrung:** An Pflanzen wie z. B. Brombeere, Wiesen-Salbei und Buddleja ist er bereits beobachtet worden.
› **Eiablage:** Über die Eiablage gibt es bisher kaum Beobachtungen.

Raupe
Die erwachsene grüne Raupe zeigt auf dem Rücken ein durchbrochenes weißes Dreiecksmuster und weiße Längslinien an den Seiten. Sie ist spärlich behaart, das Köpfchen ist hellgrün. Sie hat nur zwei Bauchbeinpaare. Tagsüber sitzt sie meist auf der Blattunterseite oder in Bodennähe an ihrer Nahrungspflanze. Zur Verpuppung spinnt sie sich ein lockeres, bräunliches Gespinst an Blättern, Stängeln oder zwischen Pflanzenteilen.

› **Nahrung:** Weichblättrige Pflanzen, wie z. B. Brenn- und Taubnesseln, Hohlzahn, Ziest, Dost, Natternkopf werden bevorzugt.

Flugzeit
Die Messingeule fliegt in zwei Generationen, in kühleren Gebieten nur in einer.

Englisch: Burnished Brass

❄ Raupe

Anmerkung

Die Aufteilung der Messingeule in zwei Arten: *D. chrysitis und D. stenochrysis* aufgrund scheinbar feiner genetischer Unterschiede sowie unterschiedlicher Reaktionen der ♂♂ auf synthetische Lockduftstoffe ist umstritten. Da sowohl äußerliche Merkmale als auch die Genitaluntersuchung keine sichere Unterscheidung zulassen, wird nachfolgend die Messingeule als eine Art behandelt.

	J	F	M	A	M	J	J	A	S	O	N	D
🦋						■	■	■	■			

Merkmale

- **Flügeloberseite:** Die variable Zeichnung besteht aus goldfarbenen und braunen Bereichen. Die braune Mittelbinde kann geschlossen oder von den goldfarbenen Binden durchbrochen sein.
- **Flügelrand:** Der äußere Vorderflügelrand ist etwas wellenförmig. Der Saum ist einheitlich meist fahl braun und gefranst.
- **Ruhehaltung:** In der Ruhestellung sind die Vorderflügel leicht steil dachförmig über dem Körper zusammengelegt. Auf dem Kopf und der Brust befindet sich ein rotbrauner, aus mehreren Büscheln bestehender, hochgestellter Haarschopf.

Gamma-Eule

Pistoleneule

Autographa gamma

Hinweis: Es gibt zahlreiche, sehr ähnliche Arten

Vorkommen
Die Gamma-Eule ist als Wanderfalter sehr häufig und überall, außer in dichten Wäldern zu finden.

Falter
Dieser Wanderfalter fliegt tagsüber, aber auch in der Dämmerung und nachts. Seine Häufigkeit ist eng verbunden mit der Anzahl der einfliegenden Falter aus dem Süden. In welchen Gebieten und in welchem Stadium, außer in dem der Raupe, die Nachkommen der zweiten oder dritten Generation bei uns überwintern können, ist noch nicht eindeutig geklärt. Ebenso gibt es die Vermutung, dass ein Teil der Falter im Herbst wieder nach Süden fliegt. Über das Wanderverhalten gibt es ebenfalls noch keine gesicherten Erkenntnisse. Es gibt Falter, die der Gamma-Eule recht ähnlich sehen, allerdings sind diese bei uns seltener.

› **Nahrung:** Diese Eule lässt keine besonderen Vorlieben erkennen und nutzt alle sich ihr bietenden Blüten von krautigen Pflanzen, Sträuchern und Bäumen. Der Flug von Blüte zur Blüte wirkt etwas hektisch, da sie nie sehr lange an einer Blüte verweilt.
› **Eiablage:** In der Dämmerung legt das ♀ die Eier einzeln oder zu mehreren an den Blättern der Pflanze ab.

Raupe
Die erwachsene grüne Raupe ist fein weiß gestreift, mit einer dunkelgrünen Rücken- und einer gelblich weißen Seitenlinie. Das Köpfchen ist grün und zeigt an den Seiten jeweils einen kleinen schwarzen Streifen. Sie hat nur zwei Paar Bauchfüße und ist spärlich behaart. Die Raupen der letzten Generation überwintern. Milde Winter in wärmebegünstigten Gebieten des Flachlands könnten sie überstehen. Sie verpuppen sich in einem lockeren Gespinst an der Pflanze. Die Raupen sind außergewöhnlich anpassungsfähig. Sie leben an sehr vielen Pflanzen unterschiedlicher Familien. Ein Großteil von ihnen ist an Kulturpflanzen auf Äckern und in Gärten zu finden, auch Zierpflanzen können zur Nahrung

Englisch: Silver Y

❄ Raupe

gehören. Während die Jungraupen tagsüber fressen und zwischendurch an der Blattunterseite verweilen, verstecken sich die erwachsenen Raupen tagsüber am Boden und fressen nur nachts.

- **Nahrung:** Brenn- und Taubnesseln, Klee-Arten, Wicken, Distel-Arten, Löwenzahn, Salbei, Ackersenf, Raps, Salat, Kohl, Rüben, Tomaten, Kartoffeln und viele andere gehören zur Nahrung dieser anpassungsfähigen Raupen.

Flugzeit

Die Gamma-Eule fliegt in mindestens zwei Generationen.

	J	F	M	A	M	J	J	A	S	O	N	D

Merkmale

- **Flügeloberseite:** Die Grundfärbung ist schwarz- oder braungrau. Der weiße Fleck, der ähnlich ausschaut wie das Gamma aus dem griechischen Alphabet (Name!), ist immer vorhanden. Die Hinterflügel sind gelblich weiß, der Randbereich ist dunkel gefärbt und wirkt leicht verwaschen. Die dunkle Äderung ist deutlich zu sehen.
- **Flügelrand:** Die Grundfarbe des Saumes, vor allem jener der Hinterflügel, ist heller und nur andeutungsweise gescheckt.
- **Ruhehaltung:** Der ruhende Falter hat die Flügel etwas steil dachförmig über dem Körper zusammengelegt. Die Haarbüschel auf dem Kopf und der Brust stehen wie ein Haarschopf nach oben.

Silbereulchen

Silbergestreiftes Grasmotteneulchen, Silberstrich-Eulchen, Silberstreif-Motteneulchen, Reitgras-Silbereulchen

Deltote bankiana

Art unverwechselbar

Vorkommen

Das Silbereulchen bevorzugt feuchte, offene bis halb offene, naturnahe Gebiete. So finden wir es häufiger auf Feuchtwiesen, in Uferbereichen, in Auen und Auenwäldern, in Bruchwäldern, in Nieder- oder Übergangsmooren, aber auch auf Lichtungen feuchter Laubmisch- oder Nadelwälder. Sein Verbreitungsgebiet liegt hauptsächlich im Flach- und Hügelland. In Siedlungen wird es eher selten gesehen. Lokal kann es sehr häufig auftreten.

Falter

Das Silbereulchen ist hauptsächlich dämmerungsaktiv. Tagsüber ruht es, auch mal kopfüber, an Grashalmen oder auf Blättern. Es lässt sich leicht aufscheuchen. Nachts fliegt es ans Licht.

- **Nahrung:** Über die Nahrung der Falter ist bisher nichts Näheres bekannt.
- **Eiablage:** Das ♀ legt die hellen Eier paarweise oder zu mehreren in einer Reihe am Gras ab.

Englisch: Silber Barred

❄ Puppe

Raupe
Die hellgrüne, gelblich gestreifte Raupe hat nur zwei Bauchfußpaare. Sie ernährt sich von unterschiedlichen Gräsern. An den Grashalmen oder -blättern ruhend, ist sie bestens getarnt. Sie verpuppt sich bodennah in einem Kokon zwischen Pflanzenteilen, in dem sie auch überwintert.

- **Nahrung:** Als Nahrung dienen verschiedene Gräser wie Seggen, Rispengras, Reitgräser und Zyperngras.

Flugzeit
Das Silbereulchen fliegt hauptsächlich in einer Generation. In wärmebegünstigten Jahren und Regionen kann es zu einer teilweise zweiten Generation kommen, deren Falter im August fliegen.

	J	F	M	A	M	J	J	A	S	O	N	D

Merkmale

- **Flügeloberseite:** Die braune Grundfärbung und helle Zeichnung dieser Eule machen sie unverwechselbar.
- **Flügelrand:** Der Flügelsaum wirkt hell meliert.
- **Ruhehaltung:** Die Flügel sind in Ruhestellung etwas steildachförmig über dem Körper zusammengelegt.

Hornkraut-Tageulchen

Hornkrauteule, Hornkraut-Sonneneulchen, Hornkraut-Tag-Bunteulchen

Panemeria tenebrata

Auffallend kleiner Falter

Vorkommen
Das Hornkraut-Tageulchen bevorzugt naturnahe Flächen wie wenig gemähte, ungedüngte Wiesen und Weiden. Zu trockene Gebiete, dichte Wälder und intensiv genutzte sowie wenig Abwechslung bietende Agrarflächen meidet es. So ist es auch nicht verwunderlich, dass es in den letzten Jahren aufgrund der Intensivierung der Landwirtschaft und Ausräumung/Bereinigung vieler Bereiche merklich zurückgegangen ist. In einigen Bundesländern steht es auf der Vorwarnliste oder ist als „gefährdet“ eingestuft. Besonders an sonnigen Tagen fliegt es gern auf blütenreichen Wiesen, Waldrändern, natürlichen Feld- und Wiesenwegen und besucht gelegentlich naturnahe Gärten. Wichtig für sein Vorkommen ist ein ausreichendes Angebot an Nahrungspflanzen für die Raupen, welche die Falter auch als Nektarpflanzen nutzen.

Falter
Dieses kleine Eulchen ist tagaktiv. An trüben Tagen versteckt es sich meist in der Vegetation. Zur Nahrungsaufnahme sucht der Falter meist niedrig wachsende Blütenpflanzen auf. Ab und zu wird es mit der Braunen Tageule (*Euclidia glyphica)* verwechselt.

- **Nahrung:** Besonders häufig ist es an Wiesen-Schaumkraut, Vergissmeinnicht, Sternmiere, Vogelmiere, Hornkraut und Gänseblümchen zu beobachten.
- **Eiablage:** Die Eiablage geschieht tagsüber. Das ♀ legt die Eier meist einzeln an den Blüten der Nahrungspflanze ab.

Englisch: Yellow Underwing

Puppe

Raupe
Die zunächst bräunliche oder gräuliche Jungraupe ist im erwachsenen Stadium hellgrün und gelblich weiß gestreift. Auf dem Rücken zieht sich eine dunkelgrüne Linie entlang, das Köpfchen ist hellbraun mit wenigen schwarzen Pünktchen. Sie hat vier Paar Bauchfüßchen. Solange sie noch klein ist, kann sie sich in die Blüte oder in den Fruchtknoten hineinfressen. Sie verpuppt sich am Boden in einem Kokon. In diesem Stadium erfolgt auch die Überwinterung, wobei die Puppe auch zwei- bis dreimal überwintern kann.

- **Nahrung:** Die Raupe ernährt sich von den Blüten und Früchten einiger Hornkraut- und Sternmieren-Arten.

Flugzeit
Das Hornkraut-Tageulchen fliegt in einer Generation. Es bleiben nur wenige Wochen, um es zu entdecken.

	J	F	M	A	M	J	J	A	S	O	N	D

Merkmale

- **Flügeloberseite:** Die Oberseite der Vorderflügel ist in Braun- und Grautönen marmoriert. Sie zeigt keinen dunklen Fleck am vorderen Flügelrand wie die Braune Tageule *(Euclidia glyphica)* und keine gelben Flecke, im Gegensatz zum Gold- *(Pyrausta aurata)* und Purpurzünsler *(Pyrausta purpuralis)* mit denen sie ab und zu verwechselt wird. Die Hinterflügel sind dunkelbraun mit einer gelben Binde.
- **Flügelrand:** Die äußeren Flügelränder sind häufig hell gesäumt.
- **Ruhehaltung:** Im Gras oder auf Blättern ruhende Falter legen die Vorderflügel flach bis etwas steil dachförmig zusammen, sodass die Hinterflügel teilweise oder ganz verdeckt sind.

Achateule

Phlogophora meticulosa

Vorkommen

Die Achateule ist häufig und kommt als Wanderfalter in fast allen Lebensräumen und Höhenlagen vor. Das Fortpflanzungsgebiet liegt häufig in nicht allzu trockenen, offenen Gebieten bis hinauf ins Hügelland.

Falter

Dieser Eulenfalter ist dämmerungs- und nachtaktiv. Tagsüber ruht er als vertrocknetes Blatt getarnt in der Vegetation. Nachts fliegt er ans Licht. Vorlieben für Nektar-, Nahrungspflanzen sowie Lebensräume und Entwicklungsgebiete sind, wenn überhaupt, nur schwach zu erkennen.

› **Nahrung:** Ab der Dämmerung nutzt der Falter alle sich ihm bietenden Blütenpflanzen im Freiland und in den Gärten.

› **Eiablage:** Das ♀ legt die weißlichen Eier einzeln oder in kleinen Gruppen meist auf die Blattoberseite der Nahrungspflanze ab.

Raupe

Die Raupen sind sehr anpassungsfähig und können ihre Nahrungspflanze während der Entwicklung wechseln. Die meisten ernähren sich von Blättern, einige fressen auch Blüten. Die hellgrünen oder bräunlichen Raupen mit einer weißen, gestrichelten Linie auf dem Rücken und den dunkleren, kurzen Schrägstreifen an Seiten, ruhen am Tag in der Vegetation. Neben krautigen Pflanzen, Stauden, Sträuchern stehen auch junge Bäume auf der Nahrungsliste und, ähnlich der Gamma-Eule, sind sie sehr häufig an Kultur-, Garten- und Zierpflanzen zu finden. Die Raupen überwintern bei uns, können aber an milden Wintertagen durchaus aktiv werden.

Englisch: Angle Shades

❄ Raupe

› **Nahrung:** Disteln, Storchschnabel, Brenn- und Taubnesseln, Brombeere, Liguster, Sal-Weide, Heidekraut, Minze, Salbei, Petersilie, Salat- und Kohlarten, Chrysanthemen, Astern sind nur ein Teil der Nahrungsauswahl dieser anpassungsfähigen Raupen.

Flugzeit

Die Achat-Eule fliegt in zwei Generationen. Vereinzelt wurden Falter in den Wintermonaten gesichtet, hier dürfte es sich um vor dem Winter geschlüpfte Tiere handeln, die es verstanden haben, die milden Winter in Häusern oder anderen Gebäuden zu überstehen.

	J	F	M	A	M	J	J	A	S	O	N	D

Merkmale

› **Flügeloberseite:** Die Grundfärbung der Vorderflügel kann von braunrosa bis zu olivgrün variieren. Die Zeichnungselemente bestehen hauptsächlich aus Dreiecken. Die Hinterflügel sind hell.

› **Flügelrand:** Kleine Ausbuchtungen am Außenrand der Vorderflügel lassen ihn gezackt aussehen.

› **Ruhehaltung:** Der ruhende Falter legt nicht nur die Flügel flach dachförmig über dem Körper zusammen, sondern er faltet sie so zusammen, dass er schmal und lang aussieht.

Trapezeule

Mordraupeneule

Cosmia trapezina

♂

Sehr variable Art

Vorkommen
Die sehr häufige Trapezeule ist dort vertreten, wo Laubbäume, Sträucher und Hecken wachsen. Sie fliegt vom Flachland bis hinauf ins Bergland. Obwohl sie besonders häufig in Laubwäldern mit Eichen und Buchen angetroffen wird, ist sie nicht an den Wald gebunden und nutzt ebenso einzeln stehende Bäume außerwie auch innerhalb der Siedlungen.

Falter
Die Trapezeule ist nachtaktiv, da sie gerne zum Licht fliegt, können wir sie oft in der Nähe nächtlicher Lichtquellen oder an Fensterscheiben sitzend sehen.

- **Nahrung:** Durch ihre Nachtaktivität wird sie nur selten an Blüten beobachtet. Zu ihnen gehören Wasserdost und Buddleja.
- **Eiablage:** Das ♀ legt die hellen Eier in Gelegen an Ästen und Zweigen der Nahrungspflanze ab.

Raupe
Die grüne Raupe ist hell längs gestreift. Die Übergänge der Hinterleibsabschnitte sind häufig gelb. Auf den mittleren Hinterleibsabschnitten sind zu beiden Seiten zwischen den Nebenrückenlinien und der etwas breiteren, hellen Rückenlinie zwei versetzte schwarze, weiß umrandete Wärzchen. Sie frisst sowohl am Tag als auch in der Nacht. Zwischendurch ruht sie versteckt im Laub an den Bäumen. Sie verpuppt sich in einem Gespinst am Boden zwischen Pflanzenteilen.
Diese harmlos aussehende Raupe ist inzwischen dafür bekannt, Gelegenheiten zu nutzen, um andere Raupen, insbesondere die des Kleinen Frostspanners, zu fressen. Selbst vor Artgenossen schreckt sie nicht zurück. Diese Eigenschaft hat ihr und einigen anderen Raupen den Namen „Mörderraupe“ eingebracht. Zuerst wurde diese Eigenschaft bei der Zucht entdeckt. Inzwischen ist sie auch im Freiland nachgewiesen, selbst wenn genügend pflanzliche Nahrung zur Verfügung steht.

Englisch: Dun Bar

❄ Ei

› **Nahrung:** Die Liste der Nahrungspflanzen ist lang: Eiche, Hainbuche, Buche, Linde, Sal- und Silberweide, Haselnuss, Schlehe, Apfel- und Birnbaum sowie einige andere. Als Nahrungsergänzung dienen andere Raupen, vorzugsweise die des Kleinen Frostspanners.

Flugzeit

Die Trapezeule fliegt in einer Generation. Vereinzelt können wir sie bereits im Juni oder noch im Oktober antreffen.

	J	F	M	A	M	J	J	A	S	O	N	D

Merkmale

› **Flügeloberseite:** Die Grundfärbung der Vorder- und Hinterflügel kann in unterschiedlichen Grau- und Brauntönen auftreten. Die Zeichnungselemente sind nur wenig variabel und als Bestimmungsmerkmal geeignet.

› **Flügelrand:** Die Vorderflügelsäume sind in der Grundfarbe kurz gefranst, die Hinterflügelsäume hellbraun und etwas länger gefranst.

› **Ruhehaltung:** Die Trapezeule legt die Flügel flach dachförmig zusammen und ist auf Laub oder an Zweigen gut getarnt.

Weißpunkt-Graseule

Weißfleckeule, Weißfleckige Schilfgraseule

Mythimna albipuncta

Vorkommen

Dieser Eulenfalter ist besonders in wärmebegünstigten Gebieten verbreitet. In höheren Lagen ist er nur in Tälern oder an südlich gelegenen Hängen zu finden. Grasreiche, eher trockene Gebiete wie Halbtrockenrasen, Brachen, Heiden, Waldränder und -lichtungen, Böschungen, Dämme, Steinbrüche u. a. gehören zu seinen Lebensräumen und zu den Entwicklungsgebieten der Raupen.

Falter

Die hauptsächlich nachtaktive Weißpunkt-Graseule zählte früher zu den Wanderfaltern und trat nur vereinzelt auf. Inzwischen gehört sie zu den heimischen Faltern. Da sie sehr mobil ist, fliegt sie auf der Suche nach Nektar auch weitere Strecken zu blütenreichen Wiesen oder sucht Gärten auf. Ab und zu ist sie tagsüber auf Wanderschaft. Sie wird von nächtlichen Lichtquellen angezogen.

› **Nahrung:** Sie saugen an blühenden Gräsern, Disteln und in Gärten z. B. an Buddleja.

› **Eiablage:** Das ♀ legt die hellen Eier häufig in Reihen an frischen oder vertrockneten Grasblättern ab.

Englisch: White Point

❄ Raupe

Raupe

Die hell-dunkel gestreifte Raupe, deren Verwandte sehr ähnlich aussehen, frisst hauptsächlich nachts an Gräsern. Den Winter überdauern sie als Raupe in Grasbüscheln, am Grund von krautigen Pflanzen oder unter am Boden liegenden Pflanzenteilen. Aufgrund ihrer hellen Färbung sind sie zwischen den vertrockneten Halmen und Blättern kaum zu entdecken. Sie verpuppen sich in der Erde nahe der Oberfläche.

› **Nahrung:** Als Nahrungspflanzen sind unterschiedliche Grasarten bekannt.

Flugzeit

Die Weißpunkt-Graseule fliegt in zwei Generationen.

	J	F	M	A	M	J	J	A	S	O	N	D
🦋												

Merkmale

› **Flügeloberseite:** Die Grundfärbung ist häufig rostbraun, kann aber variieren. Die Zeichnung besteht aus einem fast kreisrunden, kontrastreichen weißen Fleck. Das Mittelfeld ist nur undeutlich erkennbar.

Anmerkung

Innerhalb dieser Gattung gibt es zwei Arten mit denen die Weißpunkt-Graseule verwechselt werden kann: Zum einen die ähnlich benannte Weißfleck-Graseule *(Mythimnia conigera)*, deren weiße Flecke länglich sind und deren Mittelfeld auf den Vorderflügel von zwei feinen dunklen Linien abgegrenzt ist. Zum anderen die Kapuzen-Graseule *(Mythimnia ferrago)*, mit eher kleinen, verwischt wirkenden, strichartigen weißen Flecken und durch schwach, dunkel punktierte Abgrenzung des Mittelfelds.

Ausrufungszeichen

Ausrufezeichen, Gemeine Graseule, Braungraue Gras-Eule, Braungraue Gras-Erdeule

Agrotis exclamationis

Vorkommen
Diese äußerst flexible Art ist nahezu überall verbreitet. Sie fliegt in naturnahen offenen bis halb offenen Landschaften. Weitaus häufiger ist sie jedoch im Kulturland. Selbst etwas intensiver genutzte Flächen wie Äcker, gemähte Wiesen, Streuobstwiesen, Parks und Gärten sind für sie äußerst attraktiv. Wahrscheinlich hat schon jeder (Klein-)Gärtner die Raupen oder Puppen dieser Art beim Umgraben der Erde gesehen. Sie zählt zur häufigsten Eulenart in Gärten und bewirtschafteten Gebieten.

Falter
Das Ausrufungszeichen ist hauptsächlich nachtaktiv und wird vom Licht angezogen. Tagsüber versteckt es sich in der Vegetation sowie an Hauswänden, Schuppen oder in Fensterecken und ist nur selten beim Blütenbesuch zu sehen.

› **Nahrung:** Als Nektarquelle dienen Gräser, Goldrute, Kreuzlabkraut, aber auch die von vielen Schmetterlingen begehrte Buddleja.
› **Eiablage:** Das ♀ legt die hellen Eier meist zu mehreren an der Pflanze ab.

Raupe
Die graubraunen Raupen haben schwarze Wärzchen und schwarze Atmungsöffnungen. Auf dem Rücken ist eine feine dunkle Doppellinie mit hellem Zwischenraum. Die jungen Raupen fressen zunächst nachts oberirdisch an den Pflanzen. Etwas älter geworden, ziehen sie sich unter die Erdoberfläche zurück, wo sie tagsüber an den Wurzeln oder Knollen ihrer Nahrungspflanze fressen. Nachts kommen sie wieder aus dem Bo-

Englisch: Hart and Dart

❄ Raupe

den um an den Blättern oder Stängeln zu fressen. Die Verpuppung findet ebenfalls unter der Erdoberfläche statt.

› **Nahrung:** Die Liste der Nahrungspflanze ist recht lang, dennoch sind mit Sicherheit nicht alle bekannt, da die Raupen nachts fressen und am Tag ruhen, wenn sie gefunden werden. Zur Nahrung zählen verschiedene Grasarten, Wilde Möhre, Wegericharten, Löwenzahn, Stiefmütterchen, Gartenkräuter und unterschiedliche Gemüsearten.

Flugzeit

Diese Art bildet eine Generation aus. In warmen Gebieten oder in warmen Jahren kann sie noch im Sept./Okt. fliegen.

	J	F	M	A	M	J	J	A	S	O	N	D

Merkmale

› **Flügeloberseite:** Die Grundfarbe kann variieren. Die beiden Querlinien sind nur schwach ausgebildet oder fehlen. Der längliche Zapfen- sowie der Nierenfleck sind meist deutlich dunkelbraun bis schwarz abgegrenzt und erinnern an ein Ausrufezeichen (Name!). Der Ringfleck ist oft nur durch eine teilweise, fein dunkle Umrandung angedeutet.

› **Fühler:** Die Fühler des ♂ sind nur schwach gezähnt, die des ♀ fadenförmig.

› **Ruhehaltung:** Das Ausrufungszeichen legt die Flügel flach dachförmig zusammen, dabei sind die Hinterränder der Flügel meist übereinandergeschoben. Der lang behaarte Halskragen legt sich zu beiden Seiten über die Vorderflügelansätze.

Hellrandige Erdeule

Violettbraune Erdeule, Weißrandige Erdeule

Ochropleura plecta

Vorkommen

Die Hellrandige Erdeule gehört zu den häufigsten Eulenfaltern. Wir finden sie in offenen bis halb offenen Landschaften, in Laub- und Mischwäldern auf Lichtungen oder an Waldwegen sowie in innerorts in Parks und Gärten.

Falter

Diese Erdeule ist dämmerungs-/nachtaktiv. Sie wird vom Licht angezogen und sitzt dann an Fensterscheiben oder Hauswänden. Normalerweise ruht sie in der niederen Vegetation auf Blättern, an Halmen oder Zweigen. Obwohl diese Art weit verbreitet ist, oder gerade weil sie verbreitet ist, fehlen nähere Beobachtungen über die Lebensweise der Falter und der Raupen. In der Literatur sind nur spärliche Informationen über deren Verhalten zu finden.

- **Nahrung:** [!] Bisher sind nur wenig Blütenbesuche bekannt. Beobachtet wurde sie an Traubenkirsche, Buddleja sowie an überreifem Obst.
- **Eiablage:** Das ♀ legt die Eier zu mehreren an Pflanzenteilen ab. Die kugeligen Eier sind zunächst gelb, werden jedoch mit der Zeit rosarot, wobei das obere Drittel dunkler gefärbt ist, sodass das Ei zweifarbig aussieht.

Raupe

Die Grundfarbe der längs gestreiften Raupe kann verschiedene Grün- und Brauntöne annehmen. Das Köpfchen hat zwei dunkle Längsstreifen. Die gute Tarnung und die versteckte Lebensweise am Boden in der Krautschicht erschweren das Auffinden der nachtaktiven Raupen. In der älteren Literatur wird die Überwinterung im Raupenstadium angegeben.

Englisch: Flame Shoulder

Puppe

Heute geht man davon aus, dass sie als Puppe überwintert, zumal es bisher keinen eindeutigen Nachweis für überwinternde Raupen gibt. Die Verpuppung findet in einer Erdhöhle statt.

- **Nahrung:** Als Nahrungspflanzen werden Wegwarte, Weidenröschen, Labkraut, Ampfer, Wegerich, Greiskraut und Vogel-Knöterich genannt.

Flugzeit
Die Hellrandige Erdeule fliegt in der Regel in zwei Generationen.

	J	F	M	A	M	J	J	A	S	O	N	D

Merkmale

- **Flügeloberseite:** Die Vorderflügelzeichnung mit den charakteristischen hellen Streifen an den Vorderrändern macht sie unverwechselbar. Die Streifen reichen ungefähr bis zum hellen Nierenfleck. Der Ringfleck ist ebenfalls hell abgesetzt.
- **Ruhehaltung:** Die Hellrandige Erdeule legt ihre Flügel flach dachförmig über dem Körper zusammen, wobei sie die Flügelhinterränder übereinanderschiebt.

Hausmutter

Noctua pronuba

Sehr variable Art

Vorkommen
Dieser Wanderfalter ist bei uns sehr häufig. Zu den heimischen Faltern kommen während der Flugzeit Zuwanderer aus dem Süden hinzu. Sie sind sehr mobil und somit überall anzutreffen, nur dicht bewaldete und sehr nasse Gebiete werden gemieden.

Falter
Die Hausmutter ist hauptsächlich nachtaktiv, kann jedoch gelegentlich tagsüber fliegen oder an Blüten saugen. Da sie sich gerne Verstecke an oder in Gebäuden sucht, hat sie den Namen Hausmutter erhalten. Nachts wird sie vom Licht angezogen.
Zur eindeutigen Bestimmung der Hausmutter ist die Zeichnung der Hinterflügel wichtig, denn es gibt in dieser Gattung, die auch als Bandeulen bezeichnet wird, recht ähnliche Falter.

- **Nahrung:** Die Hausmutter nutzt ein breites Spektrum an Blüten. Dieses reicht von blühenden Gräsern über krautige Pflanzen bis hin zu blühenden Sträuchern und Bäumen. Im Herbst ist Fallobst eine beliebte Nahrungsquelle
- **Eiablage:** Die Eiablage erfolgt meist spät abends bis in die Nacht hinein. Das ♀ legt die Eier als Gelege bis zu mehreren Hundert an etwas aus der Vegetation herausragenden, alten Stängeln, Halmen oder vertrockneten Blütenständen ab, indem sie diese rundherum anklebt, eine Variante ist die Eiablage in Gelegen an grünen Blättern.

Raupe
Die Jungraupen fressen zunächst die Eischale, danach seilen sie sich ab. Mit etwas Glück werden sie vom Wind verdriftet und können sich so verbreiten. Während ihrer Entwicklung werden sie nachtaktiv und verstecken sich tagsüber am Boden. Es gibt grüne und braune Färbungen. Der Hinterleib ist bis zu den Brustabschnitten mit kleinen schwarzen Strichen entlang der Nebenrückenlinien gekennzeichnet. Die Raupen überwintern und verpuppen sich in Frühjahr in einer Erdhöhle.

Englisch: Large Yellow Underwing

❄ Raupe

› **Nahrung:** Die Raupen nutzen sehr viele Nahrungspflanzen von Gräsern wie Knäuelgras über krautige Pflanzen wie Brennnesseln, Kleearten, Labkraut, Wegerich und Sträuchern wie Brombeere, Schlehe bis hin zu jungen Bäumchen und machen auch vor Kulturpflanzen wie Salat und Kohl keinen Halt.

Flugzeit

Die Hausmutter fliegt in nur einer Generation. Die Flugzeit ist sehr lang, allerdings legt diese Eule im Sommer, während der längsten Tage, eine Ruhepause ein, erst danach verpaart sie sich und beginnt mit der Eiablage.

	J	F	M	A	M	J	J	A	S	O	N	D

Merkmale

› **Flügeloberseite:** Eindeutig bestimmbar ist die Hausmutter nur anhand der Hinterflügelzeichnung: Die Grundfärbung ist rein gelb, nur am Außenrand der Flügel verläuft eine nicht allzu breite schwarze Binde. Was die Färbung und Zeichnung der Vorderflügel betrifft, gibt es drei verschiedene Erscheinungsformen, bei denen es auch Unterschiede zwischen ♂♂ und ♀♀ gibt.
1. ♂♂ dunkelbraun – ♀♀ rotbraun.
2. ♂♂ gelbbraun mit dunkler Zeichnung – ♀♀ fast einfarbig gelbbraun.
3. ♂♂ grau mit dunkler Zeichnung – ♀♀ fast einfarbig grau (seltener).

› **Ruhehaltung:** Die Falter schieben die Vorderflügel flach dachförmig übereinander.

Schwarzes C

Schwarze C-Erdeule, C-Eule

Xestia c-nigrum

Vorkommen

Der sehr anpassungsfähige Falter kann sich in nahezu allen offenen und halboffenen Bereichen aufhalten bis hin zu Lichtungen in Laub- und Mischwäldern. Auch die Raupen sind sehr flexibel, was ihr Entwicklungsgebiet angeht, solange es nicht zu feucht, zu kalt und zu schattig ist. Ein häufiger Gast ist er in Blumen- und Gemüsegärten und, wie viele andere Falter auch, nutzt er Weg- und Straßenränder, Böschungen und Dämme, Brachen und andere Kleinflächen.

Falter

Das dämmerungs- und nachtakte, Schwarze C gehört zu den häufigen und wanderfreudigen Eulenfaltern. In günstigen Jahren kann es verstärkt auftreten, die Frage, inwieweit Zuwanderer aus dem Süden diese Häufigkeit beeinflussen, ist nicht eindeutig erklärt, zumal dieser Falter auch regionales Wanderverhalten zeigen soll. Tagsüber ruht er in der Vegetation oder an Zweigen und Stämmen im Gebüsch, wo er besonders gut getarnt ist.

› **Nahrung:** Das Schwarze C besucht blühende Gräser, krautige Pflanzen wie Goldrute, Rainfarn und in den Gärten Buddleja. Im Herbst sind Fallobst oder überreife Früchte willkommen.
› **Eiablage:** Das ♀ legt die Eier in kleinen Gruppen an der Pflanze ab.

Raupe

Die Grundfärbung der Raupen kann stark variieren. Die erwachsene Raupe zeigt an den Seiten einen hellen Streifen, der an den Brustsegmenten häufig intensiver oder orange gefärbt ist. Auf dem Rücken befinden sich zu beiden Seiten kleine, leicht schräg gesetzte, dunkelbraune oder schwarze Striche, die besonders auf den letzten Segmenten stärker ausgebildet sind. Die Jungraupen sind noch tagaktiv, später fressen sie nur noch nachts und verstecken sich tagsüber unter den Pflanzen in Bodennähe. Die Raupe überwintert und verpuppt sich im Frühjahr in einer Erdhöhle.

Englisch: Setaceous Hebrew Character

❄ Raupe

› **Nahrung:** Das Nahrungsspektrum der Raupen reicht von Gräsern wie Pfeifengras über krautige Pflanzen wie Vogelmiere, Wegerich und Labkraut, bis hin zu Sträuchern wie Brombeere und Schlehe. In den Gärten fressen sie z. B. an Salat oder Gartenpflanzen wie Glockenblume.

Flugzeit

Das Schwarze C fliegt in mindestens zwei Generationen.

	J	F	M	A	M	J	J	A	S	O	N	D
Falter					■	■	■	■	■	■ (teilweise)		

Merkmale

› **Flügeloberseite:** Die Grundfärbung kann variieren. Es gibt hell- bis dunkelgraue, hell- bis dunkelbraune oder gar olivfarbene Grundtöne mit Zeichnungselementen, die sehr lebhaft oder auch kontrastarm ausfallen können. Die Zeichnung mit dem hellen Nierenfleck, der zum Vorderrand hin geöffnet und von innen her von einem schwarz gefärbten „C“ umgeben ist, gab dem Falter seinen Namen. Durch dieses Merkmal ist er trotz Farbvariationen sicher zu erkennen.

› **Ruhehaltung:** Das Schwarze C schiebt die Flügel flach dachförmig zusammen.

Der BUND und das Abenteuer Faltertage

Schmetterlinge beobachten! Natur schützen!

© Luka Tomac

Mit offenen Augen durch den Tag gehen, bunte Schmetterlinge im tänzerischen Flug und beim Blütenbesuch beobachten, macht Spaß und bringt uns der Natur näher. Vielleicht stellen wir fest, dass in unserer Kindheit Schmetterlinge viel häufiger waren, oder wir bemerken, dass unser Garten von Jahr zu Jahr mehr Schmetterlinge anlockt. Dabei erfreuen sie uns nicht nur, ihr zahlreiches Vorkommen ist auch ein Zeichen für eine intakte Umwelt. Dort, wo viele verschiedene Schmetterlinge flattern, muss die Welt noch in Ordnung sein.

Aber der Verlust der biologischen Vielfalt macht auch vor den Schmetterlingsarten nicht halt. Viele der heimischen Tagfalterarten stehen auf der Roten Liste. Hochleistungsäcker mit Raps-,

Mais- oder sonstigen Monokulturen sind für Schmetterlinge lebensfeindlich. Dasselbe gilt auch für überdüngte Wiesen: Durch Unkrautvernichtungsmittel verschwinden Raupen-Nahrungspflanzen und die Nektarquellen der Falter. Schmetterlingsarten, die auf feuchte Lebensräume oder gar Moore angewiesen sind, sind durch Trockenlegungen selten geworden. Doch jeder kann etwas für die Schmetterlinge tun.

Mit dem **„Abenteuer Faltertage“** macht der Bund für Umwelt und Naturschutz Deutschland e.V. (BUND) auf die Bedrohung unserer Schmetterlinge aufmerksam und zeigt, wie jeder Einzelne zum Schmetterlingsschutz beitragen kann. Egal, ob Sie eine Wildwiese anlegen möchten, Ihren Balkon für Schmetterlinge attraktiv bepflanzen wollen oder Ihre Freunde und Bekannte begeistern wollen: Beim BUND werden Sie fündig. Er verschickt „Schmetterlingsretter-Pakete“ und gibt Tipps, wie Ihre Schmetterlingsbeobachtungen erfolgreich werden. Schauen Sie doch beim BUND e.V. vorbei: **www.bund.net/schmetterling**

Bund für Umwelt und Naturschutz Deutschland

BUND

FRIENDS OF THE EARTH GERMANY

© Luka Tomac

Nützliche Adressen

Mitmachen

www.naturgucker.de	Netzwerk für alle Tier-, Pflanzen- und Pilzbeobachtungen weltweit
www.tagfalter-monitoring.de	Helmholtz-Zentrum für Umweltforschung (UFZ)
www.bund.net/schmetterling	Bund für Umwelt- und Naturschutz Deutschland (BUND) – Faltertage

Fotos und Bestimmungshilfen

lepiforum.de	Lepiforum e. V. – Bestimmungshilfe für die in Europa nachgewiesenen Schmetterlingsarten
www.pyrgus.de/	Wolfgang Wagner – Schmetterlinge und ihre Ökologie
www.schmetterling-raupe.de	Walter Schön – Portal für Schmetterlinge/Raupen
www.schmetterlinge-bayern-bw.de	Michael Kratochwill – Beitrag zur heimischen Entomofaunistik (Schmetterlinge/Lepidoptera) im Aufbau
www.entomologenportal.net/	Michael Frank – Lexikon für Entomologie und Futterpflanzen
euroleps.ch/index.php	Heiner Ziegler – Chur (Schweiz)
ukmoths.org.uk/	UKMoths, Online-Guide für die Motten Großbritanniens und Irlands

Bundesländer

Berlin
www.orion-berlin.de/schmetter/schmetter.php

Thüringen, Sachsen, Sachsen-Anhalt
www.psaronius.de/projekte/lepi/ – Online-Präsentation der Landesdatenbanken Geometridae von Thüringen, Sachsen und Sachsen-Anhalt (Insecta: Lepidoptera)

Hamburg
www.entomologie.de/hamburg/karten/lepidoptera/ – Verein für Naturwissenschaftliche Heimatforschung zu Hamburg e.V.

Nordrhein-Westfalen
www.ag-rh-w-lepidopterologen.de – Arbeitsgemeinschaft Rheinisch-Westfälischer Lepidopterologen
nrw.schmetterlinge-bw.de/ – Datenbank Schmetterlinge AG Rheinisch-Westfälischer Lepidopterologe

Saarland
www.delattinia.de/saar_lepi_online/ – Schmetterlinge LEPIDOPTERA im Saarland und Randgebieten; Verbreitungskarten

Rheinland-Pfalz
arten.deinfo.eu – ArtenInfo – POLLICHIA – Verein für Naturforschung und Landespflege e.V.

Baden-Württemberg
www.schmetterlinge-bw.de/ – Landesdatenbank Schmetterlinge Baden-Württembergs

Literaturverzeichnis

Bundesländer

- Pähler, R.; Dudler, H.: Die Schmetterlingsfauna von Ost-Westfalen-Lippe und angrenzender Gebiete in Nordhessen und Südniedersachsen, Bd. 1–2, 2013, Eigenverlag: Rudolf Pähler, Arndtstr. 50, D-33415 Verl
- Schulte, T.; Eller, O.; Niehus, M.; Rennwald, E. (Hrsg.): Die Tagfalter der Pfalz, Bd.1/2, 2013, Gesellschaft für Naturschutz und Ornithologie Rheinland-Pfalz e.V. (GNOR), Mainz
- Arbeitsgemeinschaft Bayerischer Entomologen e.V. und dem Bayerischen Landesamt für Umwelt (Hrsg.): Tagfalter in Bayern, 2013, Ulmer, Stuttgart
- Stettmer, C.; Bräu, M.; Gros, P.; Wanninger, O.: Die Tagfalter Bayerns und Österreichs, 2007, Bayerische Akademie für Naturschutz und Landschaftspflege (ANL)
- Ebert, G. (Hrsg): Die Schmetterlinge Baden-Württembergs Bd. 1–10, 1991–2005, Ulmer, Stuttgart

Deutschland

- Settele, J.; Steiner, R.; Reinhardt, R.; Feldmann, R.; Hermann, G.: Schmetterlinge. Die Tagfalter Deutschlands, 2009, Ulmer, Stuttgart
- Bellmann, H.: Der neue Kosmos Schmetterlingsführer Schmetterlinge, Raupen und Futterpflanzen, 2003, Franckh-Kosmos, Stuttgart
- Steiner, U. Ratzel, M. Top-Jensen, Fibiger, M.: Die Nachtfalter Deutschlands. Ein Feldführer, 2014, Østermarie
- Küppers, P. V.: Fauna Naturführer Band 3 Kleinschmetterlinge, erkennen, bestimmen, 2008

Schweiz

- Lepidopterologen-Arbeitsgruppe, Tagfalter/Schmetterlinge und ihre Lebensräume Bd. 1–3, 1987–2000, Pro Natura

Großbritannien/Irland

- Townsend, M., Waring, P.: Concise Guide to the Moths of Great Britain and Ireland, 2013, British Wildlife Publishing Ltd.
- Newland, D.; Still, R.; Swash, A.: Britain,s Dayflying Moths A field guide to the day-flying moths of Britain and Ireland, 2013, Wild Guides Ltd, Old Basing, Hampshire UK
- Sterling, P.; Parsons, M.: Field Guide to the Micro-moths of Great Britain and Ireland, 2012, British Wildlife Publishing Ltd.

Europa

- Hoffmann, E.: Die Raupen der Groß-Schmetterlinge Europas, 2014
- Tolman, T.; Lewington, R.: Schmetterlinge Europas und Nordwestafrikas, 2012, Franckh-Kosmos, Stuttgart

Sonstige

- Bährmann, R. (Hrsg.): Bestimmung Wirbelloser Tiere, Lepidoptera – Schmetterlinge, S. 271–305, 2011, Spektrum Akademischer Verlag

Abbildungsnachweis

Fotos

Blickwinkel: fotototo: S. 85 (Raupe); **F. Hecker:** S. 46 (Raupe), 83 (Raupe), 90 (Raupe), 265, 353; **Hecker/Sauer:** S. 88 (Raupe), 92 (Raupe), 94 (Raupe), 292 (Raupe), 294 (Raupe), 302 (Raupe); **J. Kottmann:** S. 141; **F. Teigler:** S. 277; **K. Wagner:** S. 75 (Raupe), 100 (Raupe), 227.

Flickr: CC2.0: Aah-yeah: S. 301; **Bart Wursten:** S. 351; **Ben Sale:** S. 305; **Dean Morley:** S. 293; **degeerele:** S. 161; **Donald Hobern:** S. 269, 273, 275, 283, 285, 289, 307, 313, 317, 349, 355; **epicnom:** S. 205; **fra 298:** S. 163; **Javier-Diaz Barrera:** S. 133; **gbohne:** S. 97 (Raupe), 319; **Gilles San Martin:** S. 167; **Hamish Irvine:** S. 303; **Jacinta Lluch Valero:** S. 255; **Jean-Raphael Guillaumin:** S. 91; **Manuel Valdueza:** S. 309, 357; **naturalhistoryman:** S. 291; **Pavel Kirillov:** S. 315, 341; **sighmanb:** S. 259; **Vicky DeLoach:** S. 203; **Victor:** S. 123; **Wildlife in a dorset garden:** S. 321.

Fuchs, Herbert: S. 133 (Raupe), 263, 281, 333, 359.

Koch, Hans-Martin und Inge: S. 159, 335.

Schmid, Franz: S. 67, 69 (Falter), 87 (Raupe), 103 (Raupe), 287, 297, 339, 345.

Seggewiße, Edelgard: S. 15–26, 33, 35, 39, 41, 43, 45, 48 (Raupe), 53, 55, 57, 59, 61, 63, 65, 69 (Raupe), 71, 73, 77, 80 (Raupe), 93, 95, 105, 111, 113, 131 (Raupe), 147 (Raupe), 197 (Raupe), 199, 201 (Raupe und Falter), 205 (Raupe), 207 (Falter und Raupe), 211 (Raupe), 215, 299, 319 (Raupe).

Wikicommons: CC 2.5: Friedrich Böhringer: S. 37; **Michael Kranewitter:** S. 337; **Olaf Leillinger:** S. 279; **CC 3.0: Karelj:** S. 331; **Olaf Leillinger:** S. 261; **Harald Süpfle:** S. 237; **Svdmolen:** S. 271, 343, 347; **CC BY-SA 3.0: spacebirdy:** S. 95.

Zeichnungen

Die Zeichnungen stammen alle von **Hans-Peter Wymann.**

Register der deutschen Artennamen

Register der wissenschaftlichen Artennamen

M

N

O

P

R

S

T

V

X

Z

Bitte beachten Sie auch die folgenden Seiten.